高等教育医药类“十三五”创新型系列规划教材

实用计算机模拟

——从化学化工到制药工程

罗华军　主编

化学工业出版社

·北京·

内 容 简 介

《实用计算机模拟——从化学化工到制药工程》将计算机基础知识与化学化工及制药工程专业紧密结合，以“注重实际应用，突出工程特色”为原则，在软件挑选上注重实用性、成熟性和可操作性，在实例选择上注重应用性、专业性和广泛性，求新、求精、求实。全书共5章，分别介绍计算机在化学分子绘图（第1章）、数值计算（第2章）、科学绘图和数据处理（第3章）、工艺设计（第4章）以及虚拟仿真（第5章）中的应用。通过该门课程的学习，旨在使学生掌握当前流行专业软件的使用，培养学生使用ChemWindow等软件绘制分子结构式和实验装置图的能力，使用Visual Basic和MATLAB解决专业计算问题的能力，使用Origin进行实验数据处理和科学绘图的能力，使用计算机撰写论文和进行工艺设计、模拟生产实践的能力，从而使计算机技术更好地为专业服务，培养出新时代高素质的化学化工及制药工程专业技术人才。书后附录Ⅰ为Visual Basic 6.0简介，附录Ⅱ为MATLAB简介，附录Ⅲ为相应例题VB程序界面及代码，以供参考。

本书可作为普通高等院校化学、化学工程、制药工程和生物工程等相关专业的教材，也可供从事化学化工及制药工程相关领域的科技工作者参考。

图书在版编目（CIP）数据

实用计算机模拟：从化学化工到制药工程/罗华军主编．—北京：化学工业出版社，2020.11（2025.4重印）
高等教育医药类“十三五”创新型系列规划教材

ISBN 978-7-122-37755-5

Ⅰ.①实… Ⅱ.①罗… Ⅲ.①计算机模拟-应用-化学-高等学校-教材②计算机模拟-应用-化学工业-高等学校-教材③计算机模拟-应用-制药工业-化学工程-高等学校-教材 Ⅳ.①06-39②TQ015.9③TQ46-39

中国版本图书馆CIP数据核字（2020）第175851号

责任编辑：褚红喜　甘九林　宋林青　　文字编辑：朱　允　陈小滔
责任校对：宋　玮　　装帧设计：关　飞

出版发行：化学工业出版社（北京市东城区青年湖南街13号 邮政编码100011）
印　　装：北京科印技术咨询服务有限公司数码印刷分部
787mm×1092mm　1/16　印张12¼　字数309千字　2025年4月北京第1版第3次印刷

购书咨询：010-64518888　　售后服务：010-64518899
网　　址：http://www.cip.com.cn
凡购买本书，如有缺损质量问题，本社销售中心负责调换。

定　　价：39.80元

前 言

随着现代科学技术的发展和计算机的广泛应用，化学化工与制药工程领域对计算机的依赖程度越来越高，具体应用涉及化学分子结构式绘制、化学分子设计、化工过程数值模拟、实验数据分析与处理、化工工艺设计、化工与制药工程虚拟仿真、化工信息管理等。因此，只有将计算机基础知识和专业知识紧密结合，才能满足普通高等教育本科应用型人才培养的最新要求，适应当代社会的发展，紧跟时代的步伐。

本书以“注重实际应用，突出工程特色”为原则，在软件挑选上注重流行性、成熟性和可操作性，在实例选择上注重应用性、专业性和广泛性，求新、求精、求实。《实用计算机模拟——从化学化工到制药工程》是为“计算机在化学化工（制药工程或生物工程）中的应用”等课程量身打造的一本实用的本科生教材，旨在提高学生专业计算机应用水平，其内容编排主要涉及以下五方面内容：

（1）计算机在化学分子绘图中的应用。主要介绍 ChemWindow 化学分子绘图软件和 Discovery Studio 蛋白质模拟软件，分别针对化学小分子及生物大分子进行模拟，以期使学生掌握 ChemWindow 这一化学分子绘图不可多得的有力工具，以及 Discovery Studio 在蛋白质分子模拟等生命科学领域的具体应用。

（2）计算机在数值计算中的应用。现代化学化工和制药工程发展的一个重要标志是模型化。而利用数值计算方法求解工程领域中的复杂数学问题，是现代工程技术发展的强大促进因素。本书主要介绍二分法、迭代法、牛顿法求方程的根，以及拟合、插值、积分、微分的相关数值计算方法，使用界面直观的可视化语言 Visual Basic 和强大的科学计算工具软件 MATLAB 进行编程，介绍数值计算方法在专业计算中的综合应用。

（3）计算机在数据处理和科学绘图中的应用。科学研究和实验中经常需要处理大量的实验数据和进行科学绘图。本书所介绍的 Origin 为功能强大的数据分析和工程绘图软件，具有外推和内插、微分和积分、快速 Fourier 变换等多种数学工具，对数据可做线性回归分析、多项式及多重回归分析、最小二乘法非线性拟合等。

（4）计算机在工艺设计中的应用。以典型案例的形式介绍 Visual Basic 在生产工艺设计中的应用，同时介绍国际上流行的工艺流程设计软件 SuperPro Designer。该软件适用于化学工程、制药工程、生物工程和环境工程，可对所研发的工艺过程进行设计、优化和模拟，解决工艺过程中的物料及能量衡算、设备尺寸设计、经济分析和环境评估等问题。

（5）计算机在虚拟仿真中的应用。虚拟仿真实验成为推进现代信息技术与专业实验实训深度融合、拓展实验教学内容广度和深度、延伸实验教学时间和空间、提升实验教学质量和水平的重要举措。本书以“羰基化绿色合成布洛芬仿真实训”和“硫酸新霉素喷雾干燥工艺 3D 仿真”为例，介绍虚拟仿真在化学化工及制药工程中的应用。

此外，为辅助学生进行独立学习或者复习课程，本书将在化学工业出版社“易课堂”平台配套在线课程，提供各种软件操作视频资源给予学生真实的演示。

本书在原编著的《计算机在化学化工及生物工程中的应用》基础上更新修订而成，在编写过程中参考了大量的文献资料及相关教材，在此特别表示感谢。参考文献中如有遗漏，敬请见谅。由于作者水平有限，书中不足之处在所难免，望广大同行及读者批评指正。

罗华军
三峡大学生物与制药学院
2020 年 8 月

目录

第 1 章

计算机在化学分子绘图中的应用

1.1 化学分子绘图软件的简介

Microsoft Word 是一个非常强大的图文编辑软件，但没有提供绘制化学分子结构式的工具。现在微机上经常使用的绘制 2D 分子结构的软件为 ChemWindow、CS ChemDraw、ISIS Draw 和 ChemSketch 等，绘制 3D 分子结构的软件有 CS Chem3D、HyperChem、RasMol 和 Discovery Studio 等。2D 分子结构绘图软件的使用方法基本相似，本书将选用 ChemWindow 6.0 为例介绍这类软件的基本用法。

ChemWindow（http://www.chemwindow.com）的常见版本有 ChemWindow 5.0、ChemWindow 6.0 等，均可以在 WinXP/Win7/Win8 下运行。ChemWindow 6.0 的安装文件大小为 15 M 左右。安装时要求 Windows 已安装打印机驱动程序（注：只安装驱动程序即可，不必非得有打印机），安装步骤与一般 Windows 程序类似。程序打开后，窗口界面与一般 Windows 的软件相似，依次包括菜单栏、工具栏和文档区（图 1-1）。工具栏提供了许多常用的化学键及化学分子骨架，使用时用鼠标点击一下工具栏中所需的工具，移动鼠标到编辑区后，鼠标指针变为“+”，在合适位置点击鼠标，则化学键或分子结构式就会出现，使用非常方便。ChemWindow 6.0 还支持 Windows 剪贴板，所有结构式可以方便地以对象形式剪贴到 Word 文档中，而若进行修改时，只需在 Word 文档中双击结构式，即可打开 ChemWindow 进行修改。下面我们就从工具栏开始按功能分类介绍 ChemWindow 6.0 软件的使用方法和技巧。

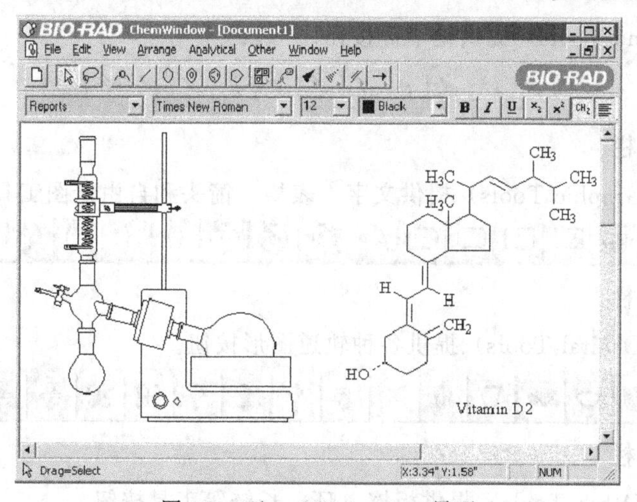

图 1-1　ChemWindow 6.0 界面

1.2 工具栏

ChemWindow 6.0 的工具栏形式与 Windows 95 风格统一，同时提供了更多的工具按钮，也增加了工具栏选择的自由度。View 菜单中可以设置显示哪些工具栏，用户可以根据自己的需要显示或掩藏工具栏。鼠标单击带有红三角的工具按钮，可以打开选择工具栏，选择某工具后则显示该工具的按钮（ 按钮不变，从这里可以选定模板）。

在工作区单击鼠标右键，可以直接打开选择工具栏：

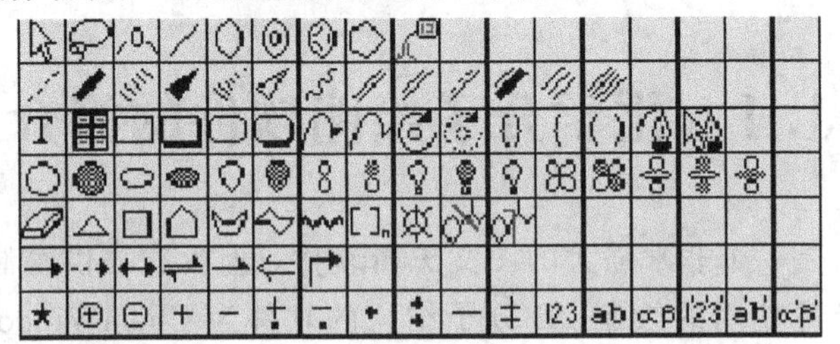

(1) 常用工具栏

常用工具栏（Standard Tools）提供了选择、套索、化学标记、键、环、模板以及可选择工具按钮。

(2) 自定义工具栏

自定义工具栏（Custom Palette）提供可选择工具按钮。

(3) 命令工具栏

命令工具栏（Commands）提供保存、打印、编辑及一些图形关系操作按钮。

(4) 键工具栏

键工具栏（Bond Tools）提供化学键按钮。

(5) 图形工具栏

图形工具栏（Graphic Tools）提供文字、表格、箭头和自由绘图工具等按钮。

(6) 轨道工具栏

轨道工具栏（Orbital Tools）提供各种轨道图形按钮。

(7) 其它工具栏

其它工具栏（Other Tools）提供板擦、环、长链等工具按钮。

(8) 反应工具栏

反应工具栏（Reaction Tools）提供反应箭头工具按钮。

(9) 符号工具栏

符号工具栏（Symbol Tools）提供电荷、自由基和其它符号标记按钮。

(10) 模板工具栏

模板工具栏（Templete Tools）提供一些模板按钮。

(11) 格式工具条

格式工具条（Style Bar）提供分子结构样式、字体、字号、颜色以及其它格式按钮。

(12) 图形格式工具条

图形格式工具条（Graphics Style Bar）提供图形样式按钮。

(13) 缩放工具条

缩放工具条（Zoom Bar）提供缩放工具按钮。

1.3 化学键的绘制

与绘制化学键有关的工具如下：

(1) 单键

常用的绘制单键的工具有：

① 共同性质

a. 单击鼠标左键产生的键将出现在比较合适的方向，如下所示，单键出现在水平方向。

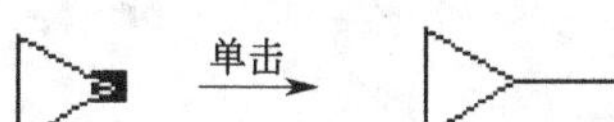

b. 采用拉伸的方式，同时按住 Shift 键则产生任意长的键，按住 Ctrl 键则可拉伸至任意方向，若在初始点结束则取消。

c. 键端可以用周期表或用键盘快捷输入，一些键盘快捷键为：B=Br，C=C，F=F，

H＝H，I＝Cl，N＝N，O＝O，P＝P，S＝S；空格＝不标记的 C；其它快捷键请参考 Help 文件。基团上的氢数自动给出，多次按键则给出不同氢原子数的基团。如按 *n* 则依次给出 NH_2、N、NH。另外也可自己设置快捷键（Other：Edit Hot Keys）。

d. 鼠标左击键的中央可以在各种键型之间互换。

② 特殊性质

a. 在键中央单击可依次产生双键、三键、单键。

b. 按住 Alt 键单击则产生短双键。

c. 鼠标移到键中央，产生黑块后按住鼠标左键左右/上下拖动，可改变键的状态。

d. 单击键中央可以改变键方向。

(2) 双键、多重键及长链

常用的绘制双键、多重键及长链的工具有：

① 用鼠标左键单击键的中央，可转换为短双键；单击短双键可以改变短键的位置；鼠标移到键中央按住鼠标左键左右拖动，可改变双键的宽度，上下拖动改变短键的长短。

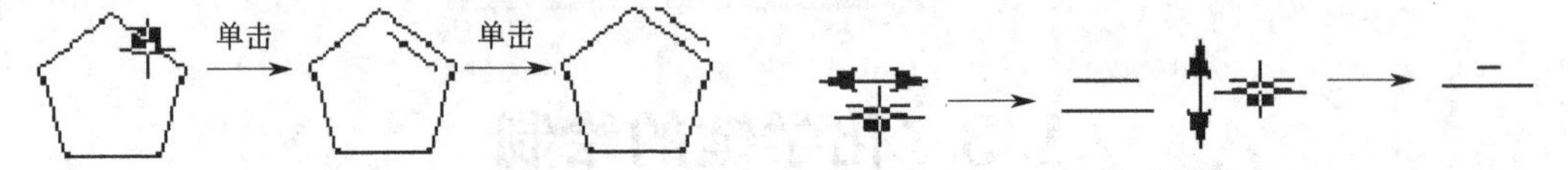

② 长链工具在 Other Tools 中。点击，按住鼠标左键拖动可以产生长链多键，右方数字代表键的个数，松开鼠标则确定。同时按 Shift 键为任意键长，按 Ctrl 键为任意方向，按 Alt 键为不饱和双键长链。

③ 其它双键和多重键的使用方法与短双键的使用方法相同。

1.4 与环有关的工具

常见的绘制环的相关工具有：

(1) 饱和环

① 只画一个环：单击鼠标左键，水平方向上产生一个环；按住鼠标拖动可翻转至所需

方向，松开鼠标即可得到所要方向的环。按 Shift 键为不同键长，按 Alt 键为不饱和环。

② 与其它原子相连：单击某原子，将原子与新画的环以单键连接；按住某原子拖动，至所需方向，松开鼠标得到与原子直接连接的环；单击欲连接的键中央，则粘贴产生稠环。

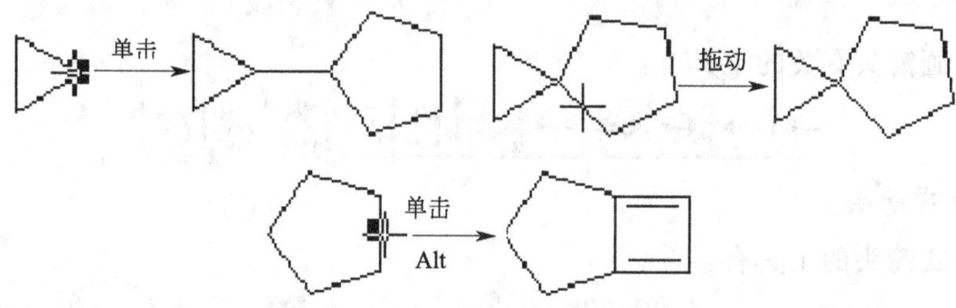

(2) 不饱和环

与饱和环有相同操作，不同在于：在环中心单击鼠标可以加共轭环，拖动共轭环可以改变环大小。

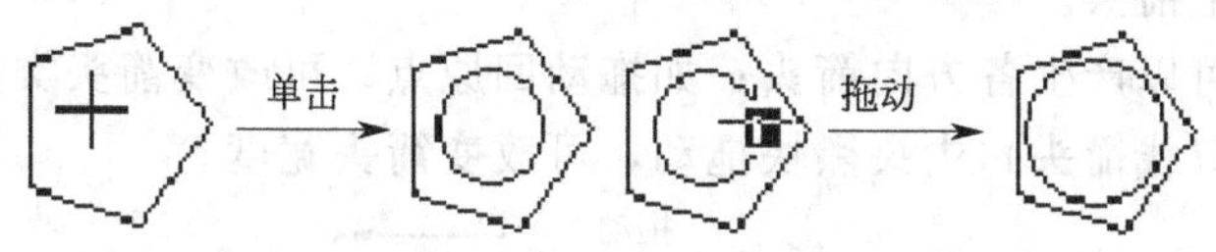

(3) 其它环

其它环的工具为[icon]，可以提供芳香环（Aromatics）、双环（Bicyclics）、构型（Conformers）、环烷烃（Cycloalkanes）、多面体（Polyhedra）和模板（Templetes）。

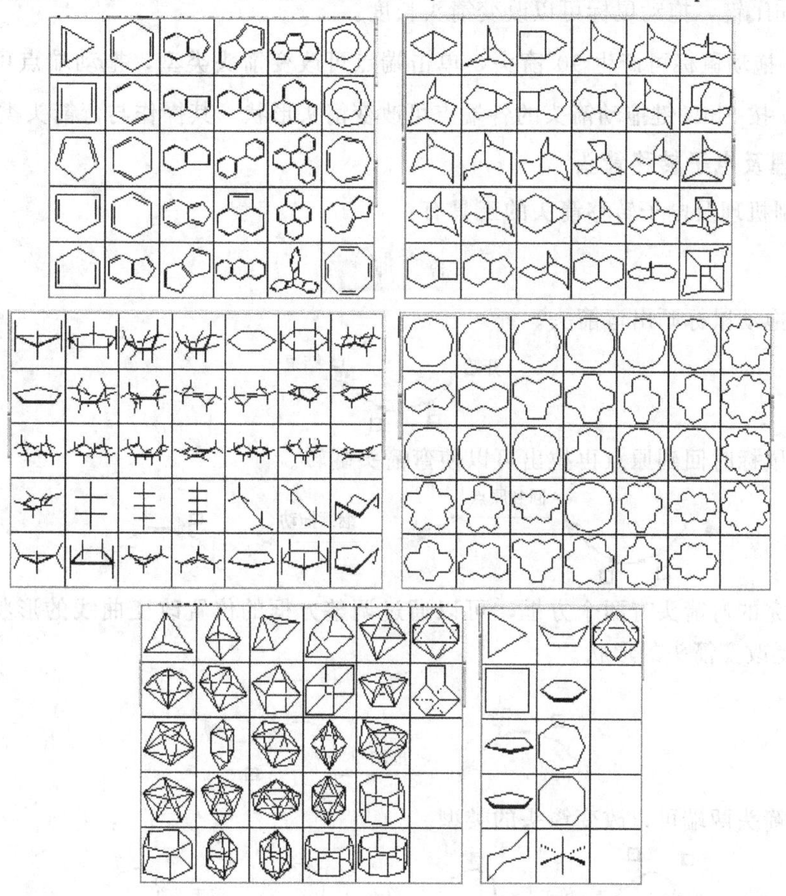

1.5 与画箭头有关的工具

常见的与画箭头有关的工具有：

(1) 反应式箭头

绘制反应式箭头的工具有：

① 单击产生水平箭头。

② 拖动鼠标，可以产生各方向箭头；如拖动回原点，可改变箭头类型。

③ 按住箭头（双线箭头）中央黑块拖动，可改变箭头宽度。

拖动

④ 单击箭头中央，可以改变箭头种类、方向等。

单击

⑤ 按 Shift 键，拖动鼠标可以改变箭头长度。

⑥ 拖动鼠标可产生 90°箭头，单击端点可改变箭头类型，拖动端点可改变两端的长度和方向，按 Shift 键拖动箭头的各端点可改变箭头形状，其操作与弯箭头类似。

(2) 机理及电子转移箭头

用于绘制机理及电子转移箭头的工具有：

① 通过拖动鼠标画出弯箭头。

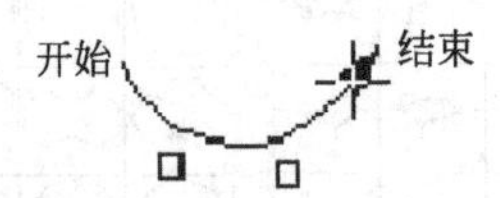

② 拖动鼠标时回到原点再拉出可以使弯箭头翻转。

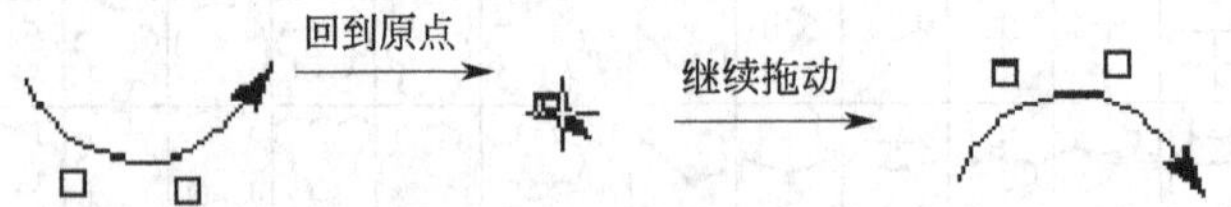

③ 刚画完的弯箭头有两个方框，可以通过调整方框的位置改变曲线的形状，也可以拖动箭头的首尾改变箭头的形状。

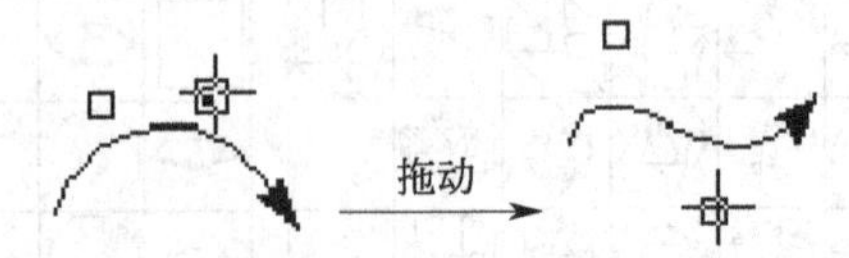

④ 单击箭头两端可以改变箭头的类型。

⑤ 按 Shift 键，在箭头上的箭头点和 2 个箭头的侧翼点拖动鼠标可改变箭头的形状。

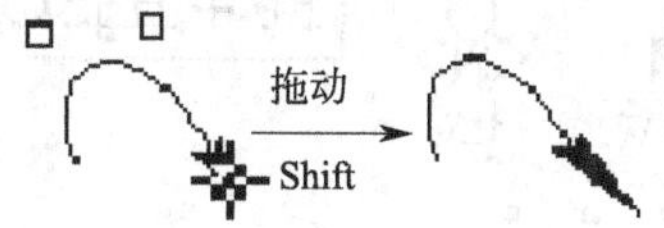

⑥ 欲改变箭头，单击箭头可以激活。

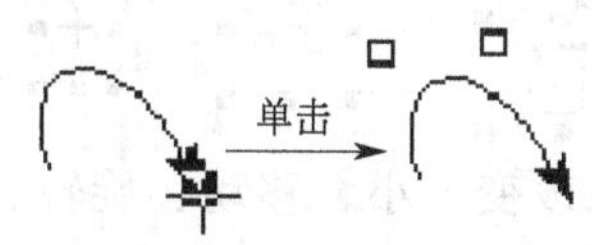

1.6 化学符号标记和文字说明

(1) 化学符号标记（ ）

① 单击要加入化学符号的位置，产生插入符，输入原子或基团的名称即可。

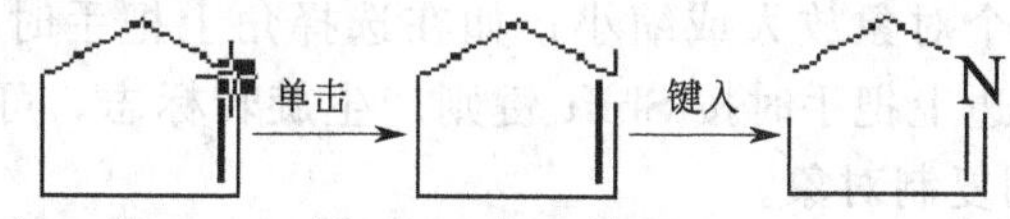

② 以取代基形式插入（按 Shift 键可以改变键长）。

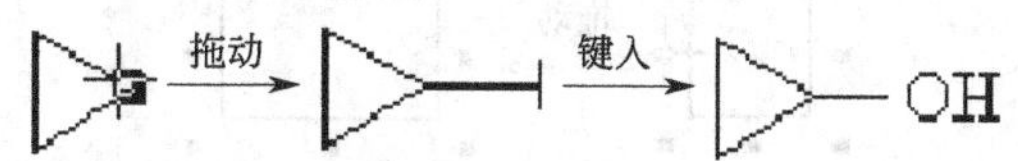

③ 直接在空位输入分子式，如 H_2SO_4。

④ 编辑已标记的内容：鼠标选中 后，单击欲编辑的位置即可编辑。

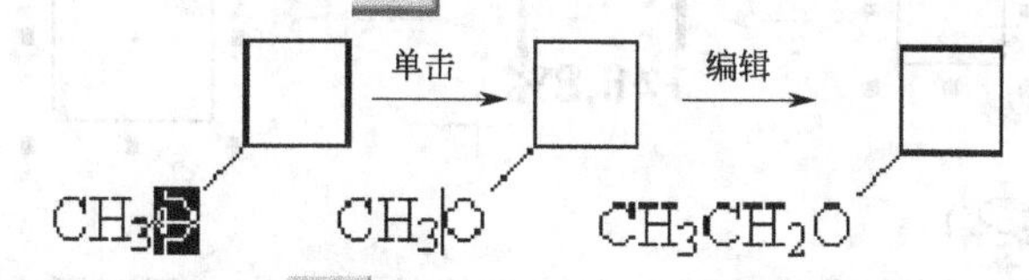

(2) 文字说明按钮 Caption（ T ）

可以在图形中加文字说明，可以使用各种字体（包括中文），也可以使用 Windows 支持的所有符号。该说明文字可以是普通文本、粗体或斜体，也可以使用 Formular 格式，字体和样式等可以在菜单上选择。编辑方式与 Word 相似。注意不可用 Caption 方式加化学标记，该工具所写的文本无法与化学键相连。

1.7 编辑工具

编辑工具包括对象选择工具（ ）、套索工具（ ）与板擦（ ），主要用于对象的编辑。

(1) 对象选择工具（ ）

鼠标单击某结构的一点，或单击某对象，或采用拖动鼠标的方式将矩形内的所有对象选中。选中的对象边缘有 8 个黑点。如欲选择多个对象可以按住 Shift 键后选择或用鼠标拖出的方框来包含对象。

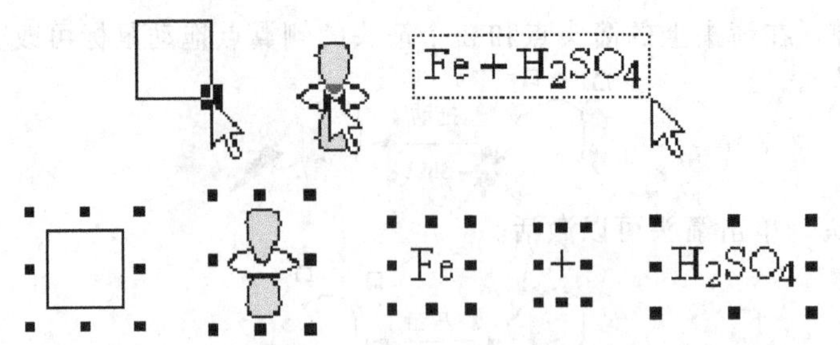

此工具与菜单命令合用，可以改变大小、移动、旋转、复制、删除、改变对象等。

① 移动：可用鼠标拖动到任意位置或使用键盘上的光标移动键逐点移动。移动过程中如果按 Ctrl 键则可以复制。

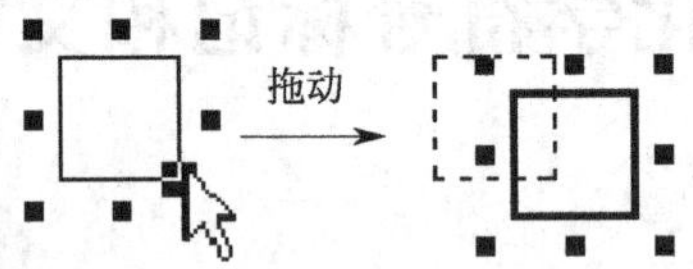

② 改变大小和旋转：鼠标选中边上的把手（Handle）后可以水平或垂直放大或缩小；选择角上的把手可以对整个对象放大或缩小；如在选择角上把手时按住 Shift 键则可水平、垂直方向拉伸；如果选择边上把手时按 Shift 键则产生旋转标志，可以旋转所选对象。进行以上操作时如按 Ctrl 键则复制对象。

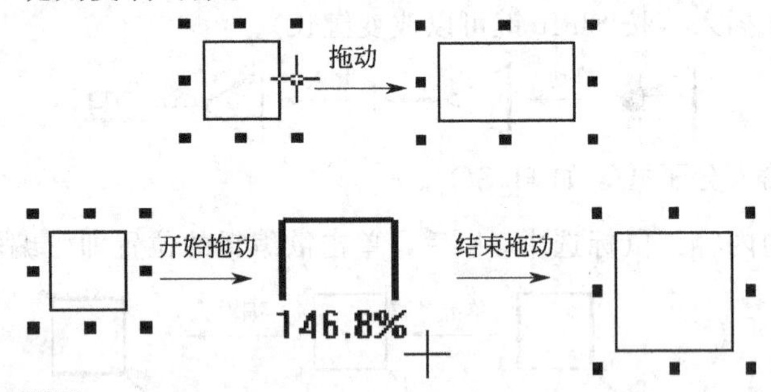

(2) 套索工具（ ）

使用套索可以复制、删除或移动某一个结构的某一部分，可以用来移动原子标记而不移动键，可以改变键的前后位置，可以在套索选择的位置加标记。

① 选择：可以用单击方式选择一个原子，或用拖动的方式选择多个原子；按住 Shift 键可以进行多次选择。

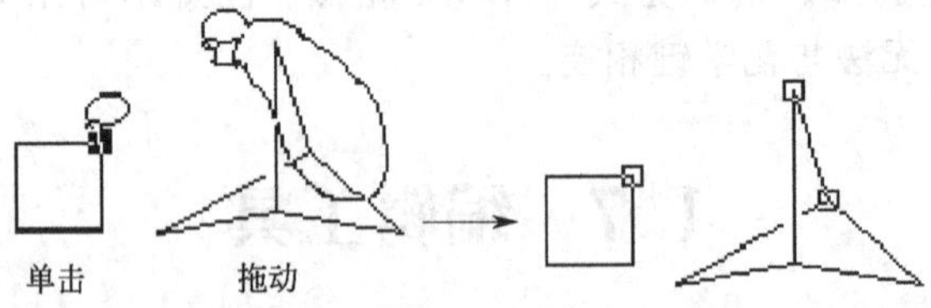

② 移动一个或多个原子：使用套索选择一个或多个原子，用鼠标拖动到目标位置（使用键盘方向键可以逐点移动）。

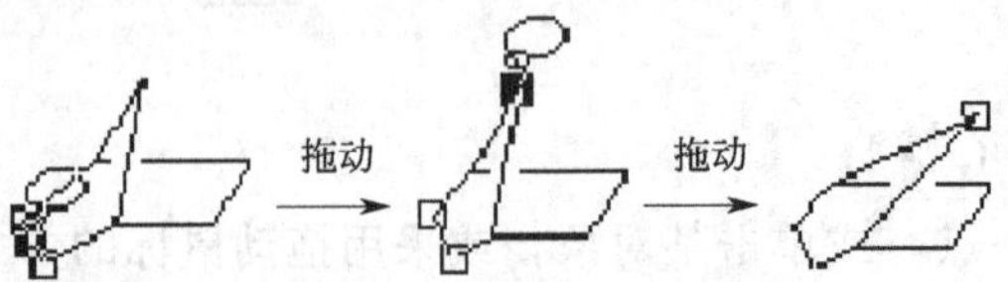

③ 不移动对应的键而移动基团的标记：按住 Alt 键，用套索拖动标记至目标位置（使用键盘方向键可以逐点移动）。

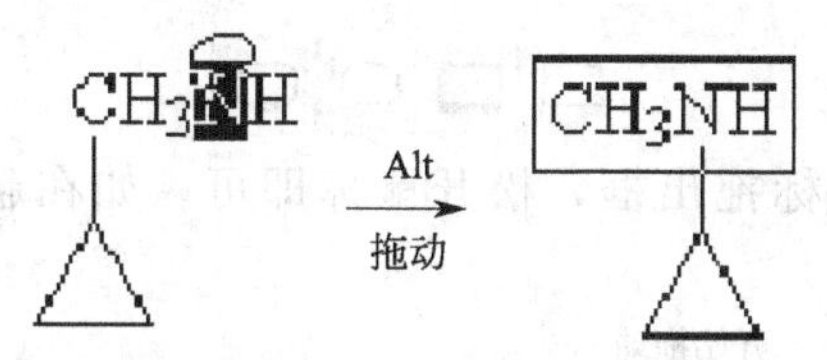

④ 移动键的前后位置：用套索选择某键，在 Arrange 菜单中选择 Bring to Front / Send to Back 命令可以改变交叠键的前后位置。

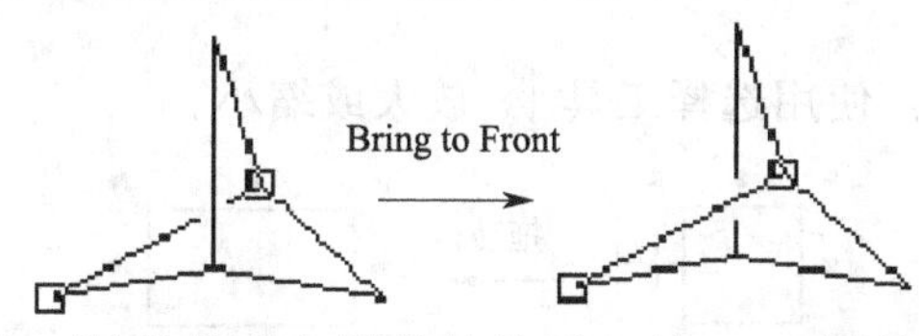

⑤ 复制套索所选内容：用套索选定部分结构后，按 Ctrl 键拖动，可复制选定部分。

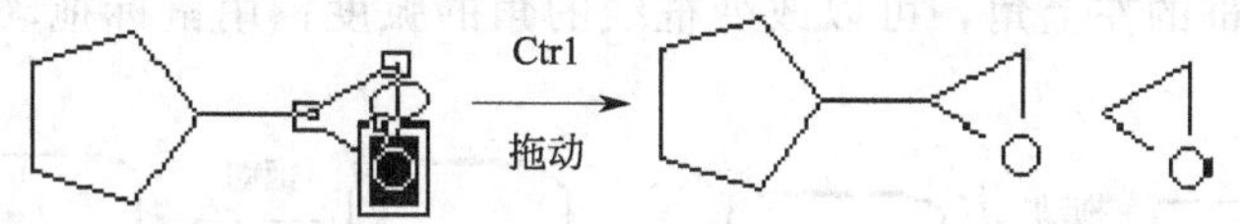

⑥ 删除套索所选内容：用套索选定部分结构后，按 Backspace、Delete 或选择 Edit 菜单中的 Clear 命令可清除选定部分。

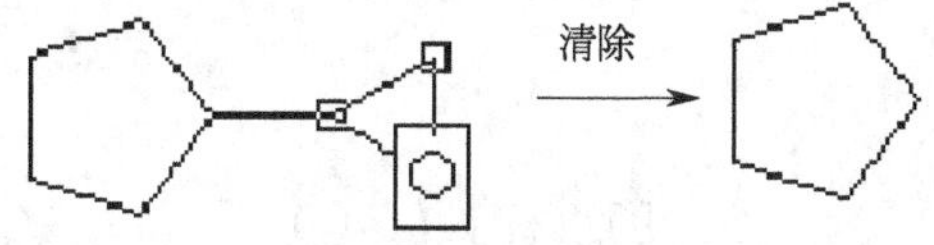

⑦ 标记原子：用套索选择后，选择周期表或使用快捷方式标记原子。用空格键除去不想标记的原子。

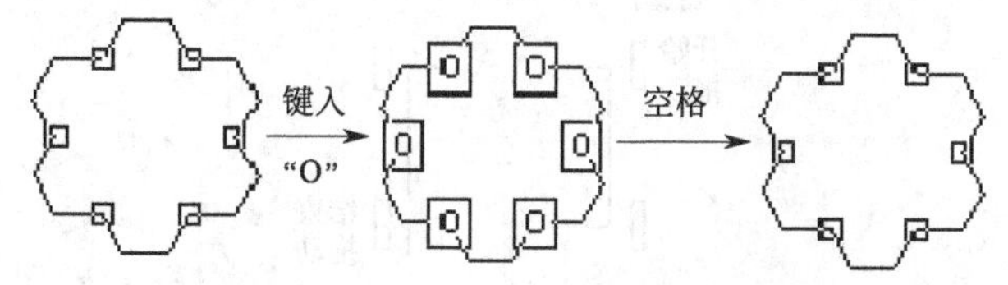

⑧ 旋转结构中的一部分：选择旋转点，单击旋转工具 或选择 Arrange 菜单中 Free Rotate 命令，可用拖动的方式旋转结构中的一部分。

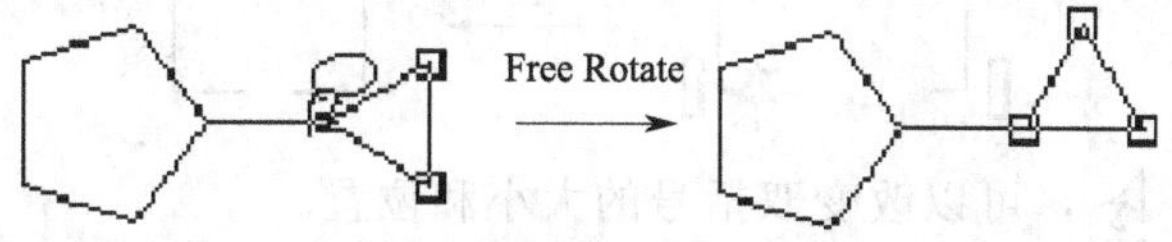

⑨ 其它功能：套索选择后，可以使用编辑及改变模式命令。

⑩ 选择工具 也可以用来进行套索操作，其方法是在使用时按 Alt 键。

(3) 板擦（ ）

使用板擦可以删除某个原子、化学标记、键以及图形对象等。

1.8 画框及括号工具

(1) 框

框的类型主要有：

① 选定框的类型，用鼠标拖出框，松开鼠标即可。如在起始点松开鼠标，则不画框，按 Shift 键则画方框。

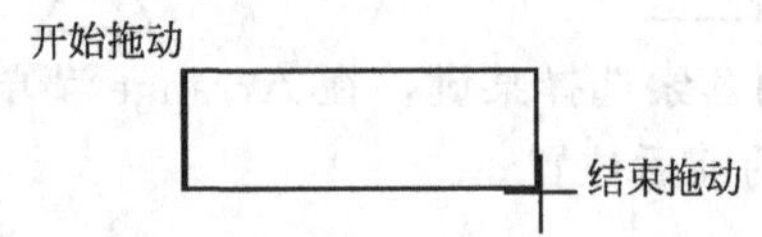

② 改变框大小和位置：使用选择工具 放大或缩小。

③ 用鼠标拖动框的左上角，可以改变框线的角的弧度；用鼠标拖动其右下角，可以改变框线的阴影大小。

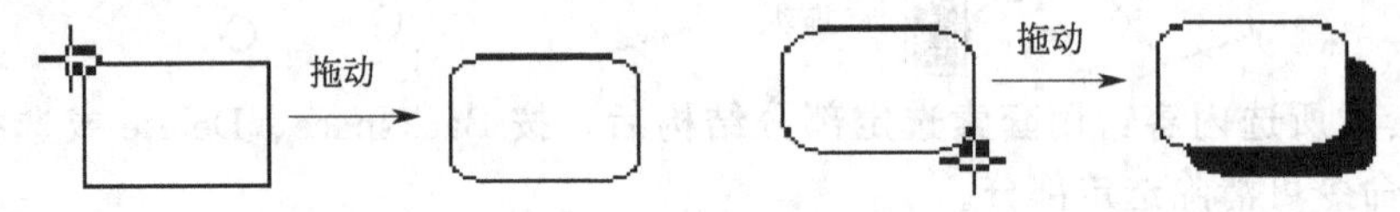

（2）括号

括号的类型主要有：

① 拖动鼠标产生双括号，对于 按钮，可在四角填写相应的上下标内容。

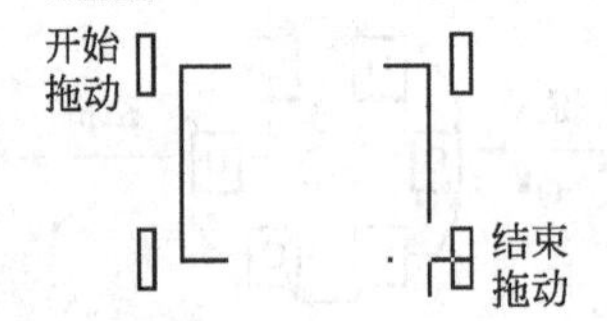

② 拖动括号下角可以改变双括号形状。

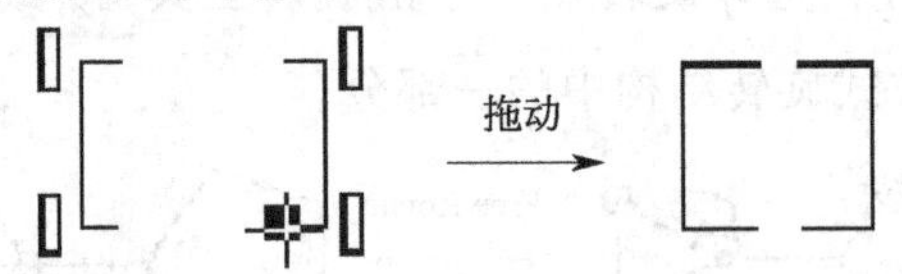

③ 使用选择工具 ，可以改变双括号的大小和位置。

④ 单括号：用鼠标拖动可改变角度；拖动单括号的中心，则改变形状。

1.9 原子标记符号

原子标记符号有：

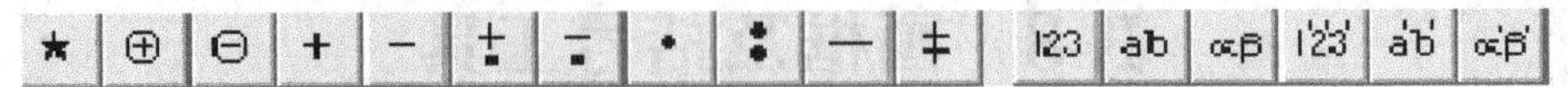

选择符号后，在某原子上单击则产生相应的符号，符号与该原子相关联；拖动符号绕该原子旋转，可以决定符号位置；按 Shift 键可改变符号与原子间距离；任意点单击产生单独的符号对象；符号可使用套索或板擦删除。

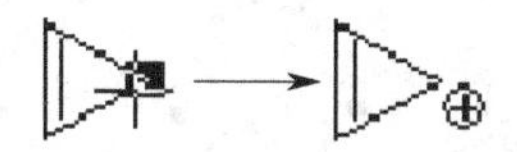

1.10 轨道符号

常用轨道符号有：

在起始点拖动，画出轨道符号；按 Shift 键可改变大小；按 Ctrl 键改变方向；使用 Arrange 中的前后变换命令可改变对象间的前后位置。

1.11 组合工具

常用组合工具有：

(1) 水平翻转（ ）和垂直翻转（ ）

选择对象，单击水平翻转按钮，可使被选择对象水平方向翻转；选择对象，单击垂直翻转按钮，可使被选择对象垂直方向翻转。

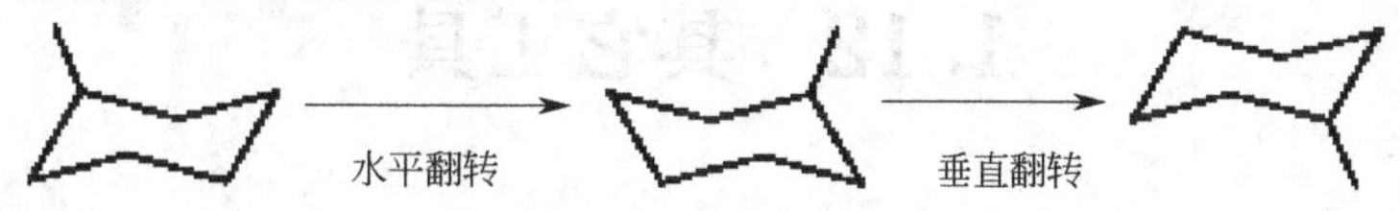

(2) 自由旋转（ ）

与 Arrange 菜单中 Free Rotate 功能相同；使用选择工具选择对象，单击自由旋转图标，击中对象把手拖动鼠标，可以自由旋转到指定角度，旋转中角度显示在旁边。按 Ctrl 键则复制出旋转后的对象。

拖动

(3) 组（ ）和取消组（ ）

将多个对象组合为一个组，也可以将多个组组合为一个组。与 Arrange 菜单中的 Group 命令相同。例如，将一个反应式中的反应物和产物组合为一个组，这样在进行某些操作时整个反应式可以同时进行，避免出现遗漏现象。

Group

(4) 连接（ ）

将两个相叠或近似相叠的结构直接连接形成一个结构，同 Arrange 菜单中 Join 命令。

注意其与组的区别。

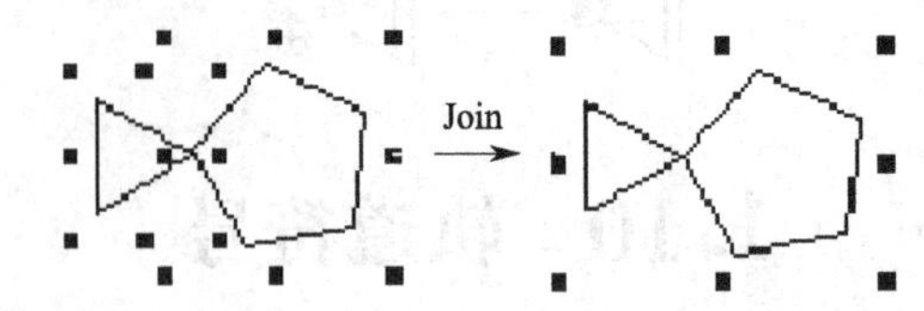

(5) 对象排列（）

将选择的对象按水平/垂直方式排列，与 Arrange 菜单中的 Align Object 命令相同。选择此命令后，出现对话框。水平方向有四个选项：不变、左边、中心和右边。垂直方向也有四个选项：不变、顶部、中心、底部。选择后点击 OK 进行排列。此命令有时会使选择对象重叠。

(6) 移至前面（）/后面（）

将选择对象移至图形的前面/后面进行堆积。ChemWindow 将图形对象像扑克牌一样堆积，一般的结构为透明的，所以堆积结构的次序是没有关系的；一些工具可以产生不透明图形（如轨道等），这时前后顺序必须正确。另外，ChemWindow 在处理相互交叠的键时，自动将后面的键断开而产生立体感，使用前两个命令也可以改变键之间的前后顺序。

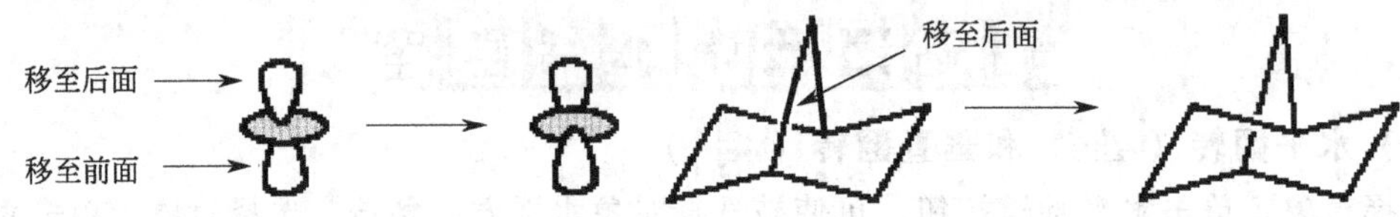

1.12 其它工具

(1) 表格工具（）

可拖动制表，因可在 Word 中更好地制表，一般不提倡使用此工具。

(2) Newman 投影式（）

可绘制 Newman 投影式，选中后在文档区拖动，选定前面三个原子的位置，松开鼠标，可得到 Newman 投影式。

H
F
F
H
Cl
H

(3) 标注工具（）

单击标注工具，可打开相应的标注工具栏，可对选定的原子进行标注。

前 5 个标注工具按钮为文本框样式，中间 5 个为连线样式，后 4 个为标注原子的样式。

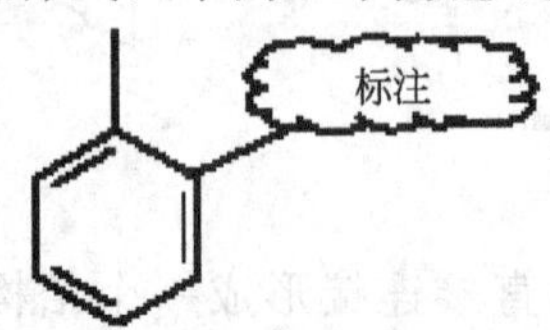

(4) 质谱碎片工具（  ）

拖动穿过分子，可将分子沿线分为两部分（自由基），分别给出分子量和分子式。

(5) 质谱标记工具（ 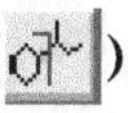 ）

在相应键上单击可将断开后两部分的分子量和分子式标出。

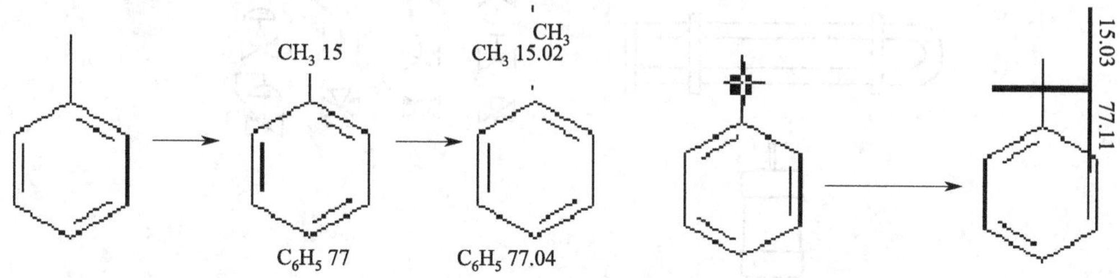

CH_3 15

C_6H_5 77

CH_3 15.02

CH_3

C_6H_5 77.04

15.03

77.11

1.13 附加库的使用

ChemWindow 6.0 提供了四个附加的图形结构库，使用这些附加库，可以非常方便地绘制化工设备示意图、玻璃仪器装置图和已知化学物质结构式（图 1-2）。附加库的默认位置为：C:\Program files\Bio-Rad Laboratories\ChemWin\Libraries\。包括：

CESymbol：提供化工符号。

LabGlass：提供化学实验室的玻璃仪器等的图形。

OtherLib 和 StrucLib：提供化学物质的结构式。

先打开库文件，选择所需图形或结构，也可通过查询命令在库中寻找，然后通过剪贴板复制到用户的 ChemWindow 文档中。对于玻璃仪器，其标准口可以自动连接。

1.14 菜单命令

对常用的菜单命令不再解释，这里仅阐述一些需要说明的菜单命令。

(1) File 菜单

File 菜单包括文件管理、打印等。默认保存为扩展名为“.cwg”的文件，可用 Save As 命令将文档存为 Standard Chemistry Format (.SCF)、MDL MolFile (.MOL)、ChemDraw (.CHM) 等其它格式。可用 Page Setup 命令更改纸张大小，以改变文档大小。

(2) Edit 菜单

Edit 菜单包括 Undo（撤消）、Redo（重复）、Copy（拷贝）、Paste（粘贴）、Select All（全选）等命令，与其它的 Windows 应用程序相近。Join（连接）已在前面工具按钮中说明。如打开的是库文件，可以使用 Find in Library 命令在库中查找结构或仪器。Override Style 命令可改变当前样式默认的参数值如键长度、宽度、字体和字号等[1]。样式可在 Style 工具条中改变。

[1] 不要随意改变。

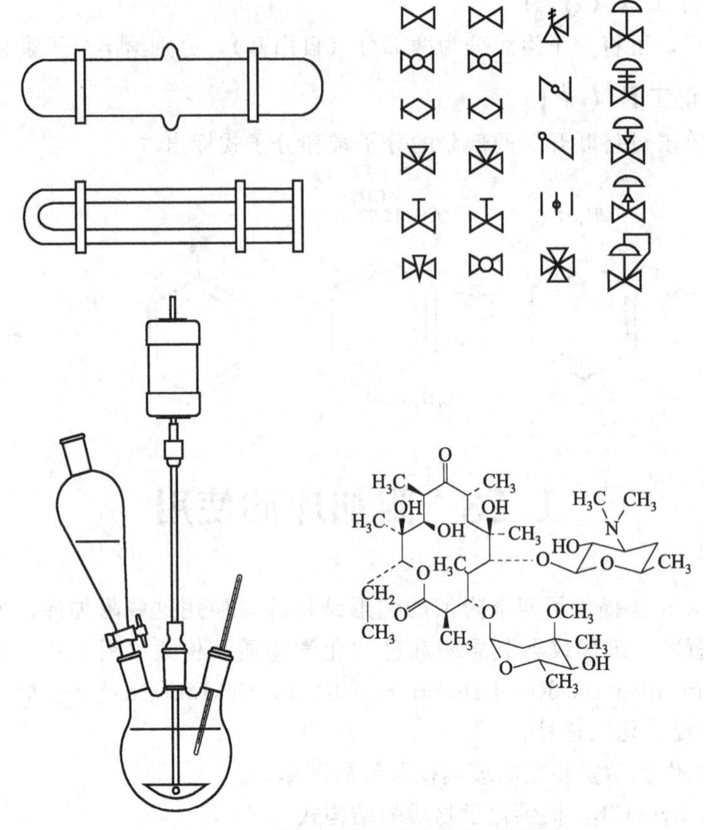

图 1-2　附加库的图形和结构示例

(3) View 菜单

View 菜单决定显示哪些工具栏，是否显示标尺和状态栏等。

(4) Arrange 菜单

Arrange 菜单包括前后位置设置（Bring to Front，Send to Back）、组（Group，Ungroup），旋转（Rotate，Free Rotate）、放大缩小（Scale）、翻转（Flip Horizontal，Flip Vertical）和对象排列（Space Objects，Align Objects）等命令。

① Rotate（^R）：将选择的对象旋转指定角度，使用该命令时，产生一对话框，输入欲旋转的角度并单击 OK 确认即可。其旋转方向为逆时针，如欲顺时针旋转，角度值可以输入负数。

② Scale（^S）：比例缩放所选择对象的大小。所有在 ChemWindow 中的对象均可以用两种方法缩放。其一为使用鼠标，选择对象，将鼠标选中对象的把手远离或朝向对象拖动至目标大小（拖动时显示缩放的比例）；其二是使用键盘，选择对象后用 Arrange 菜单中 Scale 命令，在对话框中输入百分比确认即可。

③ Size：设置对象大小及位置。

④ Space Objects：等距排列对象；对象间的距离用点数表示。选择多个对象，使用 Arrange 菜单中 Space Objects 命令，出现对话框，选择对象间隔的点数和排列方式，确认即可。

⑤ Align Objects ：将选择的对象排成一行或列。

(5) Analytical 菜单

① Calculate Mass：计算所选择结构的分子量。选择一个结构或一个结构的一部分，选择 Calculate Mass 命令，可计算出分子量、分子式和组成百分比，点击 Paste 按钮可将选中的项粘贴到 Chem Window 的文档中。

② Formular Calculater：计算分子量及不同物质的量的分子的质量。

③ Periodic Table：显示周期表。选择原子，其信息显示在中间窗口上，点击 Edit 键可显示各个同位素参数并可进行编辑。周期表也可用于标记原子，用套索选择某结构中的一个或多个原子，从周期表中单击要选的原子，该原子就被加到结构上，相应的氢原子个数也被加上。

(6) Other 菜单

① Check Chemistry：检查结构是否正确。Other 菜单中选择 Check Syntax 命令，将检查文档中所有结构是否正确，如发现错误，其光标将移到错误位置；检查窗口的上部将提供错误的信息；改变错误后，Ignore 按钮将变为 Continue，单击继续检查。

Continue | Ignore All | Learn | Exit | The valence is not correct.

② Make Stick Structure：将简写结构变为结构图。

③ Make Labeled Structure：将结构图改为简写形式。

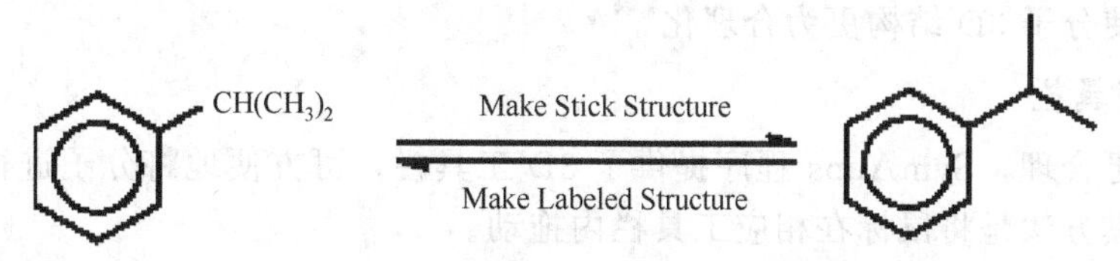

④ Edit User's Chemistry：用户可根据自己需要加入基团或分子的简写，在计算分子量等操作中程序可以辨认。

⑤ Edit Hot Keys：用户可自己增加基团的快捷键，如默认中 4＝Ph，在刚加上一单键或双键时，按快捷键程序可自动加入相应基团。

⑥ Symapps：对选择的分子直接打开 Symapps 程序显示三维结构。

(7) Windows 和 Help 菜单

Windows 和 Help 菜单与一般程序相同。

1.15 三维绘图程序 SymApps 6.0

使用该程序可以将 ChemWindow 6.0 中的分子结构显示为三维图形（图 1-3），可以计算出键长、键角、点群等信息，制作分子三维旋转动画，也可以将图形拷贝至 Word 文档。下面简单介绍其一些主要功能。

(1) 分子的输入

可以从 ChemWindow 直接将分子拷贝至剪贴板，在 SymApps 执行粘贴命令；或选择分子，在 ChemWindow 的 Other 菜单中执行 SymApps 命令；也可以在 SymApps 程序中运行打开命令，打开各种类型的文件。一般对包含有原子坐标的分子结构文件，打开后即可显示其三维结构。对由 2D 结构产生的 3D 结构，须运行 Compute 3D Structure 命令（ ），

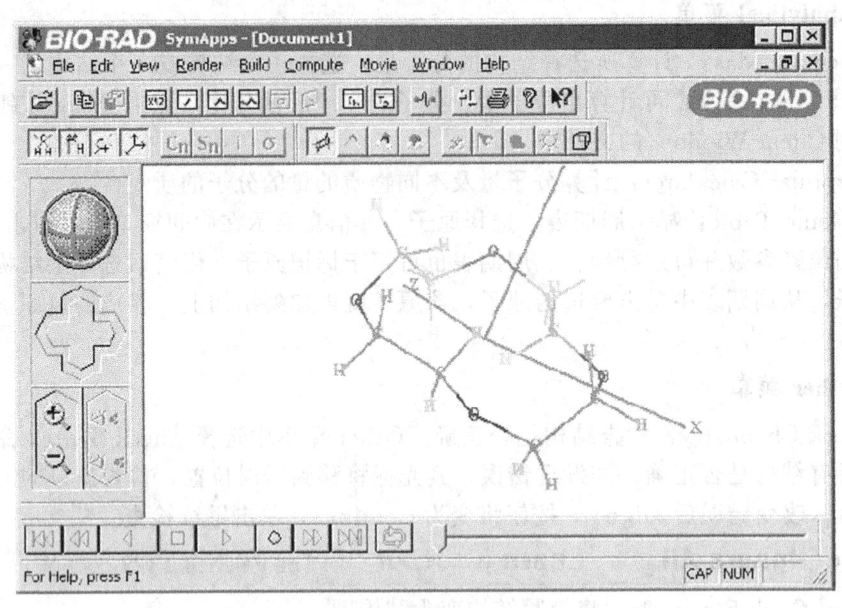

图 1-3　三维绘图程序 SymApps 6.0 界面

一定程度上可使分子 3D 结构更为合理化。

(2) 3D 工具栏

为使显示更合理，SymApps 程序提供了 3D 工具栏，可方便地将分子进行旋转、平移、放大或缩小。其方法是将鼠标在相应工具栏内拖动。

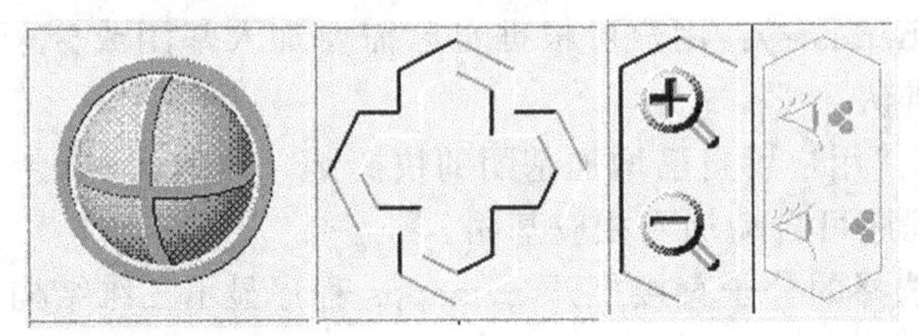

(3) 原子坐标以及分子结构参数

用这四个工具按钮依次可显示各原子的 *XYZ* 坐标、分子中各键键长、键角和二面角。选择原子或其它各项会在 3D 图中明显标出。

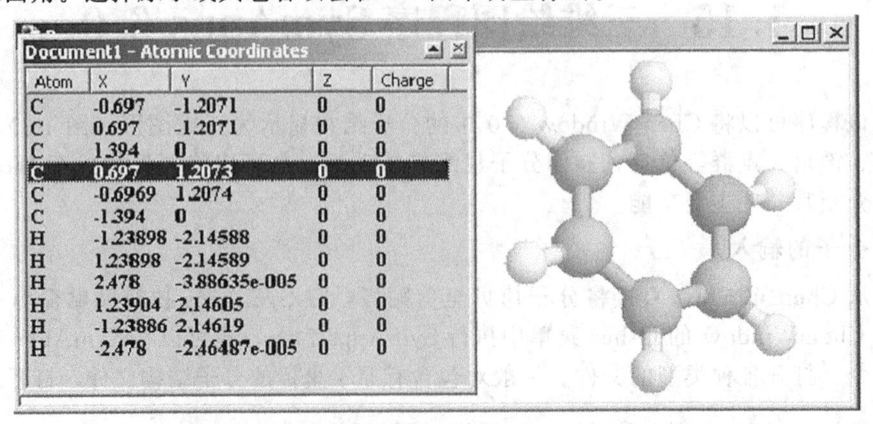

Atom	X	Y	Z	Charge
C	-0.697	-1.2071	0	0
C	0.697	-1.2071	0	0
C	1.394	0	0	0
C	0.697	1.2073	0	0
C	-0.6969	1.2074	0	0
C	-1.394	0	0	0
H	-1.23898	-2.14588	0	0
H	1.23898	-2.14589	0	0
H	2.478	-3.88635e-005	0	0
H	1.23904	2.14605	0	0
H	-1.23886	2.14619	0	0
H	-2.478	-2.46487e-005	0	0

(4) 点群的判断

点击按钮可计算分子所属点群，计算后可点击按钮显示对称元素位置。如下图为苯分子的对称元素位置。点击按钮可计算点群特征标表，如 C_2 的特征标表（Character Table of C2）。

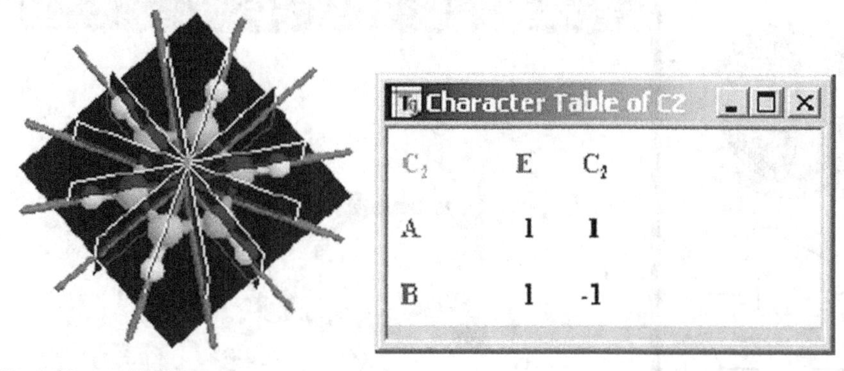

(5) 分子的 3D 结构形式

分子的 3D 图形有 4 种类型，分别为 Frame、Stick、Ball&Stick 和 Space Fill，可依次点击按钮转换。其形式依次为：

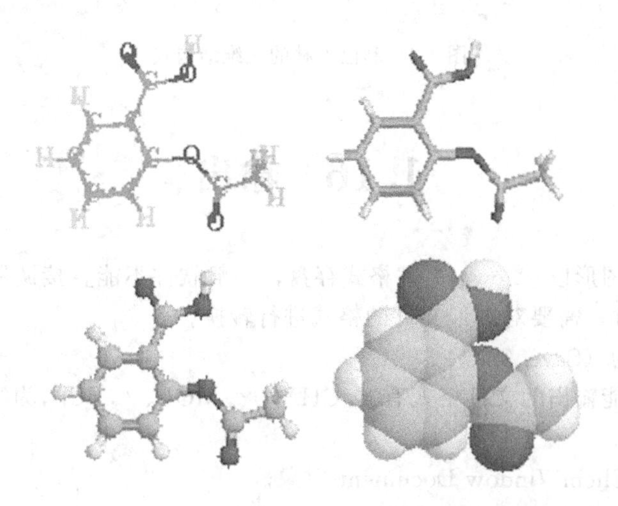

对于 Frame，可选择按钮确定是否显示原子标记、H 原子、键和坐标轴。

(6) 光源位置等设置

依次通过单色、点光源、带阴影、光源位置、透视图按钮（），可使 3D 结构显示为各种光源条件下的效果。

例如，绘制防治非典的药物——利巴韦林（Ribavirin）的三维结构式，如图 1-4 所示。

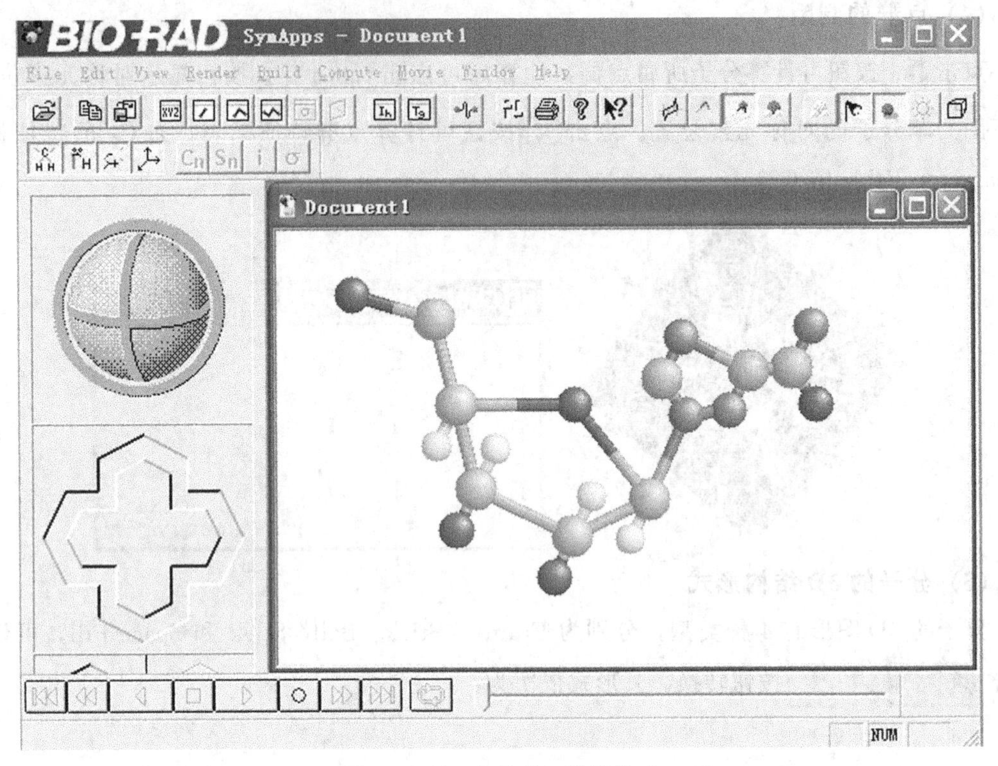

图 1-4　利巴韦林的三维结构式

1.16　输出

ChemWindow 图形以 *.cwg 文件格式存盘，一般软件不能直接调用。若要把绘制成的图形应用于其它软件，需要对图形文件的格式进行转换。

方法一：另存为（Save As)。

ChemWindow 能输出的文件格式有 *.CHM、*.MOL、*.SCF,为实现数据共享提供了一种间接方法。

方法二：插入 ChemWindow Document 对象。

方法三：复制与粘贴（Copy and Paste)。

把绘制成的图形应用于 Word 中的方法是：选取绘制成的图形，选择 Edit 菜单中的 Copy 命令，再切换至 Word 文档中，将光标移到文本中需嵌入图形的位置，在 Word 的“编辑”菜单中选择“粘贴”命令。

1.17　蛋白质分子模拟

Discovery Studio（以下简称 DS）是基于 Pipeline Pilot 构建的面向生命科学领域的综合分子建模和模拟平台。DS 的交互式强以及易于使用的视窗操作界面、经过多年验证的科学算法和集成环境使其广泛应用于生命科学的各个研究领域，如药物化学、结构生物学、计算生物学和计算化学等。本节介绍使用 DS 2017 Visualizer 进行蛋白质等生物大分子的模拟显示。

DS 中蛋白质分子的载入有两种方法。

方法一：可通过 DS 直接从蛋白质数据库（Protein Data Bank，PDB）中下载蛋白质结构。

点击菜单栏 File/Open URL，在出现的对话框中（图 1-5）直接输入蛋白质 PDB 号。如果在线联网，则可直接将蛋白质 3D 结构从 PDB 下载到视窗中。

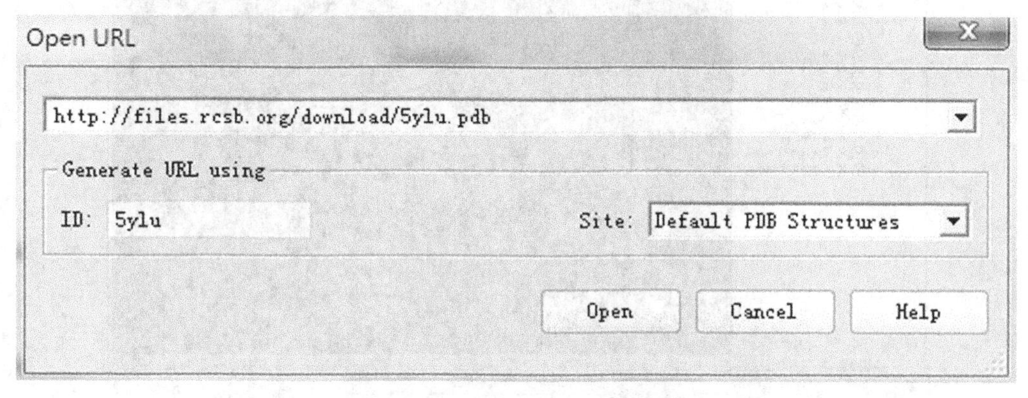

图 1-5　Open URL 对话框

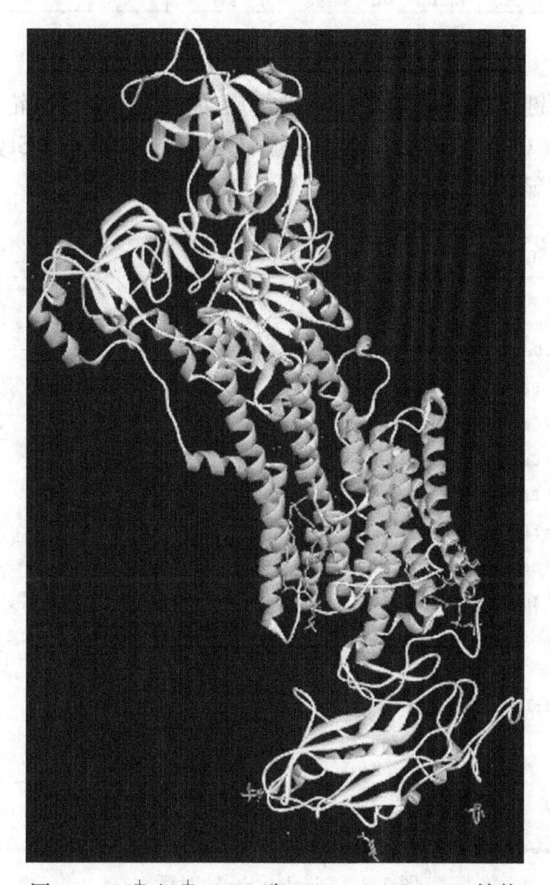

图 1-6　H^+/K^+-ATP 酶（PDB：5ylu）3D 结构

方法二：点击菜单栏 File/Open，直接打开本地文件。

载入蛋白质文件后，可做相应处理和编辑。以 H^+/K^+-ATP 酶（图 1-6）为例打开 5ylu. pdb。

Ctrl＋H 打开系统视图，Ctrl＋T 打开表格浏览器，如图 1-7 所示，从左边的树状窗口中可选择水分子，按键盘 Delete 删除。

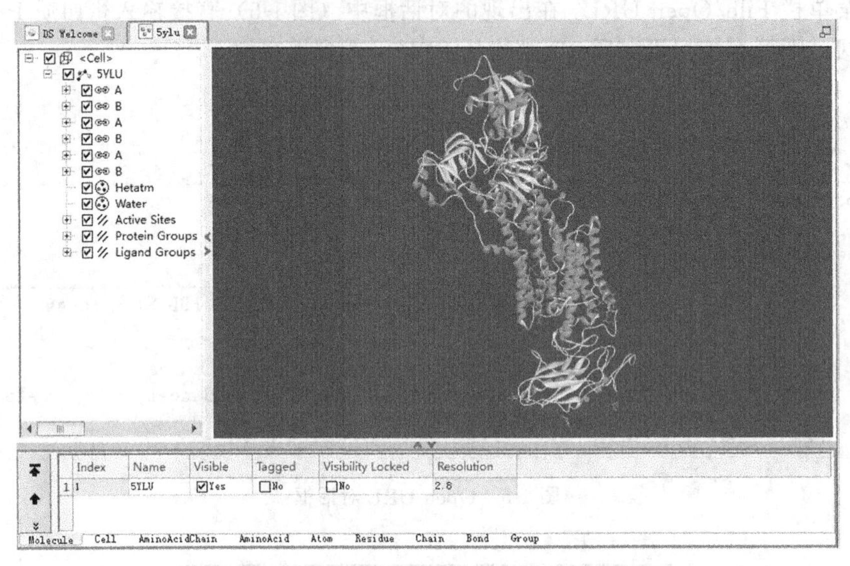

图 1-7　系统视图（左）及表格浏览器（下）

视窗中按住鼠标右键拖动，可对蛋白质进行旋转操作；滚动滑轮，可进行缩放操作。点击工具栏 Display Style（或点击右键，在快捷菜单中选择 Display Style 命令），可在对话框（图 1-8）中设置蛋白质显示方式。

Display Style
Atom　Protein　Cell　Graphics　Lighting　Materials
Display style　Coloring
Off　Color by:
Ca wire　Secondary Type
Ca stick　Colors...
Line ribbon
Flat ribbon　Custom:
Solid ribbon
Tube　Ribbon size
Schematic　Default Ribbon Size
Display size: 10
OK　Cancel　Apply　Help

图 1-8　Display Style 对话框

可将窗口系统视图中蛋白质链的“+”号点击展开，显示氨基酸序列；也可点击菜单栏 Sequence/Show Sequence，显示蛋白质氨基酸序列窗口，如图 1-9 所示。

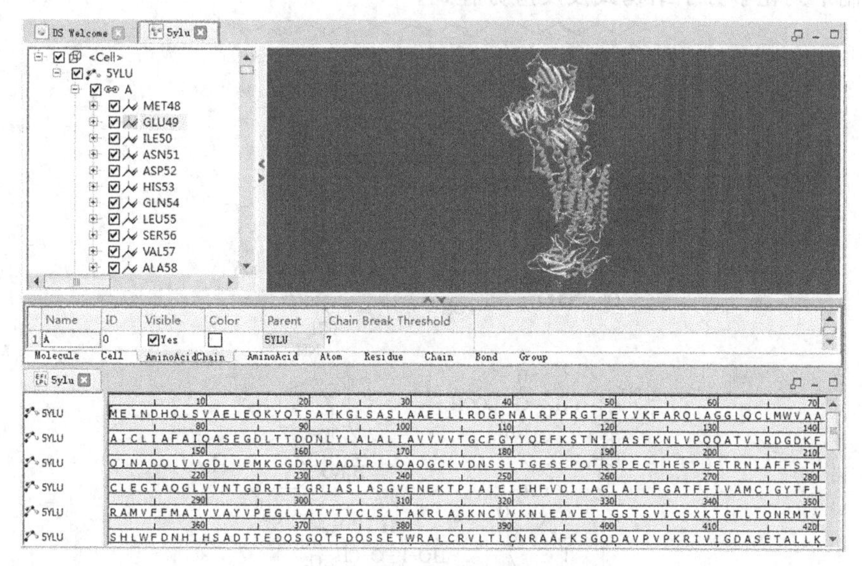

图 1-9 蛋白质氨基酸序列

点击工具栏 Receptor-Ligand Interactions/View Interactions/ Show 2D Diagram，可显示配体药物 Vonoprazan 与受体蛋白 H^+/K^+-ATP 酶的相互作用模式图（图 1-10）。

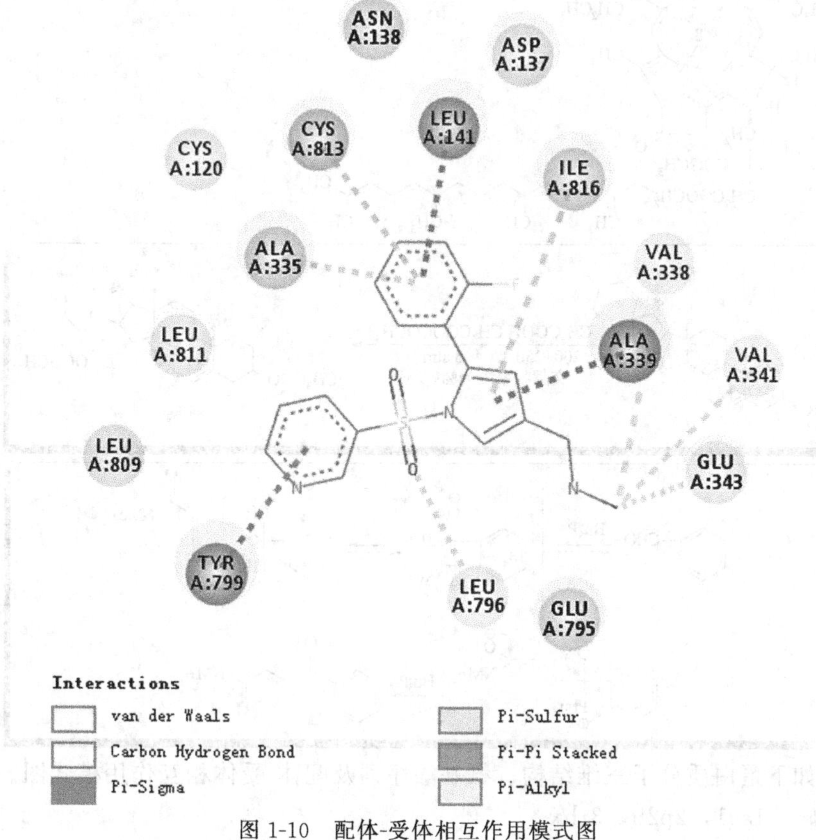

图 1-10 配体-受体相互作用模式图

上机作业

1. 绘制下列化学分子结构式及反应方程式。

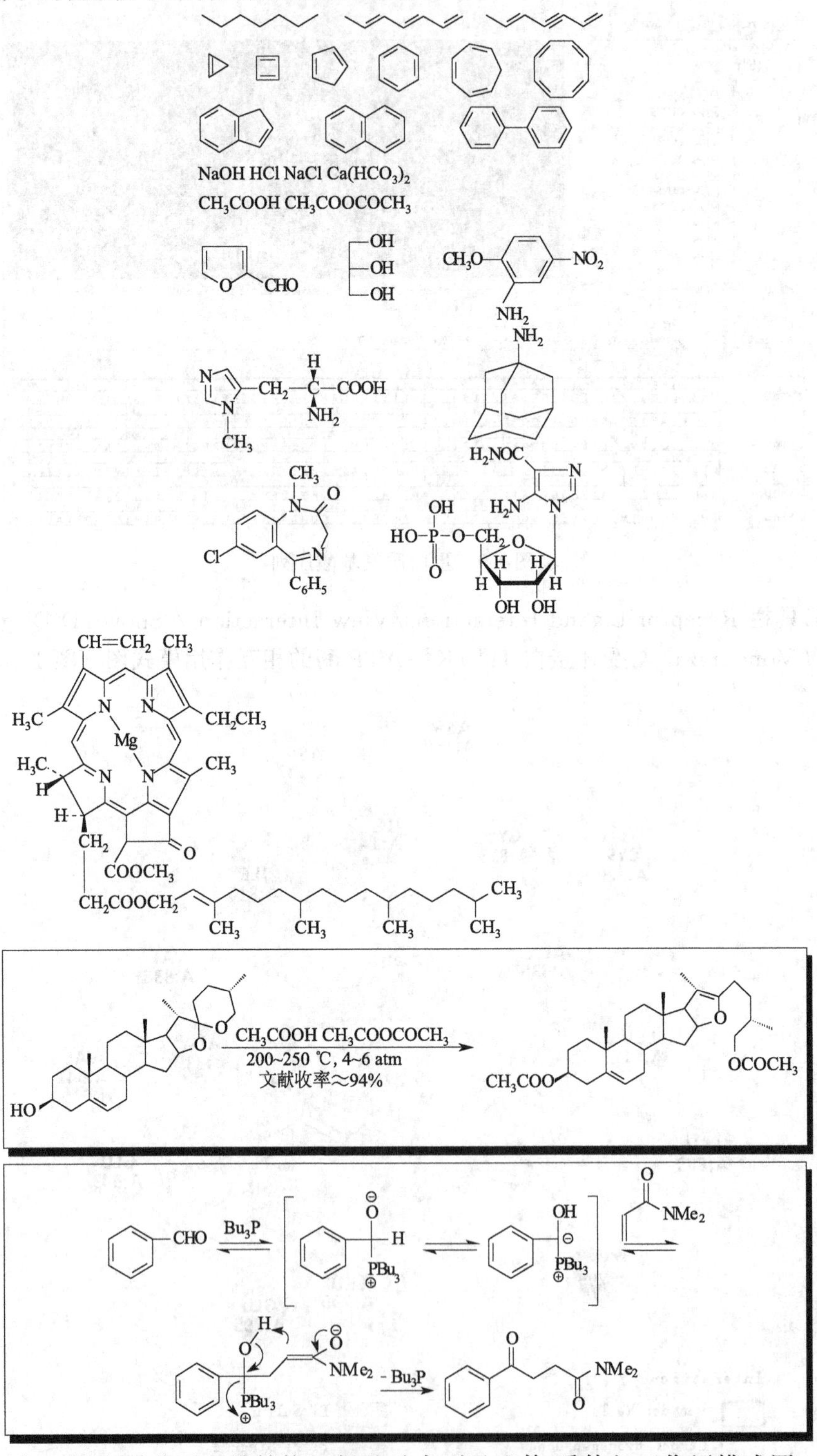

2. 显示如下蛋白质分子三维结构、氨基酸序列及配体-受体相互作用模式图。PDB 编码：1aq1，2p2h，3rhx。

第2章

计算机在数值计算中的应用

在化学化工和制药工程学科的教学及科研过程中，都涉及大量的数学计算，具有大量的数学模型，需要编写针对某系统的数学模拟程序，通过计算机的运行来达到研究的目的。如何编写一个数学模拟程序呢？首先，要熟悉相应的数值计算方法；其次，要掌握至少一种编程语言。本书将介绍简单的可视化新型语言 Visual Basic（附录Ⅰ）和强大的科学计算工具软件 MATLAB（附录Ⅱ）在数值计算中的应用。

2.1 数值计算的重要性

现代化学化工和制药工程发展的一个重要标志是模型化。首先，根据过程中化学或物理实际现象的物理概念，经过适宜的假设和简化，建立过程的物理模型；然后，再经过必要的归纳和数学推导建立数学模型；最后，应用数学方法求解数学模型，再应用这些数学解来定量地说明实际过程，从而达到定量分析和预测实际过程的目的。这种模型化的研究方法在工程开发、设备设计以及操作条件优化等方面越来越显示出强有力的作用。

建立数学模型是化学化工等学科的研究任务，而求解数学模型则是数学学科的研究内容。高等数学提供了各种数学问题的解析方法，但能够给出精确解析解的数学问题是很有限的。对于工程中遇到的复杂数学问题，只能借助数值计算方法应用计算机进行求解（数值解）。因此，数值计算方法在工程领域占有极其重要的地位，是现代化学化工和制药工程技术发展的强大促进因素。

计算机具有很高的运算速度，但它只能依据给定的指令完成加、减、乘、除等算术运算和一些逻辑运算。因此，使用计算机求解各种数学问题，必须要把求解过程归结为按一定的规则进行一系列四则运算的过程。把对数学模型的解法归纳为有加、减、乘、除等基本运算，并对运算顺序有完整而准确描述的算法称为数值计算法。

近年来，随着计算机软件科学的发展，人们已为解决实际问题编制了大量的程序或子程序，甚至出现了能为众多学科应用的程序库。但科技工作者在使用计算机时，如果不具备选择和使用数值计算方法的能力，不会编制程序，那么处理问题的范围将是十分有限的。倘若懂得数值计算方法，就可以对现成的各种程序进行选择、修改或移植，甚至编写新的程序，分析和解决实际问题。

2.2 方程求根

工程中的许多问题常常归结为解函数方程 $f(x)=0$。如果 $f(x)$是一元线性方程式或一元二次方程式，就可以用代数方法求解解析解。若 $f(x)$是一元三次或高次的代数方程式，就只能用数值计算方法求近似解。常用的求解方法有二分法、迭代法和牛顿法等。以计算机为工具，利用上述方法，很容易得到方程极为准确的近似解。

2.2.1 二分法

设函数 $f(x)$在$[a,b]$上连续，且 $f(a)<0$，$f(b)>0$，根据连续函数的性质可知方程 $f(x)=0$ 在区间$[a,b]$内一定有实根，这时称$[a,b]$为方程 $f(x)=0$ 的有根区间。采用二分法求根的方法如下：

① 在有根区间$[a,b]$中取中点 $x=\dfrac{a+b}{2}$。

② 将 x 代入函数求得 $f(x)$，并与 $f(a)$比较。

③ 如果同号，则根在区间$[x,b]$内；否则在区间$[a,x]$内。

④ 采用相同的方法在有根区间继续搜索，如此反复，当搜索的次数趋于无穷大时，即能获得所求的根。在实际计算时，只要前后两次 $f(x)$差值的绝对值小于指定的精度即可。

例 2-1 采用二分法计算 $T=313.2$ K，$p=5.066\times10^6$ Pa 时 1 mol 二氧化碳气体所占体积。

解：真实气体可以采用范德华状态方程来计算。对范德华状态方程$(p+\dfrac{a}{V^2})(V-b)=RT$ 进行变换，可得函数

$$f(V)=V^3-\left(b+\frac{RT}{p}\right)V^2+\frac{a}{p}V-\frac{ab}{p}=0 \tag{2-1}$$

（对于二氧化碳，常数 $a=3.65\times10^5\ \mathrm{L^2\cdot Pa/mol^2}$，$b=0.0428$ L/mol）

通常可根据方程的物理意义来估计有根区间。因为体积不可能小于 0，且不会超过理想气体状态方程计算值的 2 倍（即 $2RT/p=1.0275\times10^{-3}\ \mathrm{m^3}$），所以，可以将有根区间确定为 $[0,\ 1.0275\times10^{-3}]$。取值为 0 时，由式（2-1）得 $f(x)$ 为负数；取值为 1.0275×10^{-3} 时，$f(x)$为正数。经 Visual Basic 编程（附录Ⅲ-2-1），计算得 $V=3.9335\times10^{-4}\ \mathrm{m^3}$。

例 2-2 已知苯（1）和甲苯（2）的正常沸点分别为 353.3 K 和 383.8 K，试估算含苯量 $x_1=0.619$（摩尔分数）的苯-甲苯二组分理想溶液的正常沸点。

解：设苯-甲苯混合溶液服从拉乌尔定律，以 p_i 表示该二组分气液平衡体系中组分 i 的蒸气分压，则有

$$p_i=p_i^0x_i \tag{2-2}$$

式中，p_i^0 为组分 i 的纯组分饱和蒸气压，其值可按安托因（Antoine）方程计算，即

$$\ln(p^0)=A-\frac{B}{T+C} \tag{2-3}$$

式中，p^0 的单位为 Pa。由化学工程手册查得苯和甲苯的安托因方程常数 A、B、C 分别是：

	A/Pa	B/K	C/K
苯	20.7936	2788.51	−52.36
甲苯	20.9065	3096.52	−53.67

若体系的总压为 p，则有
$$p=\sum_{i=1}^{n}p_i \tag{2-4}$$

此类问题过去一般使用试差法求解，即先假设一个温度 T，由式(2-3) 计算出 p^0，进而计算出 p_i，将所算出的各组分蒸气分压 p_i 求和计算总压 p。若算出的总压 $p=101325$ Pa，则所假设的温度 T 便是该二组分混合液的正常沸点，否则重新假设 T，重复上述步骤再进行试算，直至得到正确答案。

下面介绍二分法求解。由式(2-3) 可得

$$p_i^0=\exp(A_i-\frac{B_i}{T+C_i})$$

则
$$p_i=\exp(A_i-\frac{B_i}{T+C_i})x_i$$

从而
$$p=\sum_{i=1}^{n}[\exp(A_i-\frac{B_i}{T+C_i})x_i]$$

即
$$\sum_{i=1}^{n}[\exp(A_i-\frac{B_i}{T+C_i})x_i]-101325=0 \tag{2-5}$$

式(2-5) 为变量 T 的非线性代数方程式，可用二分法求该方程式的数值解。由于理想溶液的沸点必定位于两纯组分的沸点之间，故可选用两纯组分的沸点作为迭代初值，解得混合液的正常沸点为 361.9755 K（附录Ⅲ-2-2）。

2.2.2 迭代法

迭代法是一种重要的逐次逼近方法。这种方法是用某个固定公式反复校正根的近似值，使之逐步精确化，最后得到满足精度要求的结果。

对给定方程 $f(x)=0$，将它转换成等价形式：$x=g(x)$。给定初值 x_0，由此来构造迭代序列 $x_{k+1}=g(x_k)$，$k=1,2,\cdots$。如果迭代收敛，即 $\lim\limits_{k\to\infty}(x_{k+1})=\lim\limits_{k\to\infty}(x_k)=b$，有 $b=g(b)$，则 b 就是方程 $f(x)=0$ 的根。在计算中当 $|x_{k+1}-x_k|$ 小于给定的精度控制量时，取 $b=x_{k+1}$ 为方程的根。

有些非线性方程用上述直接迭代法求解时，迭代过程是发散的。此时可引入合适的松弛因子，利用松弛迭代法使迭代过程收敛。

松弛迭代法公式如式(2-6) 所示。

$$x_{k+1}=x_k+\omega[g(x_k)-x_k] \tag{2-6}$$

由式 (2-6) 可知，当松弛因子 $\omega=1$ 时，松弛迭代变为直接迭代；当松弛因子 $\omega>1$ 时，松弛法使迭代步长增大，可加速迭代，但有可能使原来收敛的迭代变成发散；当 $0<\omega<1$ 时，松弛迭代法使迭代步长减小，这适合于迭代发散或振荡收敛的情况，可使振荡收敛过程加速；当 $\omega<0$ 时，将使迭代反方向进行，可使一些迭代发散过程收敛。

松弛法是否有效的关键因素是松弛因子 ω 的值能否正确选定。如果 ω 值选用适当，能使迭代过程加速，或使原来发散的过程变成收敛；但如果选用不合适，则效果相反，有时甚至会使原来收敛的过程变得不收敛。松弛因子的数值往往要根据经验选定，但选用较小的松弛因子，一般可以保证迭代过程的收敛。

例 2-3 求 0.02 mol/L 醋酸溶液中的氢离子浓度。醋酸的电离常数 $K=1.752\times10^{-5}$。

解：根据醋酸的解离反应得 $K=\dfrac{x^2}{c-x}$。

将 $c=0.02$ mol/L，$K=1.752\times10^{-5}$ 代入并整理得迭代式 $x=\sqrt{1.752\times10^{-5}\times(0.02-x)}$。取初值 $x_0=0.0001$ mol/L，采用直接迭代法用 Visual Basic 编程（附录Ⅲ-2-3），计算得氢离子浓度 $x=5.8314\times10^{-4}$ mol/L。

2.2.3 牛顿法

牛顿法也称牛顿-拉弗森（Newton-Raphson）法，其核心内容是通过泰勒级数将非线性方程式转化为线性方程式，然后用迭代法求解。

设方程式 $f(x)=0$ 的近似根为 x_0，则 $f(x)$ 对 $x=x_0$ 的泰勒级数展开式为

$$f(x)=f(x_0)+(x-x_0)f'(x_0)+\frac{(x-x_0)^2}{2!}f''(x_0)+\Lambda \tag{2-7}$$

若 $x=x_0+h$ 更接近于准确根，代入式(2-7) 得

$$f(x_0+h)=f(x_0)+hf'(x_0)+\frac{h^2}{2!}f''(x_0)+\Lambda \tag{2-8}$$

忽略 h 高于一次的幂且令 $f(x_0+h)=0$ 可得

$$h=x-x_0=-\frac{f(x_0)}{f'(x_0)}$$

即

$$x=x_0-\frac{f(x_0)}{f'(x_0)} \tag{2-9}$$

把式(2-9) 中的 x 作为原方程的一个新的近似根，则得到牛顿迭代公式如式(2-10)所示。

$$x_{k+1}=x_k-\frac{f(x_k)}{f'(x_k)} \tag{2-10}$$

当 $f(x)$ 的导数比较容易计算时，可以采用牛顿法求解，方法如下：

① 取初值 x_0 并将其代入牛顿迭代公式(2-10) 中求得 x_1。

② 将 x_1 作为初值重复以上步骤，从而求得

$$x_2=x_1-\frac{f(x_1)}{f'(x_1)}$$

③ 如此反复迭代直至 x_{k+1}。当 x_{k+1} 与 x_k 差值的绝对值小于某指定值 ε 时，就可取 x_{k+1} 作为方程的近似根。

牛顿法的收敛速度较快，但其准确度与根附近的斜率有关。若根附近的斜率 $f'(x)$ 很小，则在计算 $f(x)/f'(x)$ 时，由于误差被放大而无法达到很高的准确度。

例 2-4 一氧化碳与氢气反应生成甲醇：

$$CO+2H_2 \rightleftharpoons CH_3OH$$

现有 1 mol CO 和 2 mol H_2 的混合物，在 $t=590$ ℃、$p=3.04\times10^7$ Pa 下进行反应并达到平衡（$K_p=3.24\times10^{-15}$），求在平衡气体中含有多少摩尔的 CH_3OH。

解：设 CH_3OH 在平衡气体中含有 x_{mol}，则

$$K_p=\frac{p_{CH_3OH}}{p_{CO}\cdot p_{H_2}^2}=\frac{x(3-2x)^2}{(1-x)(2-2x)^2p^2}$$

整理可得

$$4(K_pp^2+1)x^3-12(K_pp^2+1)x^2+(12K_pp^2+9)x-4K_pp^2=0$$

取左边函数为 $f(x)$，并对其求导得

$$f'(x)=12(K_pp^2+1)x^2-24(K_pp^2+1)x+(12K_pp^2+9)$$

取初值 $x_0=0.5$，用牛顿法求得方程的近似根为 $x=0.4507$（附录Ⅲ-2-4）。

例 2-5 甲烷气与 20%过量空气混合，在 25℃、0.1MPa 下进入燃烧炉中燃烧，若燃烧完全，其产物所能达到的最高温度为多少？

解：反应方程式：

$$CH_4+2O_2 \longrightarrow CO_2+2H_2O(g)\Delta H_m(25\ ℃)=-802.32\ \text{kJ/mol}$$

(1) 物料衡算

取 1 mol CH_4 为基准，则进料气中含 O_2 的物质的量为 $1\times2\times(1+0.2)=2.4$(mol)，$N_2$ 的物质的量为 $2.4\times0.79/0.21=9.03$(mol)。而出料中含 CO_2 的物质的量为 1 mol，H_2O 的物质的量为 2 mol，O_2 的物质的量为 $2.4-2=0.4$(mol)，N_2 的物质的量为 9.03 mol。

(2) 能量衡算

为计算出口气体的最高温度，设在绝热条件下进行燃烧反应。设基准温度为 25 ℃。

由于进料温度均为 25 ℃，所以进料气带入的热量 $Q_1=0$ kJ；燃烧反应的反应热量 $Q_r=1\times802.32=802.32$ kJ；燃烧后气体带走的热量 $Q_2=\int_{298.15K}^{T}\sum(n_jC_{pj})dT$，其中 T 为燃烧产物的温度。

由物理化学手册查得燃烧产物的定压摩尔热容数据如下表。

气体	$C_p=a+bT+cT^2+dT^3+eT^4$/[J/(mol·K)]				
	a	$b\times10^2$	$c\times10^5$	$d\times10^8$	$e\times10^{12}$
CO_2	19.0223	7.96291	−7.37067	3.74572	−8.13304
N_2	29.4119	−0.30068	0.54506	0.51319	−4.25308
O_2	29.8823	−1.13842	4.33779	−3.70082	10.01006
H_2O	34.0471	−0.96506	3.29983	−2.04467	4.30228

可得：

$$Q_2=\int_{298.15K}^{T}(364.6589+2.862282\times10^{-2}T+5.885998\times10^{-5}T^2+2.810158\times10^{-8}T^3-33.9298\times10^{-12}T^4)dT$$

能量平衡方程为 $Q_1+Q_r=Q_2$，温度 T 不能直接求出，可用牛顿法按下式迭代计算（附录Ⅲ-2-5）。

$$f(T)=364.6589(T-298.15)+2.862282\times10^{-2}(T^2-298.15^2)/2+5.885998\times10^{-5}(T^3-298.15^3)/3+2.810158\times10^{-8}(T^4-298.15^4)/4-33.9298\times10^{-12}(T^5-298.15^5)/5-802320=0$$

迭代计算得到燃烧产物的最高温度 $T=2299$ K（2026 ℃）。

2.3 线性方程组求解

在化学化工和制药工程中，经常应用线性方程组来描述复杂的化学反应、确定反应体系的独立反应数、进行物料衡算和热量衡算等。因此，线性方程组的求解是一个非常重要的数值计算方法。线性方程组求解的方法很多，本节主要介绍最基本的简单迭代法、消元法和选主元消去法。

2.3.1 简单迭代法

对于线性方程组 $\boldsymbol{AX}=\boldsymbol{B}$，即

$$\sum_{j=1}^{n} a_{ij} x_j = b_j, i=1,2,\cdots,n \tag{2-11}$$

若 $\boldsymbol{A}$ 为非奇异矩阵，且 $a_{ij} \neq 0$（$i=1$，2，$\cdots$，n），则可将其转化为下列等价方程组：

$$x_i = \frac{1}{a_{ii}}\left(b_i - \sum_{\substack{j=1 \\ j\neq 1}}^{n} a_{ij} x_j\right), i=1,2,\cdots,n \tag{2-12}$$

若对式（2-12）实施迭代，则其迭代格式为

$$x_i^{(k)} = \frac{1}{a_{ii}}\left[b_i - \sum_{\substack{j=1 \\ j\neq 1}}^{n} a_{ij} x_j^{(k-1)}\right], i=1,2,\cdots,n; k=1,2,3,\cdots \tag{2-13}$$

令 $c_{ij}=\frac{a_{ij}}{a_{ii}}$，$d_i=\frac{b_i}{a_{ii}}$，则式(2-13）变为

$$x_i^{(k)} = d_i - \sum_{\substack{j=1 \\ j\neq 1}}^{n} c_{ij} x_j^{(k-1)}, i=1,2,\cdots,n; k=1,2,3,\cdots \tag{2-14}$$

这种迭代方法又称为雅可比（Jacobi）迭代法。如果 $\lim\limits_{k\to\infty} x_i^{(k)} = x_i^*$（$i=1,2,\cdots,n$）存在，则称迭代式是收敛的，此时极限值 x_i^*（$i=1,2,\cdots,n$）就是线性方程组的解。当方程组系数矩阵是严格对角占优矩阵时，迭代式满足收敛条件。对于迭代收敛的情形，可根据精度要求 ε 用条件[式(2-15)]来控制迭代过程的结束。

$$\max_{1\leqslant i\leqslant n} \left| x_i^{(k+1)} - x_i^k \right| < \varepsilon \ (i=1,2,\cdots,n) \tag{2-15}$$

假定矩阵 $\boldsymbol{A}$ 满足简单迭代要求，则简单迭代法计算机求解步骤如下：

① 进行变量定义工作。一般需要定义系数矩阵变量、迭代计算变量、初值变量、方程数以及收敛精度等。

② 利用循环语句和 Inputbox () 语句输入方程数、系数矩阵与常数项向量的元素。

③ 根据定义计算 c_{ij} 和 d_i。

④ 根据式(2-14) 进行迭代循环计算及偏差计算。当偏差符合精度要求时，停止计算；若偏差不符合要求，则继续进行迭代计算。

⑤ 输出方程组的解 x_i（$i=1,2,\cdots,n$）。

例 2-6 配制 1000 skg 组成为 30% HNO_3、60% H_2SO_4、10% H_2O 的混酸，所用原料为：(1) 硫硝酸（85% HNO_3、10% H_2SO_4、5% H_2O）；(2) 矾油（96% H_2SO_4、4% H_2O）；(3) 废酸（70% H_2SO_4、30% H_2O）。求各原料的用量。

解：设硫硝酸的用量为 x_1 kg，矾油的用量为 x_2 kg，废酸的用量为 x_3 kg。

自由度=系统变量数－平衡方程数－变量赋值数－附加关系方程数

　　　=14－平衡方程数－11－0

若联立方程组有唯一解，则自由度为零，平衡方程数=14－11=3。

建立三个方程有唯一解：

HNO_3：$85\%x_1=1000\times30\%$

H_2SO_4：$10\%x_1+96\%x_2+70\%x_3=1000\times60\%$

H_2O：$5\%x_1+4\%x_2+30\%x_3=1000\times10\%$

即
$$\begin{pmatrix}0.85 & 0 & 0\\0.10 & 0.96 & 0.70\\0.05 & 0.04 & 0.30\end{pmatrix}\begin{pmatrix}x_1\\x_2\\x_3\end{pmatrix}=\begin{pmatrix}300\\600\\100\end{pmatrix}$$

方程组系数矩阵是严格对角占优矩阵，迭代式满足收敛条件。

计算结果为 $x_1=352.9412$ kg，$x_2=429.8643$ kg，$x_3=217.1946$ kg（附录Ⅲ-2-6）。

2.3.2 消元法

消元法又称高斯（Gauss）消去法，分为消元和回代两个过程。其基本思想是通过线性变换将原线性方程组转化为三角形方程组（消元），然后再进行求解（回代）。下面以一个简单实例说明消元法的基本思想。

考虑三阶方程组

$$\begin{pmatrix}2 & 1 & 3\\2 & 4 & 5\\1 & 2 & 0\end{pmatrix}\begin{pmatrix}x_1\\x_2\\x_3\end{pmatrix}=\begin{pmatrix}2\\4\\7\end{pmatrix} \tag{2-16}$$

(1) 消元过程

所谓消元，就是指逐步减少方程式中变量的数目。为此将一个方程式乘以（或除以）某个常数，然后在方程式之间做加减运算。

方程组(2-16) 消元过程的第一步是第 1 个方程不动，确定第 2、3 个方程的乘数，即将第 2、3 个方程 x_1 项系数除以第 1 个方程 x_1 项系数，得到乘数：$m_{21}=\frac{2}{2}=1$，$m_{31}=\frac{1}{2}=0.5$。

用第 2、3 个方程分别减去其乘数 m_{21}、m_{31} 乘以第 1 个方程后得到新的方程。这样就消去了第 2、3 个方程的 x_1 项，于是得到等价方程组（2-17）。

$$\begin{pmatrix}2 & 1 & 3\\ & 3 & 2\\ & 1.5 & -1.5\end{pmatrix}\begin{pmatrix}x_1\\x_2\\x_3\end{pmatrix}=\begin{pmatrix}2\\2\\6\end{pmatrix} \tag{2-17}$$

消元过程的第二步是第 1、2 个方程不动，确定第 3 个方程的乘数，即将第 3 个方程 x_2 项系数除以第 2 个方程 x_2 项系数，得到乘数：

$$m_{32}=\frac{1.5}{3}=0.5。$$

用第 3 个方程减去其乘数 m_{32} 乘以第 2 个方程后得到新的方程。这样就消去了第 3 个方程的 x_2 项，于是得到等价方程组（2-18）。

$$\begin{pmatrix}2 & 1 & 3\\ & 3 & 2\\ & & -2.5\end{pmatrix}\begin{pmatrix}x_1\\x_2\\x_3\end{pmatrix}=\begin{pmatrix}2\\2\\5\end{pmatrix} \tag{2-18}$$

这样，上述三阶线性方程组（2-16）经过两次消元过程就转化为上三角形方程组（2-18），即系数矩阵是上三角形矩阵。显然，n 阶线性方程组转化为上三角形方程组需要 $n-1$ 次消元过程。

(2) 回代过程

回代过程是将上三角形方程组自下而上逐步进行求解，从而得出：$x_3=-2$，$x_2=2$，$x_1=3$。

由此类推，n 阶线性方程组 $\boldsymbol{AX}=\boldsymbol{B}$，即

$$\sum_{j=1}^{n}a_{ij}x_j=b_i,\ i=1,2,\ \cdots,\ n$$

其消元法的计算公式和步骤可归纳如下。

① 消元过程

设 $a_{ii}^{(k)}\neq 0$，对 $k=1$，2，…，$n-1$（k 表示消元过程的次序），计算

$$\begin{cases}a_{ij}^{(k+1)}=a_{ij}^{(k)}-\dfrac{a_{ik}^{(k)}}{a_{kk}^{(k)}}a_{kj}^{(k)}\\ b_i^{(k+1)}=b_i^{(k)}-\dfrac{a_{ik}^{(k)}}{a_{kk}^{(k)}}b_k^{(k)}\\ i,j=k+1,k+2,\Lambda,n\end{cases} \tag{2-19}$$

经过 $n-1$ 次消元后可得到上三角形方程组（2-20）。

$$\begin{pmatrix}a_{11}^{(n-1)} & a_{12}^{(n-1)} & \Lambda & a_{1n}^{(n-1)}\\ & a_{22}^{(n-1)} & \Lambda & a_{2n}^{(n-1)}\\ & & \mathrm{M} & \mathrm{M}\\ & & & a_{nn}^{(n-1)}\end{pmatrix}\begin{pmatrix}x_1\\x_2\\\mathrm{M}\\x_n\end{pmatrix}=\begin{pmatrix}b_1^{(n-1)}\\b_2^{(n-1)}\\\mathrm{M}\\b_n^{(n-1)}\end{pmatrix} \tag{2-20}$$

② 回代过程

$$\begin{cases}x_n=\dfrac{b_n^{(n-1)}}{a_{nn}^{(n-1)}}\\ x_i=[b_i^{(n-1)}-\displaystyle\sum_{j=i+1}^{n}a_{ij}^{(n-1)}x_j]/a_{ii}^{(n-1)}\\ i=n-1,\Lambda,2,1\end{cases} \tag{2-21}$$

可以证明，对于线性方程组 $\boldsymbol{AX}=\boldsymbol{B}$，如 $\boldsymbol{A}$ 为严格对角占优矩阵，则用消元法求解时 $a_{kk}^{(k)}$ 全不为零。因此在使用消元法求解线性方程组时，系数矩阵最好是严格对角占优矩阵，防止出现 $a_{kk}^{(k)}$ 为零。

2.3.3 选主元消去法

前面介绍的消元法是按照给定的自然顺序，即按 x_1，x_2，…，x_n 的顺序逐个消元。第一步消 x_1 时取第一个方程作为保留方程，并利用它和其余方程作线性组合来消去它们所含的 x_1。此处，把保留方程和相应的系数称为第一步的主方程和主行，并且把 x_1 在主行中的系数 a_{11} 叫做第一步的主元素。在第 k 步消 x_k 时用方程 $a_{kk}^{(k)}x_k+a_{k,k+1}^{(k)}x_{k+1}+\Lambda+a_{kn}^{(k)}x_n=b_k^{(k)}$ 作为保留方程，并用它和以下各方程（第 $k+1$，$k+2$，…，n 个方程）作线性组合消去它们所含的变元 x_k。将第 k 步消 x_k 时所用的保留方程及其系数分别称为第 k 步的主方程和主行，而 x_k 的系数 $a_{kk}^{(k)}$ 叫做第 k 步的主元素。

在消元过程中，若主元素 $a_{kk}^{(k)}$ 为零，则因为零不能作为分母，故计算程序将在遇到零元素时终止执行。此外，若 $a_{kk}^{(k)}$ 虽不为零，但其绝对值极小时，作为分母参加运算会引起较大误差。为了避免发生此类情况，消元之前应对方程组的首行或首列元素进行检查，并将其中绝对值最大者调整到首行或首列。该方法就称为选主元消去法。

根据误差分析，若选取主元素绝对值最大的方程作为主方程，则所得的解的误差最小。选取主元素的方法有三种。

① 遍查方程组第一式中的所有元素（不包括常数项），并找出其中绝对值最大者作为主元素，然后将主元素及其所在列的其它元素与第一列各对应元素互换位置。这种选取主元素的方法，称为行主元法。

② 遍查方程组第一列中的所有元素，并找出其中绝对值最大者作为主元素，然后将主元素及其所在行的其它元素与第一式的各对应元素互换位置。这种选取主元素的方法，称为列主元法。

③ 同时采用行主元法和列主元法选取主元素的方法，称为全主元法。

高斯消去法主程序框图及选列主元子程序框图分别见图 2-1 和图 2-2。

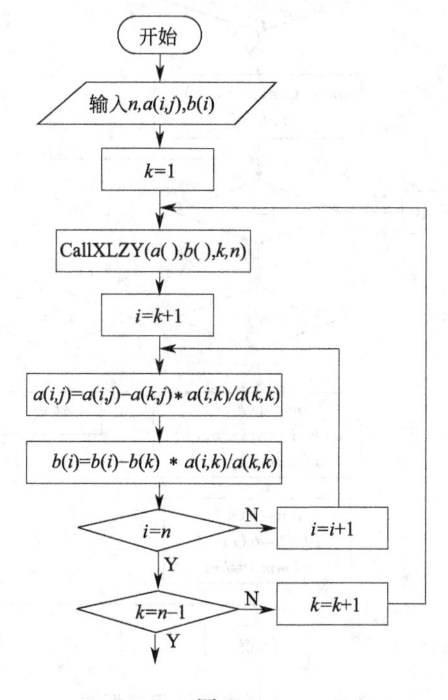

图 2-1

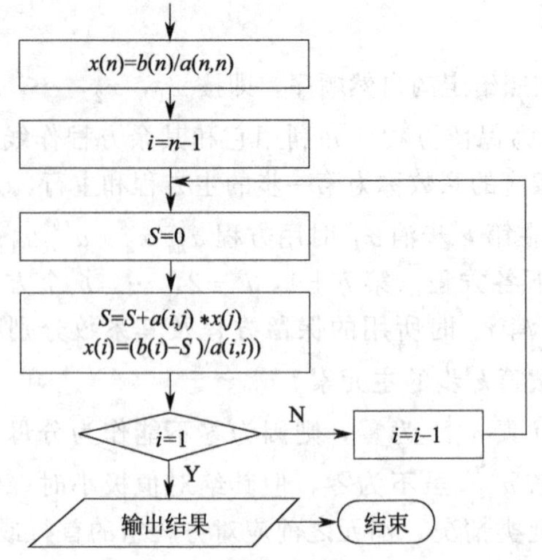

图 2-1 高斯消去法主程序框图

（CallXLZY 代表调用选列主元子程序）

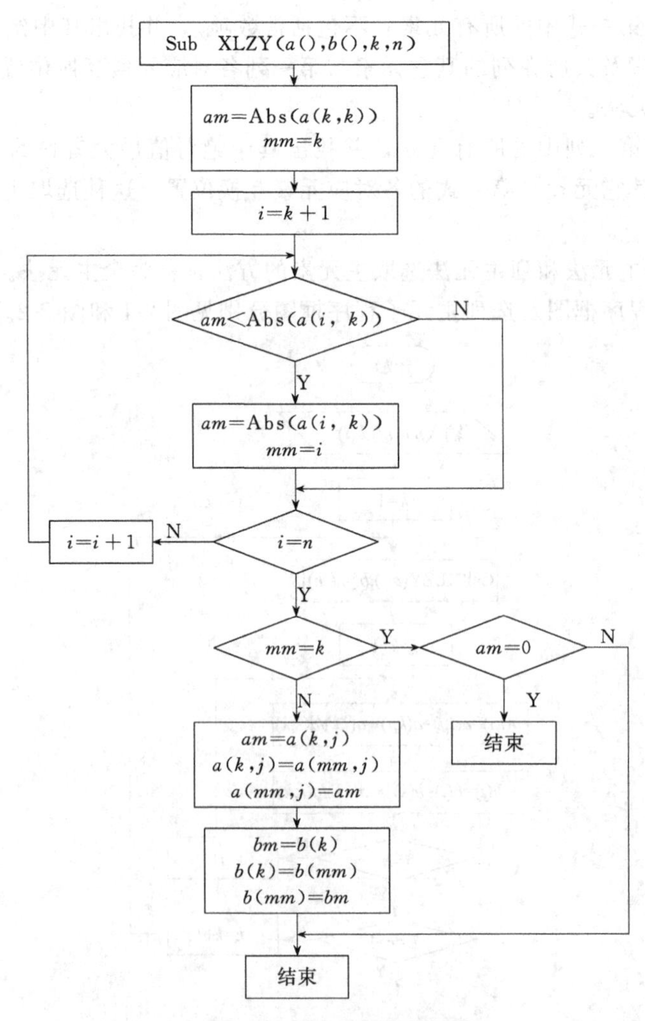

图 2-2 选列主元子程序框图

例 2-7 分光光度法可在不分离的情况下进行多组分混合物分析。试根据分光光度法测得的下列数据，确定五组分混合溶液中各组分的物质的量浓度。

波长编号	各组分的摩尔吸光系数/[L/(mol·cm)]					实验测得的总吸光度
	1	2	3	4	5	
1	100	10	2	1	0.5	0.1135
2	12	120	10	5	0.9	0.2218
3	30	30	90	10	2	0.2700
4	1	4	18	140	24	0.2992
5	2	4	8	16	120	0.1350

设体系服从朗伯-比尔定律，光径长度为 1 cm，并假定溶剂不吸收该波长的光。

解：若混合物中各组分的吸收带互相重叠，只要它们符合朗伯-比尔定律，则对 n 种组分，可以在 n 个适当波长下，进行 n 次吸光度测量，然后解 n 元线性方程组，求算每种组分的浓度。

根据朗伯-比尔定律 $A=abc$（A 为吸光度，a 为摩尔吸光系数，b 为液层厚度，c 为浓度），按题意有

$$A_{iT}=\sum_{j=1}^{5}a_{ij}c_j$$

式中，A_{iT} 为在波长 λ_i 时的总吸光度，a_{ij} 为在波长 λ_i 时第 j 组分的摩尔吸光系数，c_j 为混合物中第 j 组分的物质的量浓度。

由此列出线性方程组

$$\begin{cases}100c_1+10c_2+2c_3+c_4+0.5c_5=0.1135\\12c_1+120c_2+10c_3+5c_4+0.9c_5=0.2218\\30c_1+30c_2+90c_3+10c_4+2c_5=0.2700\\c_1+4c_2+18c_3+140c_4+24c_5=0.2992\\2c_1+4c_2+8c_3+16c_4+120c_5=0.1350\end{cases}$$

用选主元消去法进行计算机求解（附录Ⅲ-2-7），程序包括数据输入、选列主元、消元、回代四部分，解得混合物中各组分的物质的量浓度分别为：$c_1=9.2332\times10^{-4}$ mol/L，$c_2=15.1426\times10^{-4}$ mol/L，$c_3=19.8164\times10^{-4}$ mol/L，$c_4=17.1273\times10^{-4}$ mol/L，$c_5=6.9866\times10^{-4}$ mol/L。

2.4 插值

在生产和科学实验中所遇到的函数往往很复杂，有时虽然可以肯定函数在某个范围内有定义，但通常难以找到它的具体表达式。在多数情况下，可通过实验观测得到一些离散的点 x_i（$i=0$，1，2，…，n）上的函数值 $f(x_i)=y_i$。这些实验观测点虽然对函数变化规律有一定的反映，但不能给出点以外的函数值，使用很不方便。如果有一个数学表达式，即使是

近似的，也便于研究和分析函数的特性或计算函数值。

用简单函数 $p(x)$ 近似替代某函数 $f(x)$ 称为函数逼近，如果知道 $f(x)$ 在一些离散点处的值，而要求 $p(x)$ 在这些点与 $f(x)$ 的值相等，这类问题就称为函数插值。设函数 $y=f(x)$ 在区间 $[a, b]$ 上有定义，且已知点 (x_i, y_i)（$i=0, 1, \cdots, n$），若存在简单函数 $p(x_i)=y_i$ 成立，就称 $p(x)$ 为 $f(x)$ 的插值函数，点 (x_i, y_i) 称为插值节点，区间 $[a, b]$ 称为插值区间，求插值函数 $p(x)$ 的方法称为插值法。若 $p(x)$ 是代数多项式，即

$$p(x)=a_0+a_1x+\Lambda+a_nx^n \tag{2-22}$$

就称 $p(x)$ 为插值多项式，相应的插值法称为多项式插值。数学上常采用的多项式插值有拉格朗日（Lagrange）插值法和牛顿（Newton）插值法等。

2.4.1 拉格朗日插值法

拉格朗日插值多项式为

$$P_n(x)=\sum_{i=0}^{n} f_i l_i(x) \tag{2-23}$$

$$l_i(x)=\prod_{\substack{j=0 \\ j\neq 1}}^{n}\frac{x-x_j}{x_i-x_j}=\frac{(x-x_0)\cdots(x-x_{i-1})(x-x_{i+1})}{(x_i-x_0)\cdots(x_i-x_{i-1})(x_i-x_{i+1})} \tag{2-24}$$

例 2-8 已知某转子流量计在 500～1000 mL/min 流量范围内，其刻度值与校正值有如下关系。

刻度值/(mL/min)	500	600	700	800	900	1000
校正值/(mL/min)	508.2	607.9	707.8	807.7	908.0	1007.9

试问当流量计的刻度值为 752 mL/min 时，实际流量为多少？

解：采用拉格朗日插值法，在自变量与因变量文本框中输入已知数据，数据保持一一对应，每个数据以空格结束，经计算机求解得实际流量为 759.7 mL/min（附录Ⅲ-2-8）。

2.4.2 牛顿插值法

牛顿插值多项式为

$$P_n(x)=C_0+C_1(x-x_0)+C_2(x-x_0)(x-x_1)+\cdots+C_n\prod_{i=0}^{n-1}(x-x_i) \tag{2-25}$$

其中 $C_0=f(x_0)$ （零阶差商）

$$C_1=\frac{f(x_1)-f(x_0)}{x_1-x_0}\equiv f[x_0,x_1] \quad \text{（一阶差商）}$$

$$C_2=\frac{f[x_2,x_1]-f[x_1,x_0]}{x_2-x_0}\equiv f[x_0,x_1,x_2] \quad \text{（二阶差商）}$$

……

$$C_i=\frac{f[x_i,x_{i-1},\cdots,x_1]-f[x_{i-1},x_{i-2},\cdots,x_0]}{x_i-x_0}\equiv f[x_0,x_1,\cdots,x_i] \quad \text{（i 阶差商）}$$

拉格朗日插值法有一个弱点，就是当增加一个新的节点及对应的函数值时，插值基函数要重新计算。而牛顿插值法则充分利用了原有的多项式，以递推的形式给出插值多项式。

2.5 数值积分

积分是一种常见的数学运算，一个定积分可以利用牛顿-莱布尼茨（Newton-Leibniz）公式求解。但在科学研究和工程技术中常会遇到某些情况，无法得到积分的解析解。例如，被积函数过于特殊，求原函数困难；或原函数不能用初等函数表示等。此时，需要借助数值积分法去解决问题。数值积分的方法有多种，本节主要介绍梯形法和辛普森（Simpson）法。

2.5.1 梯形法

求 $f(x)$ 在区间 $[a, b]$ 上的定积分，在几何意义上就是求曲线 $y=f(x)$ 和 $x=a$、$y=0$、$x=b$ 所围成的面积。梯形法求定积分是将整个面积分割成若干小块，并近似将每个小块看成一个小梯形，求出每个小梯形的面积再相加，即为定积分的值。梯形法求定积分的具体步骤如下：

① 将区间 $[a, b]$ 分割成 n 块，并用 x_i 代表各分点的横坐标，步长 $h=(b-a)/n$。

② 计算第 i 块小梯形的面积 $S_i=[f(x_{i-1})+f(x_i)]\times h/2$。

③ 求总面积 S，如式（2-26）所示。

$$S=\int_a^b f(x)\mathrm{d}x=\int_{x_0}^{x_n} f(x)\mathrm{d}x=\sum_{i=1}^{n}\frac{f(x_{i-1})+f(x_i)}{2}\times h$$
$$=h\left[\frac{f(x_0)+f(x_n)}{2}+\sum_{i=1}^{n-1}f(x_i)\right] \tag{2-26}$$

例 2-9 已知甲烷（CH_4）的恒压热容 C_p 与温度 T 之间存在如下函数关系：

$$C_p=14.15+75.496\times10^{-3}T+(-17.99\times10^{-6})T^2$$

求 1 mol 甲烷在等压下自 27 ℃加热至 77 ℃需要的热量。

解：对 C_p 进行定积分就可求得所需热量：$Q_p=\int_{300\text{K}}^{350\text{K}} C_p\mathrm{d}T$。采用梯形法求定积分（附录Ⅲ-2-9），解得所需热量为 1839.1129 J。将程序子函数中的函数式进行替换，即可对其它函数进行梯形法积分。

2.5.2 辛普森法

辛普森法与梯形法的区别在于它并不假定函数曲线被分割成的每小段为直线，而是假定每相邻两小段共同组成一条抛物线 $f(x)=px^2+qx+r$，即每相邻两小块面积之和为：

$$S_i+S_{i+1}=\int_{x_i}^{x_{i+2}} f(x)\mathrm{d}x=\int_{x_i}^{x_i+2h}(px^2+qx+r)\mathrm{d}x$$

将积分区间 $[a, b]$ 分割成 $2n$ 等份，此时步长 $h=(b-a)/2n$，可求得每对小区间 $[x_{2i}, x_{2i+1}]$ 和 $[x_{2i+1}, x_{2i+2}]$（$i=1, 2, \cdots, n-1$）抛物线下的面积为：

$$\int_{x_{2i}}^{x_{2i+2}} f(x)\mathrm{d}x = \frac{h}{3}[f(x_{2i}) + 4f(x_{2i+1}) + f(x_{2i+2})]$$

将所有面积相加得总面积 S，即为定积分的值。

$$S = \int_a^b f(x)\mathrm{d}x = \sum_{i=0}^{n-1}\int_{x_{2i}}^{x_{2i+2}} f(x)\mathrm{d}x \tag{2-27}$$

$$= \frac{h}{3}\{f(x_0)+4[f(x_1)+f(x_3)+\cdots+f(x_{2n-1})]+2[f(x_2)+f(x_4)+\cdots+f(x_{2n-2})]+f(x_{2n})\}$$

此即辛普森积分法计算公式，又称为三点求积公式（或抛物线求积公式）。使用该公式时，必须把积分区间等分成偶数个步长为 h 的小区间。

例 2-10 在简单蒸馏釜内蒸馏 1000 kg 由乙醇 60%（质量分数）和水 40%（质量分数）组成的混合液。蒸馏结束时，残液中所含乙醇的质量分数为 5%，试问残液的质量为多少？该体系的气液平衡数据如下表所示，其中 x 为液相中乙醇的质量分数，y 为气相中乙醇的质量分数。

x	y	$1/(y-x)$	x	y	$1/(y-x)$
0.025	0.225	5.00	0.35	0.73	2.64
0.05	0.36	3.22	0.40	0.74	2.90
0.10	0.52	2.40	0.45	0.75	3.29
0.15	0.60	2.22	0.50	0.77	3.74
0.20	0.65	2.20	0.55	0.78	4.38
0.25	0.69	2.27	0.60	0.79	5.29
0.30	0.71	2.44	0.65	0.80	6.66

解：根据简单蒸馏的雷利公式求解

$$\ln\frac{F}{W} = \int_{x_W}^{x_F}\frac{\mathrm{d}x}{y-x}$$

式中，F 为原料液质量，W 为残液质量，x_F 为原料液中乙醇的质量分数，x_W 为残液中乙醇的质量分数。

由于只给出了该体系的气液平衡数据，故只能采用数值积分法计算。本题应用辛普森法进行定积分，由于被积函数的数据点往往不与小区间的分割点相符合，所以必须在确定子区间数目之后，用插值法求出每个小区间始点和终点的函数值。因此，整个程序由输入数据、插值和积分三部分构成。其中插值采用拉格朗日插值法完成。

当分割块数取 20 时，经计算机求解（附录Ⅲ-2-10），积分值为 1.6268。因此，残液质量 W=196.5576 kg。

2.6 常微分方程的数值解

科学技术中常常需要求解常微分方程，但只有少数简单、典型的常微分方程才可通过解析方法求解。在大多数情况下，常借助数值计算方法在计算机上求其数值解。数值解法所给出的是在一些离散点上的近似解。

在求解微分方程时，需要有某种定解条件，微分方程和定解条件合在一起组成定解问题。其中，给出积分曲线初始状态即初始条件的定解问题称为初值问题，给出积分曲线首尾两端状态即边界条件的定解问题称为边值问题。

2.6.1 欧拉法

欧拉（Euler）法采取“步进式”的方法，即寻求 $y(x)$ 在一系列离散节点上的近似值，相邻两个节点的间距 $h=x_{n+1}-x_n$ 称为步长，求解过程顺着节点排列的次序一步步向前推进。

在 XOY 平面上，微分方程 $y'=f(x,y)$的解 $y=y(x)$称为它的积分曲线。积分曲线上的一点（x，y）的切线斜率等于函数 $f(x,y)$的值。

取曲线上一点（x_n，y_n），此时的微分方程为 $y_n'=f(x_n,y_n)$。

若步长足够小，用差商$(y_{n+1}-y_n)/(x_{n+1}-x_n)$近似曲线上点（$x_n$，$y_n$）的斜率，即代替其中的导数 y_n'并整理得

$$y_{n+1}\approx y_n+hf(x_n,y_n) \tag{2-28}$$

这就是著名的欧拉公式。利用式(2-28)，结合初值 y_0，即可逐步计算出 y_1，y_2，…，y_n。

❖ **例 2-11** 某放射性元素 A 可同时衰变为 B、C 两种物质。设在时间 x 时，A 的量为 y，反应为一级平行反应，则有

$$\frac{dy}{dx}=-(k_1+k_2)y$$

已知衰变为 B 的速率常数 $k_1=1.25\times10^{-2}$，衰变为 C 的速率常数 $k_2=4.78\times10^{-3}$，当时间 $x=0$ min 时 A 的量为 1 mol，试计算 $x=20$min、40 min、60 min、80 min、100 min 时 A 的量。

解：这是一个常微分方程的定解问题，即

$$y'=-(k_1+k_2)y, y(0)=1$$

将 y'的表达式代入欧拉公式，并取步长 $h=1$，得

$$y_{n+1}=y_n-h(k_1+k_2)y_n=0.98272y_n$$

将 $y(0)=1$ 代入并逐步计算可得各值。经计算机求解（附录Ⅲ-2-11），当 $x=$ 20 min、40 min、60 min、80 min、100 min 时，A 的量分别为 0.7077 mol、0.5008 mol、0.3544 mol、0.2510 mol、0.1777 mol。

2.6.2 龙格-库塔法

龙格-库塔（Runge-Kutta）法是常常采用的求解微分方程的方法。其主要优点是精确度比较高，缺点是计算量比较大。与欧拉法相似，这种方法也是根据变量在 $x=x_0$ 处的值，计算在 $x=x_0+h$ 处的近似值（h 为预先规定的步长）。龙格-库塔法有二阶、三阶、四阶等方法，下面列出经典的四阶龙格-库塔法的公式。

设有一阶常微分方程的初值问题：

$$\begin{cases} y'=f(x,y) \\ y(x_0)=y_0 \end{cases}$$

其四阶龙格-库塔公式如式（2-29）所示。

$$
\begin{cases}
y_{n+1}=y_n+\dfrac{h}{6}(K_1+2K_2+2K_3+K_4) \\
K_1=f(x_n,y_n) \\
K_2=f(x_n+\dfrac{h}{2},y_n+\dfrac{h}{2}K_1) \\
K_3=f(x_n+\dfrac{h}{2},y_n+\dfrac{h}{2}K_2) \\
K_4=f(x_n+h,y_n+hK_3)
\end{cases}
\tag{2-29}
$$

例 2-12 在半径 $R=2$ m 的圆筒形储槽中，开始时加水至 $M=5$ m，然后用半径 $r_1=2\times10^{-2}$ m 的给水管以稳定的流速 $v_1=0.7$ m/s 向槽内加水。同时，由位于槽底部半径为 $r_2=7.6\times10^{-2}$ m 的排水管排水。若不考虑排水管的压头损失，试求开始排水后前 3 min 内每分钟储槽内水位的高度 y(m)。

解：由于不同时刻储槽内水位的高度不同，排水量也不同，所以这个过程是非定态过程。假定在任一时刻 t（水位高度为 ym）的微小时间间隔 $\mathrm{d}t$ 内，水位高度的变化为 $\mathrm{d}y$。根据质量守恒定律，可得物料衡算式：累积量=供给水量-排出水量。即

$$\pi R^2\mathrm{d}y=\pi r_1^2v_1\mathrm{d}t-\pi r_2^2v_2\mathrm{d}t$$

若不考虑排水管的压头损失，则

$$v_2=\sqrt{2gy}$$

故

$$R^2\mathrm{d}y=(r_1^2v_1-r_2^2\sqrt{2gy})\mathrm{d}t$$

$$\mathrm{d}y/\mathrm{d}t=(r_1^2v_1-r_2^2\sqrt{2gy})/R^2$$

上式为一阶常微分方程，其初始条件为 $t=0$，$y=M$。用龙格-库塔法求解（附录Ⅲ-2-12），取步长 $h=2$ s，计算得 1 min、2 min、3 min 时槽内水位的高度 y 分别为 4.1827 m、3.4387 m、2.7678 m。

2.7 拟合

在科学实验中，常常要从一组实验数据中寻找变量之间的关系，即构造一条曲线（或方程），该曲线（或方程）能反映数据点的总体趋势，而不受数据点局部波动的影响，这就是拟合问题。该曲线称为拟合曲线，构造的方程称为回归方程。拟合的一般步骤为：

① 根据大致趋势确定一个模型函数的形式，如线性模型、对数模型等；

② 确定模型中的各个模型参数；

③ 检验结果。

拟合包括线性拟合（一元线性回归、多元线性回归）和非线性拟合（一元非线性回归、多元非线性回归）。

2.7.1 一元线性回归

假设所得数据点（x_i，y_i）大致分布成一条直线，求一元线性回归方程 $Y=a+bx$，要

求 $y_i \approx Y_i = a + bx_i$。拟合的"最佳"标准通常是要求残差平方和 $Q=\sum_{i=1}^{n}(y_i - Y_i)^2$ 达到最小，此即为曲线拟合的最小二乘法。由微积分中求极值的方法可知，使 Q 值最小的参数 a、b 应满足 $\frac{\partial Q}{\partial a}=0$，$\frac{\partial Q}{\partial b}=0$。将残差平方和表达式代入并整理可得

$$b=\frac{n\sum_{i=1}^{n}x_i y_i-\sum_{i=1}^{n}x_i\sum_{i=1}^{n}y_i}{n\sum_{i=1}^{n}x_i^2-(\sum_{i=1}^{n}x_i)^2} \tag{2-30}$$

$$a=\frac{1}{n}\sum_{i=1}^{n}y_i-\frac{b}{n}\sum_{i=1}^{n}x_i \tag{2-31}$$

a、b 即为所求一元线性回归方程的截距和斜率。

相关系数
$$r=\frac{\sum_{i=1}^{n}(x_i y_i)-(\sum_{i=1}^{n}x_i\sum_{i=1}^{n}y_i)/n}{\left\{\left[\sum_{i=1}^{n}x_i^2-(\sum_{i=1}^{n}x_i)^2/n\right]\left[\sum_{i=1}^{n}y_i^2-(\sum_{i=1}^{n}y_i)^2/n\right]\right\}^{1/2}} \tag{2-32}$$

r 越接近 1，表示回归越好。

例 2-13 利用吲哚酚法测定某粗蛋白质，分别配制不同含氮量的标准试样，然后用 721 型分光光度计测得其在波长 625 nm 下的吸光度。

不同含氮量的标准试样的吸光度

含氮量 $c/(\mu g/100mL)$	10	20	30	40	50
吸光度 e_{625nm}	0.082	0.170	0.249	0.330	0.420

某一被测样品在同一条件下测得吸光度为 0.406，求样品的含氮量。

解：根据朗伯-比尔定律可知，在一定厚度样品池和一定波长下，物质的浓度与吸光度之间呈直线关系，可对实验数据点进行一元线性回归分析，计算步骤如下：

① 输入已知数据，即不同浓度下测得的吸光度 e。

② 按式(2-30)～式(2-32)计算 a、b 和 r。

③ 检验相关系数 r，判断浓度 c 与吸光度 e 是否呈线性关系。若 $r<0.95$，则停止计算；若 $r\geqslant0.95$，则转入④。

④ 输入被测样品的吸光度 e。

⑤ 根据一元线性回归方程求取被测样品的浓度 c。

⑥ 输出计算结果。

经计算机求解（附录Ⅲ-2-13），当吸光度为 0.406 时，样品的含氮量为 48.6364μg/100mL。

2.7.2 多元线性回归

在科学研究中，经常碰到多变量的拟合问题，为了不失一般性，以 2 个变量的参数拟合为例进行说明。给定实验数据序列（x_{1i}，x_{2i}，y_i），$i=1$，2，3，…，m，用一次多项式函数拟合。

设 $p(x)=a_0+a_1x_1+a_2x_2$，则拟合函数与数据序列的残差平方和为

$$Q(a_0,a_1,a_2)=\sum_{i=1}^{m}[p(x_i)-y_i]^2=\sum_{i=1}^{m}(a_0+a_1x_{1i}+a_2x_{2i}-y_i)^2$$

由多元函数的极值原理，$Q(a_0, a_1, a_2)$ 的极小值满足

$$\begin{cases}\dfrac{\partial Q}{\partial a_0}=2\sum_{i=1}^{m}(a_0+a_1x_{1i}+a_2x_{2i}-y_i)=0\\ \dfrac{\partial Q}{\partial a_1}=2\sum_{i=1}^{m}(a_0+a_1x_{1i}+a_2x_{2i}-y_i)x_{1i}=0\\ \dfrac{\partial Q}{\partial a_2}=2\sum_{i=1}^{m}(a_0+a_1x_{1i}+a_2x_{2i}-y_i)x_{2i}=0\end{cases}$$

整理得多元一次多项式函数拟合的法方程，如式（2-33）所示。

$$\begin{pmatrix} m & \sum_{i=1}^{m}x_{1i} & \sum_{i=1}^{m}x_{2i} \\ \sum_{i=1}^{m}x_{1i} & \sum_{i=1}^{m}x_{1i}^2 & \sum_{i=1}^{m}x_{1i}x_{2i} \\ \sum_{i=1}^{m}x_{2i} & \sum_{i=1}^{m}x_{1i}x_{2i} & \sum_{i=1}^{m}x_{2i}^2 \end{pmatrix}\begin{pmatrix}a_0\\a_1\\a_2\end{pmatrix}=\begin{pmatrix}\sum_{i=1}^{m}y_i\\ \sum_{i=1}^{m}x_{1i}y_i\\ \sum_{i=1}^{m}x_{2i}y_i\end{pmatrix} \tag{2-33}$$

通过消元法或克莱姆法则求解方程（2-33），就可以得到多元线性回归方程的参数。

例 2-14 某传热实验测得努塞尔准数 Nu、雷诺准数 Re 和普朗特准数 Pr 的数据如下表所示。

序号	1	2	3	4	5	6	7
Nu	1.127	2.416	2.205	2.312	1.484	6.038	7.325
Re	100	200	300	500	100	700	800
Pr	2	4	1	0.3	5	3	4

试求回归方程 $Nu=c_1Re^{c_2}Pr^{c_3}$ 中的参数 c_1、c_2 和 c_3。

解：将方程 $Nu=c_1Re^{c_2}Pr^{c_3}$ 两边取对数，得到以下线性方程

$$\ln Nu=\ln c_1+c_2\ln Re+c_3\ln Pr$$

作变量变换：$y=\ln Nu$，$x_1=\ln Re$，$x_2=\ln Pr$，$a_0=\ln c_1$，$a_1=c_2$，$a_2=c_3$。将实验数据代入方程（2-33），采用克莱姆法则经计算机求解得（附录Ⅲ-2-14）：$c_1=0.023$，$c_2=0.8$，$c_3=0.3$。则回归方程为：$Nu=0.023Re^{0.8}Pr^{0.3}$。

2.8 过程最优化

过程的最优化问题是工程中的一个核心内容，一般包括最优化设计、最优化控制、最优化管理三个方面。工程中的最优化问题大多与经济效益相联系，常会遇到减少设备费与减少操作费之间的矛盾。因此，优化的目标就是确定系统中各单元设备的结构参数和操作参数，

使系统的经济指标达到最优，总费用最小。

最优化问题求解的一般步骤为：

① 深入分析对象特点及相互影响因素，确定优化目标。

② 选择和确定相应的变量，建立目标函数及约束条件的数学模型。

③ 根据工程实际，确定计算要求的精度，选择合适的优化方法。

④ 根据数学模型和采用的最优化方法，求出满足约束条件下的最优目标函数值和相应的最优解。

⑤ 分析最优解的合理性和可行性，对解和目标值进行相应的圆整。

⑥ 对某些大型和复杂的问题，进行一定的灵敏度分析。

根据不同的标准，最优化问题可分为：无约束最优化和有约束最优化；单变量最优化和多变量最优化；间接优化和直接优化；线性规划和非线性规划。本节对无约束单变量函数最优化和线性规划进行介绍。

2.8.1 无约束单变量函数最优化

无约束单变量函数最优化问题的求解有一维搜索法、黄金分割法和抛物线法等方法，现以抛物线法求最小值进行说明。

抛物线法是多项式近似法中的一种，原理是用一个多项式函数 $p(x)$ 来拟合目标函数 $f(x)$，并将所得的 $p(x)$ 函数的极小点作为原函数 $f(x)$ 的极小点的近似解，进而作为新的比较点，缩小搜索范围，重复搜索即可得到所需的极小点。

理论上讲，采用的多项式 $p(x)$ 的幂次越高，则 $p(x)$ 与 $f(x)$ 就越逼近，但计算量大大增加，故计算中一般采用二次抛物线法，因此又称为三点二次插值法。此方法利用目标函数在三个点上的值得到一个二次函数来逼近目标函数，并用此二次函数的极小点作为近似点。近似点求出后，与原来三个点计算比较，从中找出三个合适的点，作成新的抛物线，重新计算近似点，直到满足一定的精度。

设目标函数为 $f(x)$，在 $x\in[a,b]$内有三点 x_1、x_2、x_3，且 $x_1=a$，$x_3=b$，$x_1<x_2<x_3$，三点函数值分别为 f_1、f_2、f_3，且 $f_1>f_2<f_3$。通过此三点，可得到一个二次函数 $p(x)$，$p(x)$ 在此三点上的函数值分别为 $p(x_1)$、$p(x_2)$、$p(x_3)$。

设拟合函数 $p(x)=a+bx+cx^2$ $(c>0)$，则有

$$\begin{cases}p(x_1)=a+bx_1+cx_1^2=f_1\\p(x_2)=a+bx_2+cx_2^2=f_2\\p(x_3)=a+bx_3+cx_3^2=f_3\end{cases}\tag{2-34}$$

$p(x)$ 在点 $x_m=-\dfrac{c}{2b}$处有极小值，由联立的等式（2-34）可求出 b、c，即可求出

$$x_m=\frac{1}{2}\frac{f_1\cdot(x_2^2-x_3^2)+f_2\cdot(x_3^2-x_1^2)+f_3\cdot(x_1^2-x_2^2)}{f_1\cdot(x_2-x_3)+f_2\cdot(x_3-x_1)+f_3\cdot(x_1-x_2)}\tag{2-35}$$

将 x_1、x_2、x_3、x_m 及 f_1、f_2、f_3、$f(x_m)$ 进行比较，选出新的三点，以缩小区间，再重复计算，直到满足精度为止。新的三点要满足的条件是：相邻且“两头高，中间低”，即 $x_1<x_2<x_3$ 且 $f_1>f_2<f_3$。

计算收敛的判据为

$$\begin{cases} \left|\dfrac{f(x_m)-f(x_2)}{f(x_2)}\right| \leqslant \varepsilon_1 \\ \left|\dfrac{x_m-x_2}{x_2}\right| \leqslant \varepsilon_2 \end{cases}$$

❖ **例 2-15** 用冷却水将某热物流从 $t_1=140$ ℃冷却到 $t_2=40$ ℃，冷却水初始温度 $t'_1=30$ ℃，热物流流量 $q_{m,\mathrm{G}}=3\times10^4$ kg/h，两者进行逆流换热。现设计一冷却器，使冷却器的年度总费用 J（单位：元/年）最小。已知数据如下：

冷却器材料费及制作费为 $J_\mathrm{A}=200$ 元/m²，年折旧率 $\beta=15\%$，年运行时间 $\theta=8000$ h，冷却器总传热系数 $K=836.8$ kJ/(m²·h·K)；冷却水单价 $J_\mathrm{W}=0.04$ 元/t，冷却水比热容 $c_\mathrm{W}=4.184$ kJ/(kg·K)；热物流比热容 $c_\mathrm{C}=2.092$ kJ/(kg·K)。

解：此优化问题的经济指标为年度总费用 J。J 包括年度折旧费 J_e/N（J_e 为设备费，N 为折旧年限）和年操作费 J_opr。因此，建立最优设计问题的数学模型：

目标函数 $J=J_\mathrm{e}/N+J_\mathrm{opr}=J_\mathrm{A}\cdot A\cdot\beta+J_\mathrm{W}\cdot\theta\cdot q_{m,\mathrm{W}}/1000$

式中，A 为冷却器传热面积，m²；$q_{m,\mathrm{W}}$ 为冷却水用量，kg/h。

由 $Q=q_{m,\mathrm{W}}\cdot c_\mathrm{W}\ (t'_2-t'_1)\ =q_{m,\mathrm{G}}\cdot c_\mathrm{C}\ (t_1-t_2)\ =KA\Delta t_m$

（其中 t'_2 为冷却水出口温度）

得 $Q=6.276\times10^6$ kJ/h

又
$$\Delta t_m=\frac{(t_1-t'_2)-(t_2-t'_1)}{\ln[(t_1-t'_2)/(t_2-t'_1)]}=\frac{130-t'_2}{\ln(14-0.1t'_2)}$$

所以
$$A=\frac{Q}{K\Delta t_m}=\frac{7500\times\ln(14-0.1t'_2)}{130-t'_2}$$

$$q_{m,\mathrm{W}}=\frac{Q}{c_\mathrm{W}(t'_2-t'_1)}=\frac{1.5\times10^6}{t'_2-30}$$

代入目标函数中得

$$J=225000\ \frac{\ln(14-0.1t'_2)}{130-t'_2}+\frac{480000}{t'_2-30}$$

目标函数中仅有一个变量 t'_2，是一个单变量最优化问题，采用抛物线法求解。由工程知识，可取 t'_2 的初始区间为［70,100］，第三点取区间中点即 85，则 $x_1=70$，$x_2=85$，$x_3=100$。取计算收敛精度 $\varepsilon_2=0.01$，函数值计算精度 $\varepsilon_1=0.0001$，经计算机求解得（附录Ⅲ-2-15）：最优值 $t'^*_2=92.47$ ℃，冷却器传热面积 $A=311.51$ m²，年度最低总费用 $J^*=17028.87$ 元/年。

2.8.2 线性规划

线性规划是指目标函数和约束条件均为线性的优化问题。这类问题的共同特点是在一定的限制条件下可以采用一组不同的方案，在这一组方案中，一般可以找到一个或几个最经济的方案，且限制条件可以用可变因素的线性关系（不等式或等式）表示，同时这些因素对目标函数的影响也是线性的。混合配料问题、生产调度中的运输问题、劳动力安排问题、产品和产量的安排问题等都属于这一类问题。

用计算机解决线性规划问题的方法现在最常用的是单纯形法。由于用单纯形法编程较为复杂，下面以混合配料问题为例，说明线性规划的原理及 Excel 软件在求解中的应用。

(1) 混合配料问题

在工业生产中，经常要遇到配料问题。根据工艺上的要求，往往在原料的配比中，各个成分含量要求都在一定的范围内。在这种情况下，由于各种原料的价格不同，存在着一个费用最经济的配比问题。如糖果、糕点的配方，饮料的配比，微生物培养基的配制等。

例 2-16 设需要一定数量配比的食品原料以满足如下技术要求：

① 至少含有 3 kg 脂肪；

② 纤维素的含量不超过 5 kg；

③ 至少含有 2 kg 的蛋白质。

假定现有两种配料（A_1、A_2）可以作为生产该食品所需要的原料。每千克原料 A_1 中含有脂肪、纤维素、蛋白质分别为 0.4 kg、0.4 kg、0.2 kg，每千克原料 A_2 中含有脂肪、纤维素、蛋白质分别为 0.2 kg、0.5 kg、0.3 kg。A_1 的价格为 0.30 元/kg，A_2 的价格为 0.20 元/kg。试问要使总费用最少，各需两种原料多少千克？

解：假设配制成的食品中需要加入原料 A_1 为 x_1 kg，原料 A_2 为 x_2 kg，配成后食品原料价格为：$f(x_1, x_2)=0.3x_1+0.2x_2$。

配料时必须满足如下条件：

$$\begin{cases} 0.4x_1+0.2x_2\geqslant 3 & (2\text{-}36)\\ 0.4x_1+0.5x_2\leqslant 5 & (2\text{-}37)\\ 0.2x_1+0.3x_2\geqslant 2 & (2\text{-}38)\\ x_1\geqslant 0 & (2\text{-}39)\\ x_2\geqslant 0 & (2\text{-}40)\end{cases}$$

因此，上述问题就是求目标函数 $f(x_1, x_2)$ 的最小值问题，其约束条件为式(2-36)～式(2-40)。由式（2-36）可得直线 BB′，由式（2-37）可得直线 DD′，由式(2-38) 可得直线 CC′，那么同时满足式(2-36)～式(2-40)的区域为 CDEF，即该区域为可行解区域，如图 2-3 所示。

由于 $f(x_1, x_2)$ 呈 x_1 和 x_2 的线性函数，显然 $f(x_1, x_2)$ 极小值点应位于可行解区域的角点处，该角点为基础可行解。根据式(2-36)～式(2-40)可以解得 4 个角点处的脂肪、纤维素和蛋白质的比例及其相应的价格。对计算结果进行比较，F 点为最优解，最小费用 2.38 元。上述这种通过作图求最优解的方法，实际上是一种用图解法解线性规划问题的方法。但在生产上很少采用这种方法，特别是影响因素较多的时候。Excel 软件的“规划求解”命令可以方便地求解线性规划问题，下面以上述混合配料问题为例，介绍用 Excel 求解线性规划问题的步骤。

① 输入数据　在 Excel 工作表中输入数据，可预先假设 x_1、x_2 的值，求解后会自动更正。然后输入公式，计算脂肪、纤维素和蛋白质的质量以及总价（图 2-4）。

② 规划求解　在工具菜单中选取“规划求解”命令，打开规划求解参数对话框（图 2-5）。设置目标单元格为＄B＄7，可变单元格为＄B＄2：＄C＄2，按公式添加约束条件，选取“最小值”，然后求解。

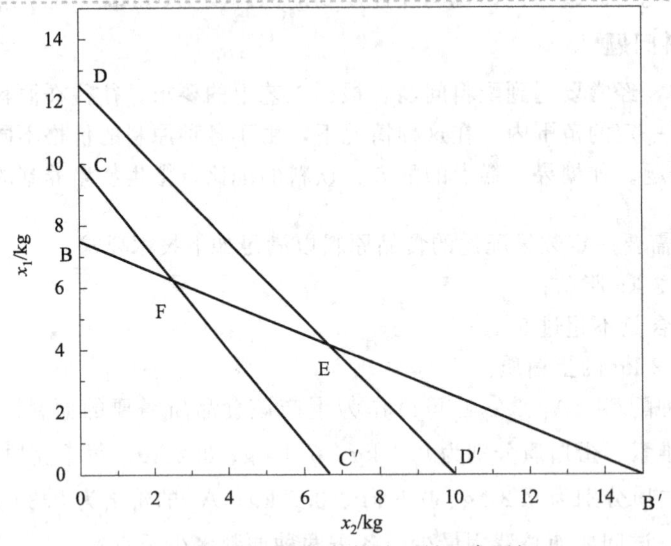

图 2-3　满足限制条件的原料组合图解

SUM　=B2*B6+C2*C6

	A	B	C	D	E
1	原料	A1	A2		
2	质量	10	12		
3	脂肪	0.4	0.2	6.4	
4	纤维素	0.4	0.5	10	
5	蛋白质	0.2	0.3	5.6	
6	价格	0.3	0.2		
7	总价	5+C2*C6			
8					

图 2-4　Excel 工作表中输入数据

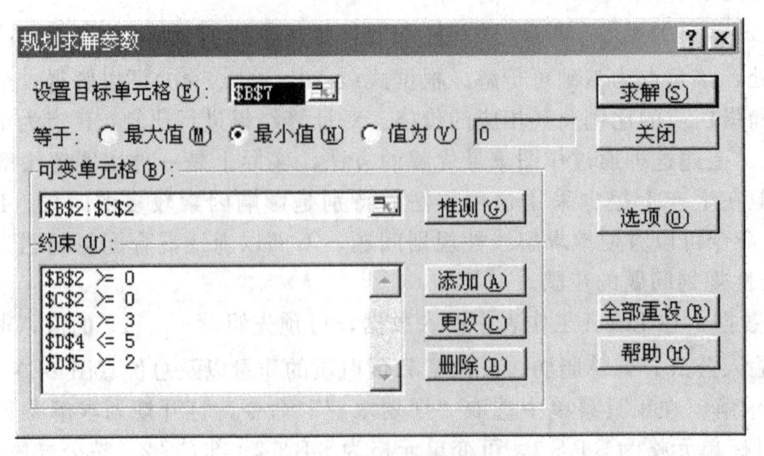

图 2-5　规划求解参数对话框

③ 保存结果　经求解，得 $x_1=6.25$ kg，$x_2=2.5$ kg，总价为 2.375 元，将结果保存（图 2-6）。

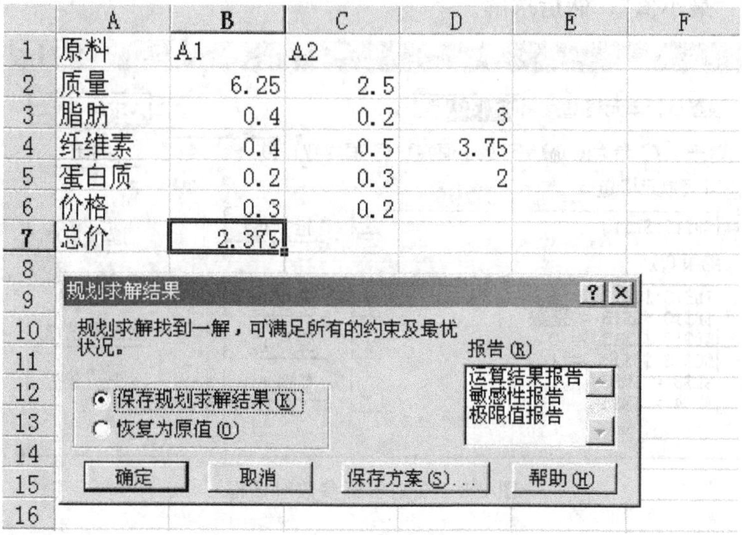

	A	B	C	D	E	F
1	原料	A1	A2			
2	质量	6.25	2.5			
3	脂肪	0.4	0.2	3		
4	纤维素	0.4	0.5	3.75		
5	蛋白质	0.2	0.3	2		
6	价格	0.3	0.2			
7	总价	2.375				

规划求解结果

规划求解找到一解，可满足所有的约束及最优状况。

报告(R)：运算结果报告　敏感性报告　极限值报告

◉ 保存规划求解结果(K)　○ 恢复为原值(O)

确定　取消　保存方案(S)...　帮助(H)

图 2-6　规划求解结果

(2) 化学反应式的配平

例 2-17　试配平如下化学反应式：

$$Pb(N_3)_2+Cr(MnO_4)_2 \longrightarrow Cr_2O_3+MnO_2+NO+Pb_3O_4$$

解：化学反应式的配平属于线性规划问题，用 Excel 软件可以非常方便地加以解决。

① 创建配平方案表　在 Excel 工作表中创建配平方案表（图 2-7）。在表中填入各分子中的每种元素的原子数，多余的单元格可空出不填。“左”和“右”各单元格分别表示方程式左、右两边每种元素的原子数之和，数据由公式计算给出，配平后要求两者相等。系数单元格为可变单元格，数值由程序运行后自动给出，其初始数据可赋为 1 或任意正整数。“系数总和”为目标单元格，由求和函数计算得到，要求在满足约束条件下达到最小值。

B14　=SUM(B13:J13)

	A	B	C	D	E	F	G	H	I	J	K	L	M
1				反应物					生成物			原子数	
2		$Pb(N_3)_2$	$Cr(MnO_4)_2$				Cr_2O_3	MnO_2	NO	Pb_3O_4		左	右
3	Pb	1	0				0	0	0	3		1	3
4	Cr	0	1				2	0	0	0		1	2
5	Mn	0	2				0	1	0	0		2	1
6	N	6	0				0	0	1	0		6	1
7	O	0	8				3	2	1	4		8	10
8													
9													
10													
11													
12													
13	系数	1	1				1	1	1	1			
14	系数总和	6											
15													

图 2-7　配平方案表

② 规划求解　在工具菜单中选取“规划求解”命令，打开规划求解参数对话框（图 2-8）。设置目标单元格为＄B＄14，可变单元格为＄B＄13：＄K＄13，按公式添加约束条件，选取“最小值”，然后求解。

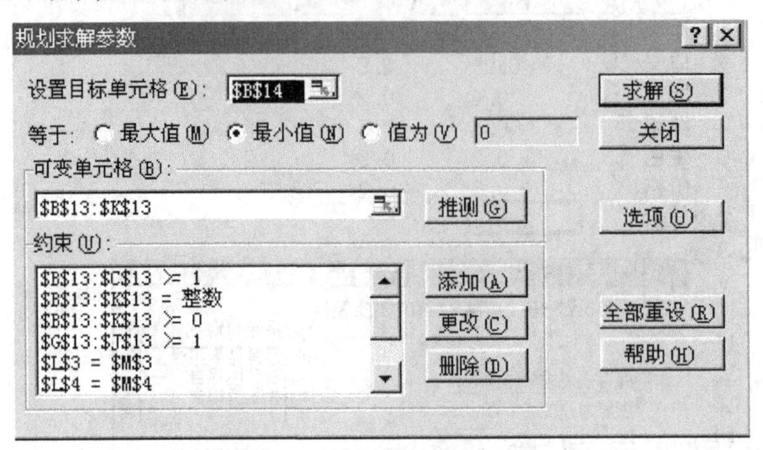

图 2-8　规划求解参数对话框

③ 保存结果　经求解，得到配平后反应式各系数（图 2-9），并将结果保存。配平后的化学反应式：$15Pb(N_3)_2+44Cr(MnO_4)_2 = 22Cr_2O_3+88MnO_2+90NO+5Pb_3O_4$

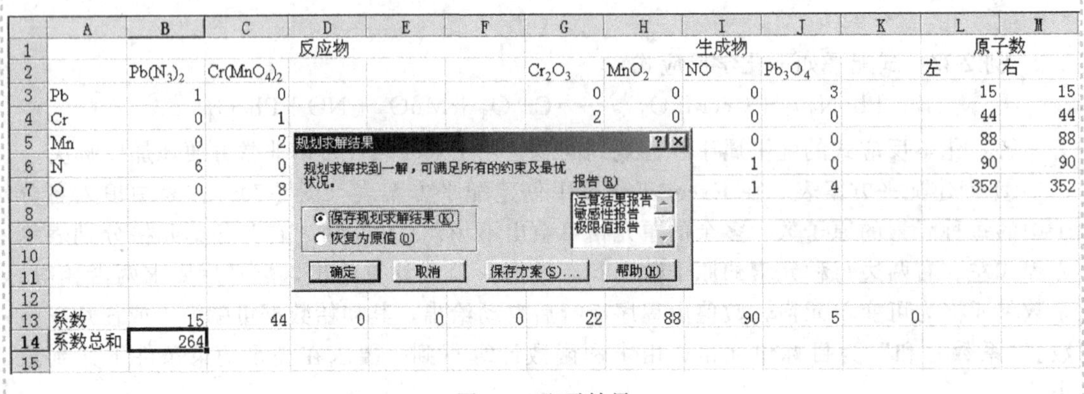

	A	B	C	D	E	F	G	H	I	J	K	L	M
1				反应物					生成物				原子数
2		$Pb(N_3)_2$	$Cr(MnO_4)_2$				Cr_2O_3	MnO_2	NO	Pb_3O_4		左	右
3	Pb	1	0				0	0	0	3		15	15
4	Cr	0	1				2	0	0	0		44	44
5	Mn	0	2						0	0		88	88
6	N	6	0						1	0		90	90
7	O	0	8						1	4		352	352
8													
9													
10													
11													
12													
13	系数	15	44	0	0	0	22	88	90	5	0		
14	系数总和	264											
15													

图 2-9　配平结果

2.9　MATLAB 在数值计算中的应用

2.9.1　非线性代数方程（组）的求解

非线性代数方程（组）的一般形式为

$$f_1(x_1,x_2,\Lambda,x_n)=0$$
$$f_2(x_1,x_2,\Lambda,x_n)=0$$
$$\cdots\cdots$$

$$f_n(x_1, x_2, \Lambda, x_n)=0$$

或用向量形式写为
$$\boldsymbol{F}(x)=0$$

MATLAB 提供了两个求解非线性代数方程（组）的程序：fzero 和 fsolve。其中 fzero 只能用于求解单个代数方程，fsolve 则可用于求解非线性代数方程组。其调用格式分别为[x,fval,exitflag,output]=fzero(@fun,x0,options,p1,p2,…)和[x,fval,exitflag,output,jacob]=fsolve(@fun,x0,options,p1,p2,…)。

上述调用格式中，等号左边方括号中的内容为输出参数，等号右边圆括号中的内容为输入参数，这些参数的意义分别说明如下：

x	为所求方程的根，此为不可缺省参数。
fval	为函数 $\boldsymbol{F}(x)$ 在解 x 处的值。
exitflag	其值反映程序的运行情况：exitflag 大于零，则程序收敛于解；exitflag 小于零，则程序未收敛到解；exitflag 等于零，则函数计算达到了最大次数。
output	提供程序运行的某些信息：output. iterations 是迭代次数；output. funccount 是函数的计算次数；output. algorithm 是所使用的算法。
jacob	为函数 $\boldsymbol{F}(x)$ 在解 x 处的 *Jacobian* 矩阵。
fun	为方程左端函数的函数名，这个函数应在 m 文件中给出。
$x0$	为解 x 的初始近似值。*fun* 和 $x0$ 均为不可缺省参数。
options	为用来控制算法的选项参数向量。
$p1$，$p2$，…	为向函数传送的参数的值。*options* 和 $p1$，$p2$，…为随选的。

例 2-18 活塞流反应器中磷化氢分解反应如下

$$4PH_3 = P_4 + 6H_2$$

该反应为一级不可逆吸热反应，反应动力学方程为

$$-r_{PH_3}=kc_{PH_3}$$

速率常数与温度的关系可表示为

$$\lg k=-\frac{18963}{T}+2\lg T+12.130$$

式中，k 的单位为 s^{-1}，T 的单位为 K。

现拟在操作压力为常压的活塞流管式反应器中分解磷化氢生产磷，磷化氢进料流量为 16 kg/h，进口温度为 680 ℃，在此温度下磷为蒸气。试计算：反应温度维持在恒温 680 ℃、容积 $1m^3$ 的管式反应器所能达到的转化率。

解：680 ℃时的反应速率常数

$$\lg k=-\frac{18963}{680+273}+2\lg(680+273)+12.130=-1.8$$

$$k=0.0155\ s^{-1}$$

进口条件下反应物体积流率

$$q_V=\frac{16000}{34}\times\frac{680+273}{273}\times\frac{22.4}{3600}=10.2(\mathrm{L/s})=10.2\times10^{-3}(\mathrm{m^3/s})$$

以1mol PH_3 为基准，当转化率为 x 时，PH_3 的物质的量为 $1-x$（mol），P_4 的物质的量为 $0.25x$(mol)，H_2 的物质的量为 $1.5x$(mol)，总物质的量为 $1+0.75x$(mol)。所以，当转化率为 x 时，PH_3 的浓度为

$$c_{PH_3}=\frac{1-x}{1+0.75x}c_{PH_3,0}$$

代入物料衡算方程有

$$k\left(\frac{1-x}{1+0.75x}\right)c_{PH_3,0}\mathrm{d}V_R=q_Vc_{PH_3,0}\mathrm{d}x$$

移项积分可得

$$\frac{kV_R}{q_V}=\int_0^x\frac{\mathrm{d}x}{\left(\frac{1-x}{1+0.75x}\right)}=-1.75\ln(1-x)-0.75x$$

$$=\frac{0.0155\times1}{1.02\times10^{-2}}=1.52$$

上述方程为一非线性代数方程，可用MATLAB语言的fzero解算子求解，程序如下：

```
function y=e291(x)          %在m文件中定义所需求解的非线性方程
y=1.75 * log(1-x) +0.75 * x+1.52;

≫ x0=0.5;          %提供解的初始近似值
≫ x=fzero (@e291, x0)
x=
    0.6875
≫
```

运行程序得转化率 $x=68.75\%$。

例2-19 甲烷水蒸气转化制合成气可用下列两个独立反应描述反应过程中组成的变化：

$$CH_4+H_2O=\!=\!=3H_2+CO \quad (1)$$

$$CO+H_2O=\!=\!=H_2+CO_2 \quad (2)$$

试计算在1000 K、1.2 MPa下，当水蒸气与甲烷进料的物质的量之比为6时，该反应体系的化学平衡组成。

已知在1000 K时，上述两个反应的化学平衡常数分别为 $K_1=0.26722\ \mathrm{MPa^2}$、$K_2=1.368$。

解：以1mol甲烷为基准，设达到化学平衡反应（1）的反应程度为 x_1 mol甲烷，反应（2）的反应程度为 x_2 mol水蒸气。根据化学计量方程可知，当达到化学反应平衡时，甲烷的物质的量为 $1-x_1$ mol，水蒸气为 $6-x_1-x_2$ mol，氢气为 $3x_1+x_2$ mol，一氧化碳为 x_1-x_2 mol，二氧化碳为 x_2 mol，总物质的量为 $7+2x_1$ mol。于是有

$$K_1=\frac{n_{H_2}^3 n_{CO} p^2}{n_{CH_4} n_{H_2O} n^2}=\frac{(3x_1+x_2)^3(x_1-x_2)1.2^2}{(1-x_1)(6-x_1-x_2)(7+2x_1)^2}=0.26722\ \text{MPa}^2$$

$$K_2=\frac{n_{H_2} n_{CO_2}}{n_{CO} n_{H_2O}}=\frac{(3x_1+x_2)x_2}{(x_1-x_2)(6-x_1-x_2)}=1.368$$

用 MATLAB 语言的 fsolve 解算子求解上述非线性代数方程组，设 x_1 和 x_2 的初值分别为 0.8 和 0.3，求解程序如下：

```
function f=e292(x)          %在 m 文件中定义非线性方程组
f1=(3*x(1)+x(2))^3*(x(1)-x(2))*1.44-0.26722*(1-x(1))*(6-x(1)-
x(2))*(7+2*x(1))^2
f2=(3*x(1)+x(2))*x(2)-1.368*(x(1)-x(2))*(6-x(1)-x(2))
f=[f1,f2]

>> x0=[0.8,0.3];
>> x=fsolve(@e292,x0)
x=
0.8600    0.5717
```

运行程序得 $x_1=0.8600$ mol，$x_2=0.5717$ mol。因此，化学平衡时各组分的摩尔分数分别为：甲烷 1.61%，水蒸气 52.39%，氢气 36.14%，一氧化碳 3.31%，二氧化碳 6.56%。

2.9.2 数值积分

(1) 辛普森法积分

MATLAB 语言提供了计算一元函数数值积分的程序 quad。quad 采用 Simpson 法。其调用格式为：

```
V=quad(@fun,a,b,tol,trace,p1,p2,)…
```

调用格式中各参数的意义如下：

fun	为被积函数，可用 m 文件函数 function 或内联函数 inline 定义。注意在编写被积函数时必须采用向量形式，即被积函数中的乘法、除法和乘方运算必须分别采用“.*”“./”和“.^”以支持向量运算。
a,b	为积分上、下限。被积函数和积分上、下限是必须输入的参数，其余参数可缺省。
tol	为绝对误差的允许值，当此参数不输入时，其缺省值为 10^{-6}。
trace	当此参数为非零值时，将随积分进程逐点描绘被积函数。
p1,p2,…	为直接传递给被积函数的已知参数。

例 2-20 纯组分 A 以 $4.2\times10^{-6}\ m^3/s$ 的流速进入某一全混釜反应器，反应器体积 $V_R=0.378\ m^3$，进料温度为 20 ℃。全混釜后面串联一活塞流反应器，两反应器均为绝热操作。反应为一级反应，已知

$$k=7.25\times10^{10}e^{-14570/T}(s^{-1}),\Delta H=-346.9\ J/g,c_p=2.09\ J/(g\cdot K)$$

若要求总转化率为 97%，试计算活塞流反应器的体积。

解：要计算活塞流反应器的体积，需先求得全混釜反应器的出口温度和转化率。因为反应器为绝热操作，所以反应温度和转化率有如下关系

$$T=T_0+\frac{(-\Delta H)}{c_p}x_A=293+\frac{346.9}{2.09}x_A=293+166x_A$$

反应器平均停留时间为

$$\tau=\frac{V_R}{q_V}=\frac{0.378}{4.2\times10^{-6}}=9\times10^4(s)$$

对于一级反应，由全混流反应器的物料衡算方程可得

$$x_A=1-\frac{1}{1+k(T)\tau}$$

将 $k=7.25\times10^{10}e^{-14570/(293+166x_A)}$ 代入上式，用 MATLAB 语言的 fzero 解算子求解方程，得全混釜反应器的转化率 $x_A=0.704$，所以全混釜反应器出口温度为 $293+166\times0.704=409.9$ (K)。

活塞流反应器的物料衡算方程为

$$(-r_A)dV_R=q_Vc_{A0}dx_A$$

将 $(-r_A)=kc_A=7.25\times10^{10}e^{-14570/(293+166x_A)}c_{A0}(1-x_A)$ 代入上式得

$$dV_R=\frac{q_Vdx_A}{7.25\times10^{10}e^{-14570/(293+166x_A)}(1-x_A)}$$

对上式由 $x_A=0.704$ 积分到 $x_A=0.97$，可得

$$V_R=q_V\int_{0.704}^{0.97}\frac{dx_A}{7.25\times10^{10}e^{-14570/(293+166x_A)}(1-x_A)}$$

利用 MATLAB 语言的 quad 解算子计算此定积分，程序为：

```
>> fun293=inline('1./(7.25e10.*exp(-14570./(293+166.*x)).*(1-x))','x');
>> y=4.2e-6*quad(fun293,0.704,0.97)
y=
    0.0566
>>
```

运行上述程序得活塞流反应器体积为 $0.0566\ m^3$。

(2) 蒙特卡罗法积分

辛普森法是针对一元函数进行的，当积分项到了三维或三维以上，再用这种常规的方法求解是不合适的，特别是算法上的稳定性和精度都得不到保证。现在引入一种基于随机取样统计的方法——蒙特卡罗（Monte Carlo）法来解决此类问题。

蒙特卡罗是摩纳哥的首都，为世界著名的赌城。用蒙特卡罗作为一种计算方法的命名，是因为这种计算方法和博弈有着共同的随机抽样特征。蒙特卡罗法的正式得名始于20世纪40年代，当时正处于第二次世界大战的关键时刻，美国科学家已经论证出制造原子弹的可能性，但在理论上和技术上还有许多极其复杂的问题亟待解决，如“中子输运”过程、“辐射输运”过程等。虽然这些过程可以用微分和积分方程描述，但其计算的复杂程度，即使用当时刚问世的电子计算机来求算，也是一件耗时极大的工程，无法解决军事上的急需。科学家最终采用了随机模拟方法，通过对中子扩散行为的大量抽样观察，得到了所要求的参数，顺利解决了用其它方法难以解决的问题。此后学术界就把这种随机抽样的方法称为蒙特卡罗法。

蒙特卡罗法可以解决很多类型的问题，但根据所解决问题的特征，不外乎以下两种类型。第一种类型为确定性问题，其中大多数是数学问题。首先针对所求问题，建立一个概率模型，使所求问题的解恰为所建立的概率模型的概率分布或数学期望，然后对这个问题进行随机抽样观察（即产生随机变量），最后用它的算术平均值作为所求问题的近似值。计算多重积分、求逆矩阵、解线性代数方程组等均属于这一类型。第二种类型为随机性问题，当问题来源于化学、物理和其它学科的实际问题时，虽然有时可表示为多重积分或某些函数方程求解，但更多时候可采用直接模拟方法，即根据实际问题的概率法则，用计算机进行抽样实验。原子核物理问题、高分子链在空间的构象变化、传染病的蔓延等都属于这一类问题。本节仅对蒙特卡罗法处理积分问题进行介绍。

例如，设 $g(x)$ 是在 $[0, 1]$ 上的连续函数，且 $0 \leqslant g(x) \leqslant 1$，试用蒙特卡罗法计算 $S=\int_0^1 g(x)\mathrm{d}x$ 的值。

所求问题是计算函数 $g(x)$ 在区间 $[0,1]$ 上的积分。从积分的定义看，在以区间长度为边长的单位正方形内，曲线 $y=g(x)$ 下的图形面积就是积分值 S，相应的概率统计模型为：在该单位正方形内随机地投点 (x,y)，则这些随机点落在曲线 $y=g(x)$ 下的概率是

$$p=\frac{\text{曲线下的图形面积}}{\text{单位正方形面积}}=\frac{\int_0^1\int_0^{g(x)}\mathrm{d}y\mathrm{d}x}{1}=\int_0^1 g(x)\mathrm{d}x$$

这正是所求积分值 S。

此处构造了一个概率统计模型——投点模型。这个模型的概率分布即为所求问题的解。具体操作为：向正方形 $0 \leqslant x \leqslant 1$，$0 \leqslant y \leqslant 1$ 内均匀投点 (x_i, y_i)，注意 x_i 和 y_i 是相互独立的均匀随机数列。当 (x_i, y_i) 落入函数 $y=g(x)$ 下的图形中，就说第 i 次实验成功。若进行了 N 次实验（N 应充分大），成功次数为 n，则由大数定律得到

$$S=p \approx \frac{n}{N}$$

由此可见，蒙特卡罗法具有如下特点：

① 由于蒙特卡罗法是通过大量简单的重复抽样来实现的，因此，蒙特卡罗法及其程序的结构十分简单。

② 蒙特卡罗法的收敛速度与一般数值方法相比是比较慢的，因此，蒙特卡罗法适合用来解数值精度要求不太高的问题。

③ 蒙特卡罗法的误差主要取决于样本的容量 N，而与样本中元素所在的空间无关，即蒙特卡罗法的收敛速度与问题的维数无关，因而更适合于求解多维问题。

④ 蒙特卡罗法对问题求解的过程取决于所构造的概率模型，因而对各种问题的适应性

很强。

❖ **例 2-21** 求解一个半球的体积，设此半球的函数为

$$f(x,y,z)=x^2+y^2+z^2-3$$

其中$-\sqrt{3}\leqslant x\leqslant\sqrt{3}$，$-\sqrt{3}\leqslant y\leqslant\sqrt{3}$，$0\leqslant z\leqslant\sqrt{3}$。

解：通常求算半球的体积需用三重积分，本题采用蒙特卡罗方法，在单位立方体内进行随机投点，MATLAB程序如下：

```
function y=mtcl(fun,x,y,z,n)          %定义 Monte Carlo 函数
if nargin<5 n=1000000;end
n0=0;
xh=x(2)-x(1);
yh=y(2)-y(1);
zh=z(2)-z(1);
for i=1:n
    a=xh*rand+x(1);
    b=yh*rand+y(1);
    c=zh*rand+z(1);
    fun=f(a,b,c);
    if fun<=0
        n0=n0+1;
    end
end
y=n0/n*xh*yh*zh;

function f=f(x,y,z)          %定义半球函数
f=x.^2+y.^2+z.^2-3;

>> x=[-sqrt(3),sqrt(3)];
>> y=[-sqrt(3),sqrt(3)];
>> z=[0,sqrt(3)];
>> mtcl('f',x,y,z)
ans=
   10.8987
>>
```

计算得此半球体积为10.8987（精确解为10.8828)。

2.9.3 常微分方程（组）的数值解

(1) 常微分方程（组）初值问题的求解

一阶常微分方程（组）初值问题的一般形式为

$$\frac{dy_1}{dx}=f_1(x,y_1,y_2,\Lambda,y_n)$$
$$\frac{dy_2}{dx}=f_2(x,y_1,y_2,\Lambda,y_n)$$
$$\cdots$$
$$\frac{dy_n}{dx}=f_n(x,y_1,y_2,\Lambda,y_n)$$
$$y_1(0)=y_{1,0},y_2(0)=y_{2,0},\Lambda,y_n(0)=y_{n,0}$$

高阶常微分方程（组）可转化为与之等价的一阶常微分方程（组）。MATLAB为常微分方程（组）初值问题的数值求解提供了ode23或ode45解算子，ode23采用二阶和三阶龙格-库塔法求解，计算速度较快；ode45则采用四阶和五阶龙格-库塔法求解，具有更高的计算精度。两者的调用格式相同，现以ode45进行说明。

```
[x,y]=ode45(@fun,xspan,y0,options,p1,p2,…)
```

调用格式中各参数的意义如下：

fun	为自定义函数的函数名，该函数定义了形式为 $y'=f(x,y)$ 的微分方程(组)右边的函数 $f(x,y)$，该函数必须返回一列向量。
xspan	可以是微分方程的积分区间 xspan=[x0,xf]，x0 和 xf 分别为积分的起点和终点；也可以是一系列单调递增或递减的离散点 xspan=[x0,x1,…,xf]，此时 ode45 将输出这些离散点处对应的 y 值。
y0	因变量 y 的初始值列向量。

以上三项为必须输入的参数。

options	设置控制解算过程的各参数，如绝对误差、相对误差、最大积分步长等。options 为可缺省参数，相对误差的缺省值为 1×10^{-3}，绝对误差的缺省值为 1×10^{-6}，最大积分步长的缺省值为积分区间长度的1/10。
p1,p2,…	为直接传输给函数 fun 的已知参数，为可缺省参数。

例 2-22 两种微生物，其数量分别是 $y_1=y_1(t)$，$y_2=y_2(t)$，t 的单位为min。其中一种微生物以吃另一种微生物为生，两种微生物的增长函数如下列常微分方程组所示，试预测3min后这一对微生物的数量。

$$\begin{cases}\frac{dy_1}{dt}=0.09y_1\left(1-\frac{y_1}{20}\right)-0.45y_1y_2\\ \frac{dy_2}{dt}=0.06y_2\left(1-\frac{y_2}{15}\right)-0.001y_1y_2\\ y_1(0)=1.6\\ y_2(0)=1.2\end{cases}$$

解：采用ode45解算子求解，MATLAB程序如下：

```
function yp=e294(t,y)          %在 m 文件中定义常微分方程组
```

```
dydt(1)=0.09 * y(1) * (1-y(1)/20)-0.45 * y(1) * y(2);
dydt(2)=0.06 * y(2) * (1-y(2)/15)-0.001 * y(1) * y(2);
yp=[dydt(1) dydt(2)]';

>> tspan=[0 3];
>> y0=[1.6 1.2]';
>> [t,y]=ode45(@e294,tspan,y0)
>> plot(t,y(:,1),'k-',t,y(:,2),'b--')
>> xlabel('Time')
>> ylabel('microorganism')
>> legend( '1','2')
```

运行程序解得 3 min 后 $y_1=0.3571$，$y_2=1.4108$。两种微生物数量随时间变化的曲线如图 2-10 所示。

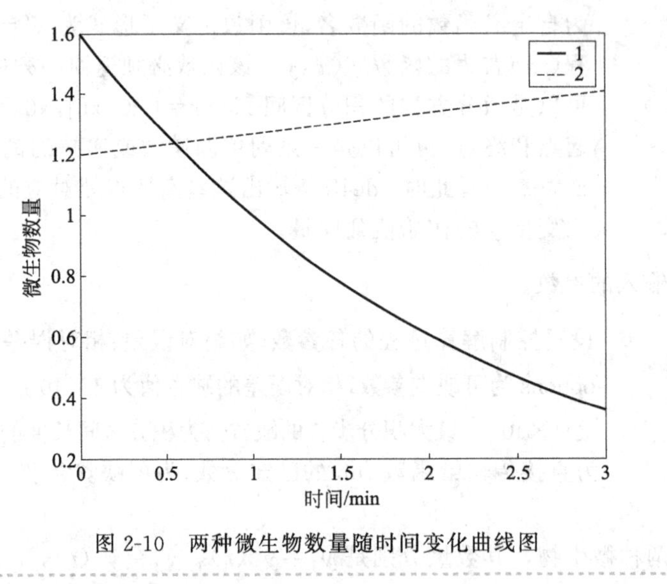

图 2-10　两种微生物数量随时间变化曲线图

(2) 常微分方程（组）边值问题的求解

MATLAB 语言提供的 bvp4c 程序可求解常微分方程（组）的边值问题。bvp4c 采用配置法进行求解，即先用网格点将整个积分区间分成若干子区间，并提供所有网格点 x 处各因变量 y_i 的初始估计值，再将配置条件施加到所有网格点上，构成一组代数方程，通过代数方程的求解得到一组数值解，然后在每一子区间上估计数值解的误差。若此解不满足精度要求，则对网格点上各因变量值进行调整，重复上述过程，逐步逼近真解。

bvp4c 的调用格式如下：

```
sol=bvp4c(@odefun,@bcfun,solinit,options,p1,p2,…)
```

上述调用格式中各参数的意义如下：

```
sol                bvp4c 返回的解，这是一结构数组，由以下四部分组成：
    sol.x      返回网格结点；
```

sol. y　　返回所有网格结点上各因变量的数值；

sol. yp　　返回所有网格结点上各因变量一阶导数的数值；

sol. parameters　　当方程中含有未知参数时，返回由 bvp4c 解得的参数数值。

odefun　　为自定义函数的函数名，该函数定义了形式为 $y'=f(x,y)$ 的微分方程（组）右边的函数 $f(x, y)$，该函数必须返回一列向量。

bcfun　　为自定义函数的函数名，该函数定义了形式为 $B_{1j}(a,y_1,\Lambda,y_n)=0$ 和 $B_{2j}(b,y_1,\Lambda,y_n)=0$ 的边界条件左边的函数，该函数返回一列向量，为边界条件的残差。

solinit　　表示解的初始估计值的一个结构数组，该结构数组有两个域：x——单调递增或递减的网格结点：solinit. x(1)＝a，…，solinit. x(end)＝b；y——解的初始猜测值，在结点 solinit. x(i)处，y(x(i))的初始猜测值为 solinit. y(:,i)。该结构数组可用函数 bvpinit 生成。bvpinit 的调用格式为 solinit＝bvpinit(x,yinit)。x 为各网格结点的位置，可用函数 linspace(a,b,n)产生，a、b 分别为积分区间的起点和终点，n 为结点数，其缺省值为 100；yinit 为解的初始猜测值，它可为一向量或函数。

以上@odefun，@bcfun，solinit 三项为 bvp4c 必须输入的参数。

options　　为可选项设置的结构参数，可通过改变 bvp4c 中误差属性、解析偏导数、网格规模和结果统计的缺省设置，提高计算效率。

p1,p2,…　　为传递给 odefun 或 bcfun 的已知参数，为可缺省参数。

例 2-23　已知环己烷在 γ-氧化铝为球形载体的钯催化剂上进行脱氢反应的数学模型为

$$\frac{d^2y}{dx^2}+\frac{dy}{dx}=\frac{r_p^2}{D}\times\frac{r_c}{c_0}$$

边界条件为

$$\begin{cases}x=0,\dfrac{dy}{dx}=0\\ x=1,y=1\end{cases}$$

式中，y 为对比浓度，即 y＝环己烷的浓度 c/球形表面环己烷的浓度 c_0；x 为对比半径，即 x＝相对于球体中心的距离 r/球体半径 r_p；D 为扩散系数；r_c 为反应速率。

若 $r_p=2.5$ mm，$D=0.05$ cm^2/s，$r_c=kc$，反应速率常数 $k=4$ s^{-1}。试求环己烷在球形催化剂内的浓度分布。

解：将已知数据代入数学模型得

$$\frac{d^2y}{dx^2}+\frac{dy}{dx}=\frac{(0.25)^2}{0.05}\times\frac{4c}{c_0}$$

即

$$\frac{d^2y}{dx^2}+\frac{dy}{dx}-5y=0$$

将上述二阶常微分方程化为一阶常微分方程组的形式。

$$\begin{cases}\dfrac{dy_1}{dx}=y_2\\ \dfrac{dy_2}{dx}=5y_1-y_2\end{cases}$$

边界条件为

$$\begin{cases}y_2(0)=0\\ y_1(1)=1\end{cases}$$

采用 MATLAB 语言的 bvp4c 解算子求解，求解程序如下：

```
function dydx=ODEfun(x, y)          %在 m 文件中定义常微分方程组

dydx=[y(2);5 * y(1)-y(2)];

function bc=BCfun(ya,yb)          %在 m 文件中定义边界条件
bc=[ya(2);yb(1)-1];

>> a=0;
>> b=1;
>> solinit=bvpinit(linspace(a,b,10),[0 0]);
%将积分区间分成 10 个子区间,并设各结点处 y1、y2 初始猜测值均为 0
>> sol=bvp4c(@ODEfun,@BCfun,solinit);
>> x=[0 : 0.1 : 1];
>> y=deval(sol,x)          %计算各结点处 y1、y2 的数值
```

运行上述程序，得各结点处因变量 y 的值如下表所示。

x	0.0	0.1	0.2	0.3	0.4	0.5	0.6	0.7	0.8	0.9	1.0
y	0.2720	0.2786	0.2979	0.3295	0.3740	0.4320	0.5052	0.5955	0.7057	0.8392	1.0

(3) 偏微分方程的求解

含有未知函数 u 的偏导数的方程式称为偏微分方程。偏微分方程的典型类型有：

抛物型方程（热传导方程）

$$\frac{\partial u}{\partial t}=a^2\frac{\partial^2 u}{\partial x^2}$$

椭圆型方程（拉普拉斯方程）

$$\frac{\partial^2 u}{\partial x^2}+\frac{\partial^2 u}{\partial y^2}=0$$

双曲型方程（波动方程）

$$\frac{\partial^2 u}{\partial t^2}=a^2\frac{\partial^2 u}{\partial x^2}$$

要求得到偏微分方程的解，还必须规定称为定解条件的一些附加条件。定解条件又可分为初始条件和边界条件。设二阶偏微分方程为

$$F\left(u,x,t,\frac{\partial u}{\partial x},\frac{\partial^2 u}{\partial x^2},\frac{\partial u}{\partial t},\frac{\partial^2 u}{\partial t^2}\right)=0$$

式中，t 为时间变量，x 为空间变量。初始条件的规定方程为

$$u(x,t)\big|_{t=0}=\phi(x)$$

设 Γ 为状态变量 u 所在空间区域的边界，常见的边界条件有以下三类：

① Dirichlet 边界条件

$$u(x,t)\big|_{x\in\Gamma}=f(x,t)$$

② Neumann 边界条件

$$\left.\frac{\partial u}{\partial n}\right|_{x\in\Gamma}=f(x,t)$$

③ Robin 边界条件

$$\left.\left(\frac{\partial u}{\partial n}+\sigma u\right)\right|_{x\in\Gamma}=f(x,t)$$

MATLAB 语言提供解算子 pdepe 用于求解一维动态或二维定态偏微分方程问题，现按一维动态问题说明 pdepe 的调用。问题的形式定义如下：

偏微分方程

$$C\left(x,\ t,\ u,\ \frac{\partial u}{\partial x}\right)\frac{\partial u}{\partial t}=x^{-m}\frac{\partial}{\partial x}\left[x^m f\left(x,\ t,\ u,\ \frac{\partial u}{\partial x}\right)\right]+s\left(x,\ t,\ u,\ \frac{\partial u}{\partial x}\right)$$

方程中 $f\left(x,\ t,\ u,\ \frac{\partial u}{\partial x}\right)$ 为通量项，$s\left(x,\ t,\ u,\ \frac{\partial u}{\partial x}\right)$ 为源项，$C\left(x,\ t,\ u,\ \frac{\partial u}{\partial x}\right)$ 为对角阵，对角线上的元素为 0 或正数，0 对应椭圆型方程，正数则对应抛物型方程，方程组中必须至少有一个方程为抛物型方程，才能用 pdepe 求解。

初始条件为

$$u(x,t)\big|_{t=0}=\phi(x)$$

在 $x=a$ 和 $x=b$ 处的边界条件为

$$p(x,t,u)+q(x,t)f\left(x,t,u,\frac{\partial u}{\partial x}\right)=0$$

式中，$q(x,\ t)$ 为对角阵，对角线上的元素或者全部为 0 或者全部不为 0，且与 u 无关。注意边界条件以通量 f 而不以导数 $\frac{\partial u}{\partial x}$ 表示。

pdepe 采用线上法（method of lines，MOL）求解，即先用有限差分对空间变量 x 进行离散处理，将偏微分方程转化为常微分方程组，再进行求解。pdepe 的调用格式为

```
sol=pdepe(m,@pdefun,@icfun,@bcfun,xmesh,tspan,options,p1,p2,…)
```

上述调用格式中各参数的意义如下：

sol	为一个三维数组，存放数值解。sol(:,:,i)=u_i 是解向量的第 i 个分量。sol(j,k,i)=u_i(j,k)是解向量的第 i 个分量在 t=tspan(j)，x=xmesh(k)处的数值解。
m	表示空间域的对称性，m=0,1,2 分别代表平板、圆柱和球。
pdefun	定义偏微分方程，其格式为[c,f,s]=pdefun(x,t,u,dudx)；输入参数 x、t 为数量，u、dudx 为向量，分别为解 u(x,t)及其对 x 的导数的近似值。c、f、s 均为列向量，c 储存对角阵 C 的对角线元素。

icfun	定义初始条件，其格式为 u=icfun(x)，计算并返回解的初始值。
bcfun	定义边界条件，其格式为[pl,ql,pr,qr]=bcfun(xl,ul,xr,ur,t)。ul 为左边界 xl=a 处的近似解，ur 为右边界 xr=b 处的近似解。pl 和 ql 为 xl 处的 p 和 q 列向量，pr 和 qr 为 xr 处的 p 和 q 列向量。当 m>0 时，解的有界性要求 a=0 处通量 f 为 0，pdepe 会自动处理满足此要求。
xmesh	为空间变量 x 的网格向量，pdepe 不会自动选择，需由用户提供：xmesh=[x0,x1,…,xn]，xmesh 的长度必须大于 3。解算子的效率与 xmesh 的疏密关系很大。
tspan	为时间变量 t 的网格向量，tspan=[t0,t1,…,tf]，tspan 的长度必须大于 3。解算子的效率与 tspan 的疏密关系不大，可选择用户想获得数值解的时间作为网格点。

以上各参数均为必选的输入参数。

options	设置控制解算过程的各参数，为常微分方程解算子中 options 的一部分，如绝对误差(Abs Tol)、相对误差(Rel Tol)、初始积分步长(Initial Step)、最大积分步长(Max Step)等。通常情况下，使用默认值即可获得满意的解。
p1,p2,…	通过解算子 pdepe 传递给 pdefun、icfun、bcfun 的已知参数，其调用格式为：[c,f,s]=pdefun(x,t,u,dudx,p1,p2,…)，u=icfun(x,p1,p2,…)，[pl,ql,pr,qr]=bcfun(xl,ul,xr,ur,t,p1,p2,…)。

例 2-24 解一维热传导方程

$$\frac{\partial u}{\partial t}=\pi^{-2}\frac{\partial^2 u}{\partial x^2},x\in[0,1],t\geqslant 0$$

初始条件：$u(x,0)=\sin(\pi x)$

边界条件：$u(0,t)=0,\pi e^{-t}+\frac{\partial u}{\partial x}(1,t)=0$

解：将方程及初始条件和边界条件写成 pdepe 要求的形式

$$\pi^2\frac{\partial u}{\partial t}=x^{-0}\frac{\partial}{\partial x}\left(x^0\frac{\partial u}{\partial x}\right)+0$$

于是 $m=0$，$C=\pi^2$，$f=\frac{\partial u}{\partial x}$，$s=0$

初始条件：$u(x,0)=\sin(\pi x)$

边界条件：左边界条件（$x=0$ 处）

$$u(0,t)+0\times\frac{\partial u(0,t)}{\partial x}=0$$

右边界条件（$x=1$ 处）

$$\pi e^{-t}+1\times\frac{\partial u(1,t)}{\partial x}=0$$

于是　$pl=u\ (0,\ t)$，$ql=0$，$pr=\pi e^{-t}$，$qr=1$

编写 MATLAB 求解程序如下：

```
function [c,f,s]=pdex1fun(x,t,u,DuDx)            %定义偏微分方程
c=pi^2;
f=DuDx;
s=0;

function u0=pdex1ic(x)          %定义初始条件
u0=sin(pi * x);

function [pl,ql,pr,qr]=pdex1bc(xl,ul,xr,ur,t)          %定义边界条件
pl=ul;
ql=0;
pr=pi * exp(-t);
qr=1;
>> x=linspace(0,1,20);
>> t=linspace(0,2,5);
>> m=0;
>> sol=pdepe(m,@pdex1fun,@pdex1ic,@pdex1bc,x,t)          %求解偏微分方程
%显示计算结果
>> u=sol(:,:,1);
>> surf(x,t,u)
>> title('Numerical solution computed with 20 mesh points')
>> xlabel('distance x')
>> ylabel('Time t')
>> zlabel('Temperature T')
```

运行上述程序，得不同时间的温度分布如图 2-11 所示。

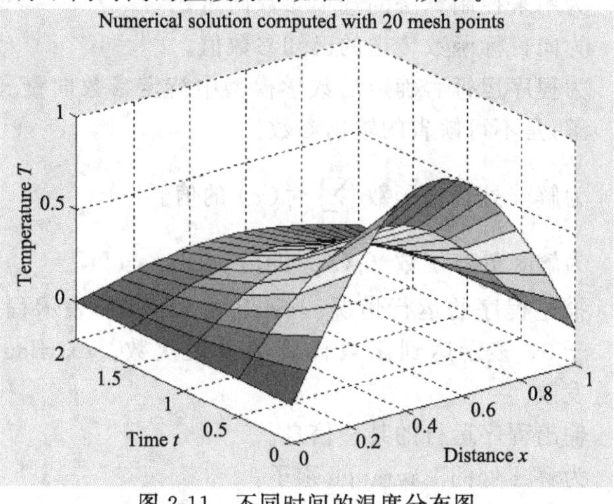

图 2-11　不同时间的温度分布图

2.9.4 最小二乘估计

最小二乘估计是一类特殊的最优化问题，在科学研究中被广泛用于模型筛选和参数估值。最小二乘估计的目标函数是模型计算值和实测值的残差平方和，并通过一定的算法确定使目标函数达到最小值的模型形式和参数数值，最小二乘的含义即在于此。由于最小二乘估计具有特殊的数学形式，因此可以采用特殊的优化算法，这些算法将比一般的优化算法具有更好的收敛性能。

MATLAB 语言提供了多种求解最小二乘估计问题的程序，如求解非负线性最小二乘问题的 lsqnonneg，求解约束线性最小二乘问题的 lsqlin，求解非线性最小二乘问题的 lsqnonlin，求解非线性最小二乘拟合问题的 lsqcurvefit。这些程序的调用格式大同小异，现以求解非线性最小二乘问题的 lsqnonlin 程序说明如下。

非线性最小二乘问题的数学模型为

$$\min \sum_{i=1}^{m} f_i^2(x_1, x_2, \Lambda, x_n)$$

其中，x_1，x_2，Λ，x_n 为需要通过优化确定的参数。

lsqnonlin 程序的调用格式为

```
[x,resnorm,residual,exitflag,output,lambda,jacobian]=
lsqnonlin(@fun,x0,LB,UB,options,p1,p2,…)
```

上述调用格式中各输入、输出参数的意义说明如下：

fun	为定义目标函数的函数名，目标函数可以为一代数式，也可以为一微分方程的数值解。
x0	为数学模型中待定参数向量 x 的初始值。以上两项为不可缺省的输入参数。
LB、UB	为待定参数的下界和上界。当 x 无下界时，在 LB 处放置[ ]；当 x 无上界时，在 UB 处放置[ ]。如果 x 的某个分量 x_i 无下界，则设置 LB(i)=-inf；如果 x 的某个分量 x_i 无上界，则设置 UB(i)=inf。
options	为用来控制算法的选项参数向量。
p1,p2,…	为向目标函数传送的已知参数值。
x	为程序运行后确定的数学模型中待定参数向量 x 的值。它是问题的解，是不可缺省的输出参数。
resnorm	为解 x 处目标函数 $\sum_{i=1}^{m} f_i^2(x)$ 的值。
residual	为解 x 处各函数 $f_i(x)$ 的值。
exitflag	描述程序的运行情况：exitflag 大于 0，表示程序收敛；exitflag 等于 0，表示达到函数计算的最大次数；exitflag 小于 0，表示程序发散。
output	输出程序运行的某些信息。
lambda	为解 x 处的 Lagrange 乘子。
jacobian	为解 x 处的 jacobian 矩阵。

❖ **例 2-25** 已知实验数据如下表所示，试用 lsqnonlin 程序拟合成 $y=a_1\exp(a_2x)$ 形式的函数。

x_i	1	2	3	4	5	6	7	8
y_i	15.3	20.5	27.4	36.6	49.1	65.6	87.8	117.6

解：MATLAB求解程序如下：

```
function z=e295(a)        %定义目标函数
x=1:8;
y=[15.3,20.5,27.4,36.6,49.1,65.6,87.8,117.6];
for i=1:8
    z(i)=a(1)*exp(a(2)*x(i))-y(i);
end

>> a0=[1,1];        %给定初始值
>> [a,resnorm]=lsqnonlin(@e295,a0)
```

运行上述程序得 $a_1=11.4241$，$a_2=0.2914$，目标函数值 resnorm=0.0119。

上机作业

1. 试应用范德华方程计算 110 mol 的 NH_3 在温度 30 ℃、压力 1230 kPa 时的体积(m^3)。已知 NH_3 的范德华常数 $a=4.25\times10^{-4}$ $kPa\cdot m^6/mol^2$，$b=3.73\times10^{-5}$ m^3/mol；通用气体常数 $R=8.314$ J/(mol·K)。

2. EDTA 的各级解离常数为 $K_1=10^{-2.0}$，$K_2=10^{-2.67}$，$K_3=10^{-6.16}$，$K_4=10^{-10.26}$。若络合剂的酸效应系数 α_H 的对数 $\lg\alpha_H=13.52$，试计算溶液中的氢离子浓度。

3. 将氯化氢进行催化氧化是对有机化合物氯化过程中所产生尾气综合利用的方法之一。HCl 氧化后产生的氯气，是一种重要的化工原料，反应式可表示如下：

$$4HCl+O_2 \longrightarrow 2Cl_2+2H_2O$$

若原料气的初始组成（体积分数）为：HCl 35.5%，空气 64.5%。反应条件为：温度 370 ℃，压力 10^5 Pa。反应的平衡常数 $K_p=2.225\times10^{-4}$ Pa^{-1}，试计算反应达到平衡时 Cl_2 在混合气中的体积分数。

4. 现有甲胺 CH_5N（分子量为 31）、乙胺 C_2H_7N（分子量为 45）及苯胺 C_6H_7N（分子量为 93）所组成的混合物，经元素分析可知，其中 C、H 和 N 元素的含量分别为 61.5%、12.4%和 26.1%。试求各组分的质量分数。

5. 已知水在不同温度时，其黏度数据如下。

T/℃	30	40	50	60	70	80	90	100
$\mu\times10^3$/Pa·s	0.810	0.656	0.549	0.469	0.406	0.357	0.317	0.286

试用拉格朗日插值法计算 55 ℃、68 ℃和 83 ℃时水的黏度。

6. 已知某绝热反应器体积计算公式为

$$V_R=1.539\times10^{-17}\int_0^{0.2}\frac{(2+x)dx}{(1-x)\exp[-53745/(1193-711.23x)]}$$

试用辛普森法积分计算 V_R。

7. 某储槽内装有质量浓度为 50 g/L 物质 A 的溶液 500 L。若把 65 g/L 物质 A 的溶液以 50 L/min 的流速送入槽内，又以同样的流速从槽内取出溶液。由于槽内搅拌均匀，故槽内溶液为完全混合状态。试求操作开始后的 10 min 内，每隔 1 min 槽内物质 A 的浓度。

8. 在间歇反应器内进行某一级可逆液相反应

$$A \underset{k_2}{\overset{k_1}{\rightleftharpoons}} B$$

已知 A 的初始浓度 $c_A^0 = 0.5$ mol/L，反应速率常数 $k_1 = 0.0576\ \text{min}^{-1}$，$k_2 = 0.0288\ \text{min}^{-1}$。试求反应开始后 5 min 内，每隔 1 min 反应物 A 的浓度。

9. 已知当雷诺数 Re 在 300～1000 之间，摩擦系数 λ 和雷诺数具有以下关系

$$\lambda = aRe^b$$

今通过实验测得如下数据，试确定系数 a 和 b。

雷诺数	300	400	500	600	800	1000
摩擦系数	1.11	0.921	0.835	0.7569	0.678	0.62147

10. 尿中胆色素经处理后，在 550 nm 处有很强的吸光性，现测得配制好的不同浓度胆色素的标准溶液的吸光度数据如下表所示。

胆色素浓度/(mg/100mL)	50	75	100	125	150	175	200
吸光度	0.039	0.061	0.087	0.107	0.119	0.163	0.179

假定标定曲线可以用线性关系 $y = a + bx$ 表示，试计算方程参数 a 和 b 的值，并判断它们之间的线性关系是否密切。

11. 在甲、乙两地输送清水，两地之间距离为 1000 m，输送量必须达到 0.3 m^3/s，现有三种尺寸的管子供选择，其尺寸参数及价格如下表所示。

序号	1	2	3
管直径/m	0.6	0.5	0.4
单价/(元/m)	130	90	60

现要求以最少的投资费用设计一串联管路，使其压头损失不大于 5 m（可视为光滑管）。

第3章

计算机在科学绘图及数据处理中的应用

在数据处理及科学绘图的专业软件中，Origin 是其中较为优秀的一款软件。Origin（http：//www. OriginLab. com）是 Microcal Software 公司推出的一个功能强大的数据处理及科学绘图软件。作为 Windows 的应用程序，它具备了 Windows 所提供的诸多方便、直观的特点，尤其适合经常进行大量数据处理及科学绘图的人员使用。Origin 主要具有以下特点：

① 数据处理：可选择数据范围，进行线性和非线性拟合；可进行快速 FFT 变换、相关性分析、FFT 过滤和峰找寻；利用约 200 个内置的以及自定义的函数模型进行曲线拟合，并可对拟合过程进行控制；可进行统计、插值以及微积分计算。

② 科学绘图：可通过单击鼠标直接进入 2D、3D 图形模式，编排页面显示多个图形和工作表格，极快的图形绘制，多种式样 2D 图形（包括直线、描点、直线加符号、特殊线/符号、条形图、柱形图、特殊条形图/柱形图和饼图），多种式样 3D 图形（根据矩阵绘制各种三维条状图、表面图、等高线图等），可独立设置页、轴、标记、符号、线等的颜色，多种线型可供选用，多种统计图，超过 100 个内置的符号可供选择，可调整数据标记（颜色、字体等），可选择多种坐标轴类型（线性、对数等）、坐标轴刻度及轴的显示，每页可显示多达 50 个（层）*XY* 坐标轴，可输出为各种图形文件或以对象形式拷贝至剪贴板。

③ 工作表：可支持多种数据格式输入，对数据量没有限制（受限于计算机内存容量大小），支持各种数据类型，并可进行数据转换等工作。

④ 此外，Origin 还附带有各种有用工具（峰基线、数据平滑、数据探察等），可使用内建脚本语言编程，可自定义用户界面，可使用外部函数等。

由于 Origin 的功能强大，本章将重点介绍 Origin 7.0 版本的数据处理及科学绘图部分，其余的功能可参考软件的说明书或帮助文件。

3.1 Origin 工作界面简介

Origin 工作界面类似 Office 的多文档界面，主要包括菜单栏、工具栏、绘图区、项目管理器及状态栏（图 3-1）。

菜单栏的结构取决于当前的活动窗口：

工作表菜单栏 Origin 7 - E:\My Webs\Origin\test
File Edit View Graph Data Analysis Tools Format Window Help

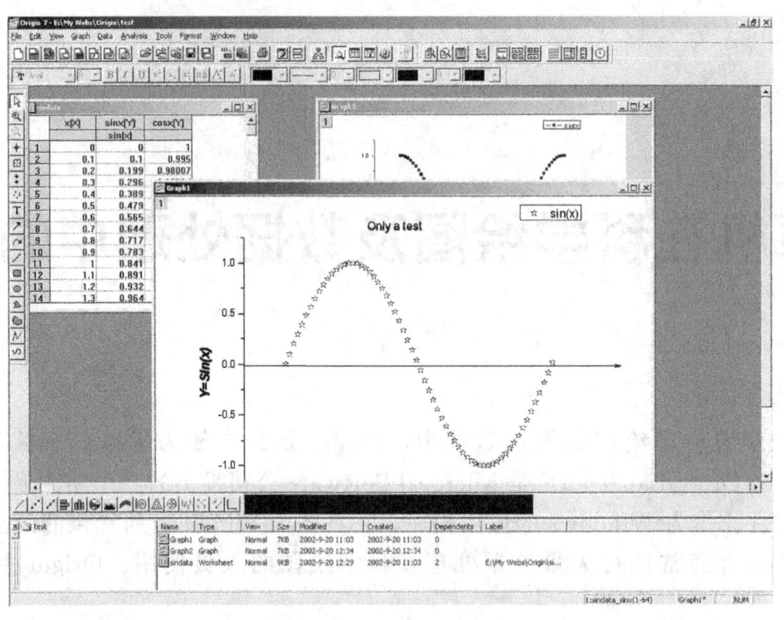

图 3-1 Origin 7.0 工作界面

绘图菜单栏

矩阵窗口菜单栏

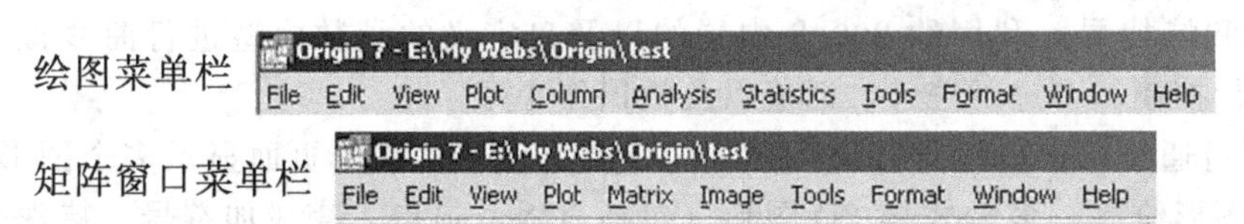

① File 菜单：文件功能操作，打开文件、输入/输出数据和图形等。

② Edit 菜单：编辑功能操作，包括数据和图像的编辑，例如复制、粘贴、清除等，其中注意 undo（撤消）功能。

③ View 菜单：视图功能操作，控制屏幕显示。

④ Plot 菜单：绘图功能操作，主要提供二维、三维及特种绘图功能。

⑤ Column 菜单：列功能操作，比如设置列的属性，增加、删除列等。

⑥ Graph 菜单：图形功能操作，主要功能包括增加误差栏、函数图、缩放坐标轴、交换 XY 轴等。

⑦ Data 菜单：数据功能操作。

⑧ Analysis 菜单：分析功能操作。

a. 对工作表窗口：提取工作表数据，行列统计，排序，数字信号处理 [快速傅里叶变换 (FFT)、相关 (Corelate)、卷积 (Convolute)、解卷 (Deconvolute)]，统计功能 (T 检验)，方差分析 (ANOAV)，多元回归 (Multiple Regression)，非线性曲线拟合等。

b. 对绘图窗口：数学运算，平滑滤波，图形变换，线性多项式、非线性曲线等各种拟合方法。

⑨ Matrix 菜单：矩阵功能操作，包括矩阵属性、维数和数值的设置，矩阵转置和取逆，矩阵扩展和收缩，矩阵平滑和积分等。

⑩ Tools 菜单：工具功能操作。

a. 对工作表窗口：选项控制，工作表脚本，线性、多项式和 S 曲线拟合。

b. 对绘图窗口：选项控制，层控制，提取峰值，基线和平滑，线性、多项式和 S 曲线拟合。

⑪ Format 菜单：格式功能操作。

a. 对工作表窗口：菜单格式控制，工作表显示控制，栅格捕捉，调色板等。

b. 对绘图窗口：菜单格式控制，图形页面、图层和线条样式控制，栅格捕捉，坐标轴样式控制和调色板等。

3.2 Origin 使用入门

绝大多数实验数据可以用 Origin 软件进行处理，并且其数据处理和绘图可以同时完成，下面通过实例来简单说明其基本用法。

采用初始浓度法，测定金属配合物模拟水解酶催化对硝基苯酚醋酸酯水解的速率常数，实验中得到的时间 t(s) 和吸光度值 A 如下表所示。试用 Origin 软件进行实验数据处理。

t/s	120	150	180	210	240	270	300	330	360	390	420	450
A	0.289	0.337	0.387	0.436	0.485	0.535	0.583	0.631	0.679	0.728	0.776	0.824
t/s	480	510	540	570	600	630	660	690	720	750	780	810
A	0.871	0.918	0.964	1.011	1.057	1.102	1.147	1.191	1.235	1.279	1.322	1.366

(1) 启动

在"开始"菜单单击 Origin 程序图标，即可启动 Origin。Origin 启动后，自动给出名称为 Data1 的工作表格。

(2) 在工作表格（Worksheet）中输入数据

在 Worksheet 的 A(X) 和 B(Y) 栏分别输入时间和吸光度值（图 3-2），Worksheet 最左边的一列为数据的组数，一般默认 A 和 B 列分别为 X 和 Y 数据。输入方法为依序输入。

	A(X)	B(Y)
1	120	0.289
2	150	0.337
3	180	0.387
4	210	0.436
5	240	0.485
6	270	0.535
7	300	0.583
8	330	0.631
9	360	0.679
10	390	0.728
11	420	0.776

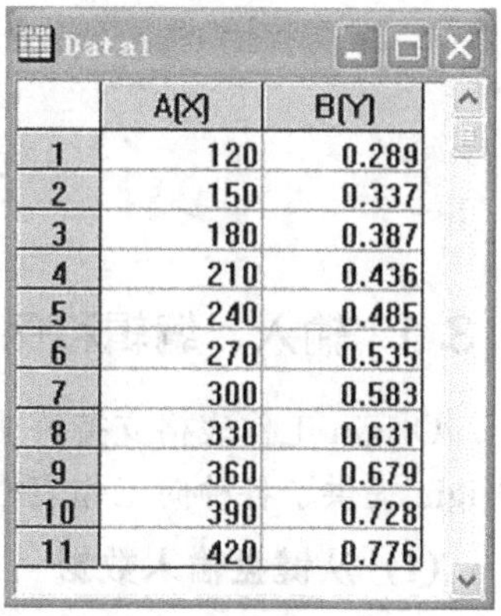

图 3-2　在工作表格中输入数据

(3) 使用数据绘图

输入相应数据后，使用 Plot 菜单中 Scatter 命令，或使用工具栏中 Plot Scatter 按钮( )绘制出散点图。该图形的点的形状和大小、坐标轴的形式、数据范围均可通过用鼠标双击相应位置打开的对话框来调整。

(4) 回归分析

绘制出散点图后，选 Analysis 菜单中的 Fit Linear 命令则在图中会产生拟合的曲线。在 Results Log 窗口给出线性回归求出的参数值，包括斜率、截距、标准偏差、相关系数、数据点个数等（图 3-3）。该窗口的内容可以拷贝、粘贴到其它程序中或保存为一个文本文件。该拟合直线的斜率为吸光度随时间的变化率 dA/dt 的值，进而可求得酯的初始水解速率。

(5) Project 文件保存和调用

Origin 可以将图形及数据保存为扩展名为".OPJ"的文件，可以随时编辑和处理其中的数据和图形。所绘制的图形可以直接通过打印机打印或通过 File/Export Page 命令以各种格式输出。

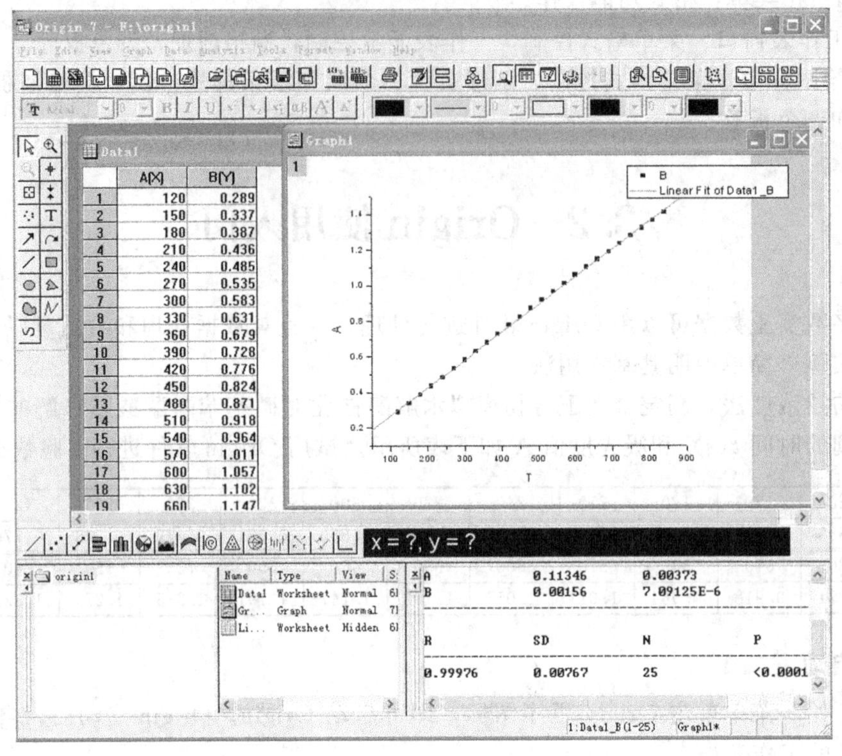

图 3-3 数据拟合曲线图

3.3 工作表格的使用

3.3.1 输入、编辑和保存工作表格

Origin 工作表格支持许多种不同的数据类型，包括数字、文本、时间、日期等，并且 Origin 提供了各种向工作表格输入数据的方法。

(1) 从键盘输入数据

打开或选择一个工作表格，选择一个工作表格单元格（鼠标单击该处），输入数据，然后按 Tab 键到下一列或按 Enter 键到下一行，也可以用鼠标选定任意位置的单元格，再继续输入下一个值（在某单元格输入数据后必须按 Tab 键、方向键或 Enter 键将光标移动到其它单元格，才确认刚输入的数据）。

(2) 从文件中输入数据

数据可以以 ASCII、Lotus、Excel、dBASE 等文件形式导入。具体步骤为：打开或选择一个工作表格，选择 File 菜单中 Import 命令下相应的文件类型（图 3-4），打开文件对话框，选择文件，单击 OK。

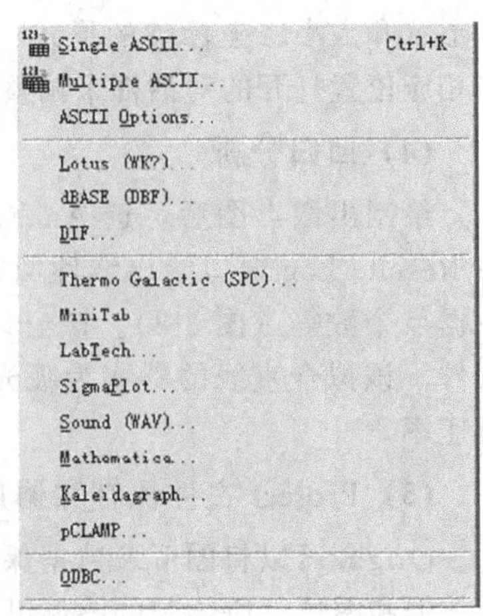

图 3-4 Import 命令菜单

(3) 通过剪贴板传递数据

工作表格的数据也可以通过剪贴板来从别的应用程序（如 Word 等）获得，具体应用方式与一般拷贝、粘贴一样。同样数据也可以在同一或不同的工作表格中交换。

(4) 选择工作表格数据

选择整个工作表格：鼠标单击工作表格左上角的空白处。

选择一个单元格：鼠标单击单元格可选择单元格。

选择一列：单击列标。

选择一行：单击行的数码。

选择多个单元格：鼠标向右下拖动（或选择初始单元格，按住 Shift 键单击终止单元格）。

选择多列：在列标行拖动鼠标（或单击起始列标，按住 Shift 键单击终止列标）。

选择多行：在行数码处拖动鼠标（或单击起始行，按住 Shift 键单击终止行，间隔选取可按住 Ctrl 键单击）。

(5) 在一列中插入数据

在一列中插入一个单元格，可选择要插入单元格的位置，选择 Edit/Insert 命令或右击鼠标在快捷菜单中选择 Insert 命令，新的单元格出现在选中单元格上面；如插入 n 个单元格，可以先选择 n 个单元格，然后用 Insert 命令。

(6) 删除单元格和数据

清除整个工作表格内的数值：选择工作表格，在 Edit 菜单中选择 Clear Worksheet 命令，该工作表格中所有的内容均被删除。删除工作表格中的部分数据：选择工具表格，选择某个单元格或多个单元格，Edit 菜单中选择 Delete 命令即可。如果该数据已被绘图，绘图窗口将重新绘图以除去删除的点。如仅欲删除数据而不删除单元格，可选择相应单元格，点击 Clear 键。被删除数据的单元格将显示“--”，表示没有数值。

(7) 保存数据

保存 Origin 文档的同时就保存了 Worksheet 中的数据。如欲将 Worksheet 中的数据单独保存成文件，可选择 Worksheet 窗口，在 File 菜单中选择 Export ASCII 命令，出现 File Save As 对话框，输入相应的文件名即可。一般数据文件可以 . dat 为扩展名。

3.3.2 调整工作表格的基本操作

(1) 增加列

选择一个工作表格，Column 菜单中选择 Add New Columns 命令；打开 Add New Columns 对话框，在其中输入要增加的列数，这样在工作表格的结尾处加上了所输个数的列，所加的列按字母顺序标记（A，B，C，…，X，Y，Z，AA，BB，CC，…），从尚未使用的第一个字母开始。

标准工具栏中单击 Add New Column 按钮（），在工作表格空白处右击鼠标，快捷菜单中选择 Add New Column 命令，这也可在工作表格的结尾处增加一列。

(2) 插入列（行）

欲在工作表格的指定位置插入一列（行），可将其右（下）侧的一列（行）选定，然后选择 Edit/Insert 命令或右击鼠标快捷菜单中的 Insert 命令，新列（行）插在选定列的左

（上）侧。如果需要连续插入多列（行），可以重复上述操作多次或选定多列（行），运行 Insert 命令。

(3) 删除列（行）

欲从工作表格中删除一列（行）或多列（行），可先选择这些列（行），选择 Edit/Delete 命令，或右击鼠标快捷菜单中的 Delete 命令，则所选定的列（行）被删除。注：其中所包含的数据同时也被删除，如仅想删除数据而不删除列（行），可选择 Edit/Clear。

(4) 移动列

将所选定的列移动到工作表格的最左侧，选择 Column/Move to First 命令；如欲将其移动到最右侧，选择 Column/Move to Last 命令。左右移动列也可以使用工具栏中的按钮。

(5) 行列互换

选择 Edit/Transpose 命令，可以将行列互换。

(6) 改变列的格式

双击列标或右击列标在快捷菜单中选择 Properties 命令，打开 Worksheet Column Format 对话框（图 3-5）。对话框可对列命名（Column Name），加列标（Column Label），将列指定为 *X*、*Y*、*Z*、Error、Label 等，设置数据显示类型和格式，在 Column Width 处设置列宽（字节）等。列的标题如 A(*X*) 中的 *X* 表示所选择的类型。

Display 中可以选择列的类型，Origin 提供了 7 种类型，分别为：numeric&text（数值或文本）、numeric（数值）、text（文本）、time（时间）、Data（日期）、month（月份）和 day of week（星期）。

选择数据类型后，可在 Format 菜单选择其显示的相应选项，如对常用的数值类型来讲，可以设置为小数、科学记数或工程记数方式，也可以设置小数位数、数据的类型（整数、双精度、浮点）。

如果选择 Apply to all column to the right，则对右边诸列均采用此类型。也可以输入列标记（图 3-5），完成输入后单击 OK 即可。

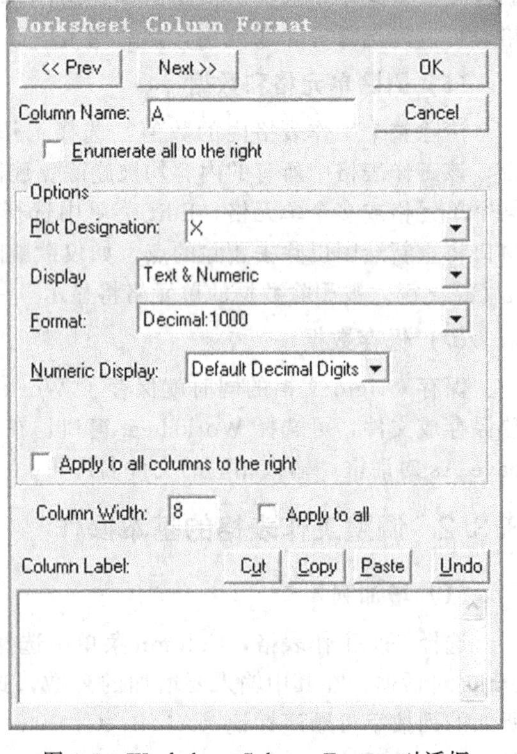

图 3-5　Worksheet Column Format 对话框

(7) Worksheet 显示控制

鼠标双击 Worksheet 旁边的空位，可以打开 Worksheet Display Control 对话框，如图 3-6 所示。通过该对话框可以设置 Worksheet 显示的字体颜色、字型和字号，背景和前景颜色，标题及单元格间隔线等的显示特性。

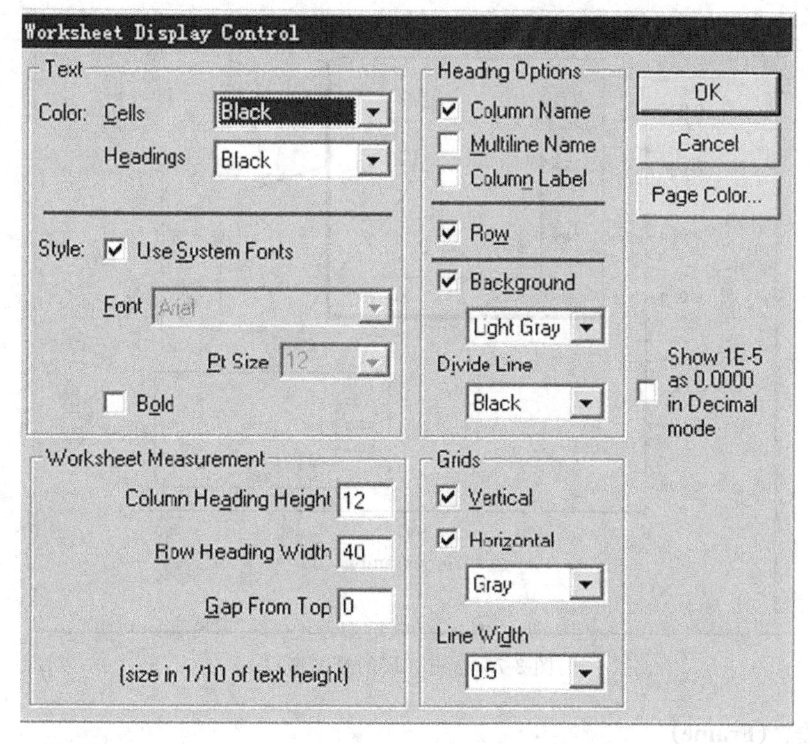

图 3-6 Worksheet Display Control 对话框

3.4 数据绘图

3.4.1 绘图术语

(1) 页 (Page)

每个绘图窗口包含一个单一的可编辑页。页作为组成用户图形的各种图形元素（如层、轴、文本和数据图）的背景。绘图窗口的每一个页必须包含至少一个层，如果所有的层都被删除，则该绘图窗口也将被删除。注意：打印图形时，仅在页内的图形才能被打印，所以注意不要将要打印的图形元素放到页外。

(2) 层 (Layer)

一个典型的图形一般包括至少 3 个元素：一套 *XYZ* 坐标轴（3D），一套或多套数据图以及相应的文字和图标。Origin 将这三个元素组成一个可移动、可改变大小的单位叫做层，一页最多可放 50 层。图 3-7 为含有 3 层的绘图窗口。

要移动层或改变层的大小，可在坐标轴上单击，产生一个红色边界，鼠标拖动可在页上移动或更改层的大小。

活动层（The Active Layer)：当一页包含多个层时，操作是对应于活动层的。将一个层变为活动层有以下几种方法：在所要层的 *X*、*Y* 或 *Z* 轴上或方框内任意位置单击鼠标；单击绘图窗口坐上角的层图标；单击与相应层有关的对象。

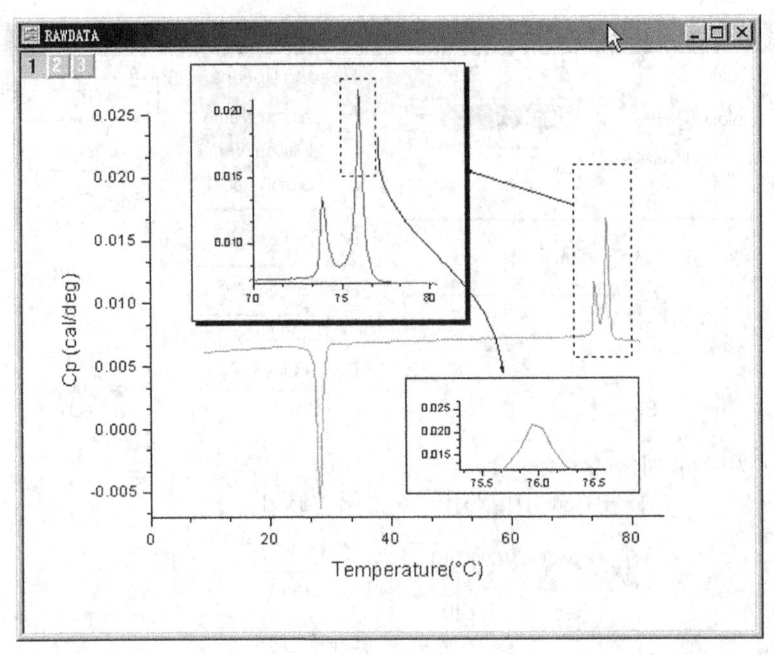

图 3-7 含有 3 层的绘图窗口

(3) 边框（Frame）

边框是在层上的四个 *XY* 轴围成的矩形区域（2D 图），3D 图的边框是在 *XYZ* 轴外的矩形区域。边框独立于坐标轴，选择 View/Show/Frame 可以显示边框。

(4) 图（Graph）

单层图包括一组 *XYZ* 坐标轴（3D 图），一个或更多的数据图以及相应的文字和图形元素。一个图可以包含许多层。

(5) 工作表格数据集（Worksheet Dataset）

工作表格数据集是一个包含一维（数字或文字）数组的对象。因此，每个工作表格的列组成一个数据集，每个数据集有一个唯一的名字（由工作表格名称、“_”以及列名组成，Worksheet Name_Column Name）。

(6) 数据图（Data Plot）

数据图是一个或多个数据集在绘图窗口的形象显示，Origin 可以用以下方法产生数据图：

① 一个数据图可以从两个或更多的数据集产生，例如在工作表格中的 *X* 和 *Y* 列。

② 当工作表格中不包括 *X* 列时，一个数据图可以从一个数据集和相应的行号产生。

③ 一个数据图可以从一个数据集和一个增加的 *X* 值产生。*X* 增加值由 Select Columns for Plotting 对话框或 Format：Set Worksheet X 命令设定。

④ 一个数据图可以从一个包含 *Z* 值和 *XY* 映射关系的矩阵产生。

绘图窗口活动层中的数据图所包含的数据列在 Data 菜单的底部。标有√的数据为首选数据（Primary Dataset），首选数据决定数学和编辑操作的对象，如果再次选择该数据可打开 Plot Details 对话框。

（7）矩阵（Matrix）

矩阵表现为包含 Z 值的单一数据集，它采用特殊维数的行和列表现数据。

3.4.2 数据绘图

以工作表格中的数据绘图，数据图与工作表格中的数据就保持相关。当改变工作表格中的数据时，数据图也作相应变化。

从工作表格数据建立一个新的绘图窗口有两种方法。

方法一： 激活包含绘图所需数据的工作表格，选择要绘图的行、列或单元格范围。在 Plot 菜单中选择绘图的类型（右击鼠标选择 Plot 命令）或用鼠标点击绘图工具栏中相应的按钮：

Origin 打开一个绘图窗口，选择的值将自动对 X 列绘图（如果没有选 X 列，则对行值绘图）；当工作表格中包含多重 X 列时，Origin 自动进行多重相关，Origin 定义最左边的 X 列为 $X1$，$X1$ 右侧并且下一个 X 左侧的为 $Y1$；第二个 X 为 $X2$，$X2$ 右侧并且下一个 X 左侧的为 $Y2$；等等。当选中 $Y1$ 绘图，自动选用 $X1$ 为 X 坐标。

方法二： 不选择数据，选择 Plot 菜单中的数据图类型，打开 Select Columns for Plotting 对话框（图 3-8），在对话框中选择相应的数据绘图。数据图类型见表 3-1。

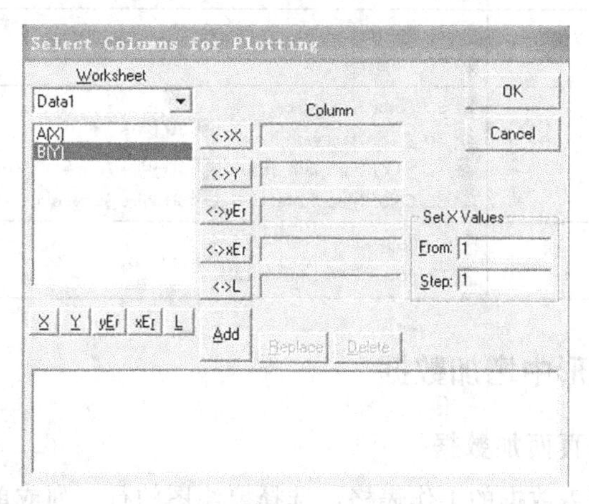

图 3-8　Select Columns for Plotting 对话框

表 3-1　数据图类型

数据图类型	数据图命令菜单
二维线、散点和线、点图常用： Line Graph Scatter Graph Line+Symbol Graph	Vertical Drop Line 2 Point Segment 3 Point Segment Line　Vertical Step Scatter　Horizontal Step Line + Symbol　Spline　Line Series
二维棒状图和柱状图常用 Bar Graph Column Graph	Stack Bar Stack Column Bar　Floating Bar Column　Floating Column

续表

数据图类型	数据图命令菜单
面积图、极坐标图和二维瀑布图	Area Fill Area Polar　Waterfall
饼图	Pie
向量图	Vector XYAM Vector XYXY
High-Low-Close 图	High-Low-Close
三元图	Ternary
多层图	Vertical 2 Panel Horizontal 2 Panel 4 Panel 9 Panel Stack　Double-Y
泡沫图和彩色映射图	Bubble Color Mapped Bubble + Color Mapped
三维 *XYZ* Graphs	3D Bars 3D Ribbons 3D Walls 3D Waterfall
三维 *XYZ* 图(常用)	3D Scatter 3D Trajectory
三维表面图(需要 Matrix 数据)	3D Color Fill Surface 3D X Constant with Base　3D Bars 3D Y Constant with Base　3D Wire Frame 3D Color Map Surface　3D Wire Surface
等高图(需要 Matrix 数据)	Contour - Color Fill Contour - B/W Lines + Labels

3.4.3 向已有的图形中增加数据

(1) 从工作表格向页面加数据

① 激活包含绘图所需数据的工作表格，选择要绘图的行、列或单元格范围。

② 选择要增加数据的绘图窗口，如果该窗口有多层图，选择要增加数据的层。

③ 在 Graph 菜单中选择 Add Plot to Layer 命令，然后选择绘图类型，选择的值将自动对 *X* 列绘图（如果没有选 *X* 列，则对行值绘图）。如果选择两列或更多的列绘图，则数据将作为组来绘制数据图。

(2) 从 Layer Control 对话框向页面加数据

双击绘图窗口的左上角的页面图标，打开 Layer *n* 对话框（图 3-9）；从 Available Data list. 选择数据；单击 => 按钮，所选数据出现在 Layer Contents box；单击 OK 进行绘图。

Layer *n* 对话框有如下几种。

① The Available Data List：包括所有可以用于绘图的数据集，要在层中显示数据集的数据图，可在此窗口选择目标数据集，单击 => 按钮将数据集加到 Layer Contents List。

② The Show Current Folder Only Check Box：选择此项可显示放在当前 Project Ex-

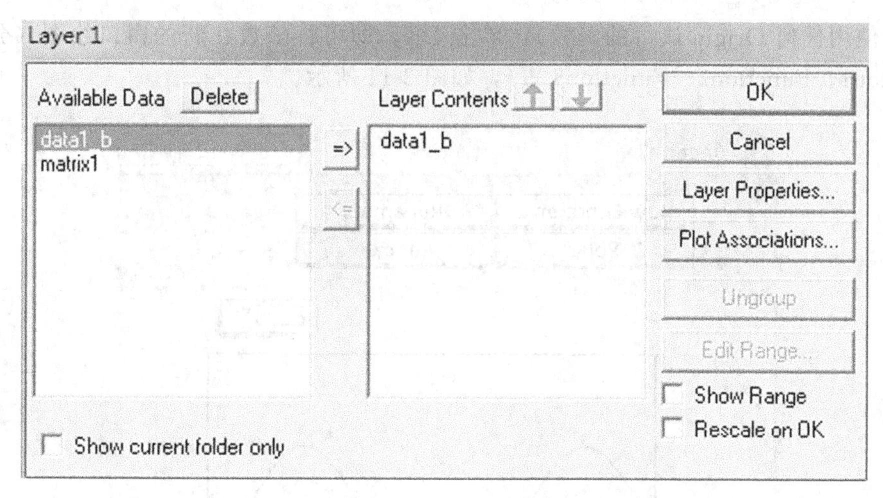

图 3-9 Layer *n* 对话框

plorer 文件夹中的所有数据集，取消此项则只显示此项目中的数据集。

③ The Layer Contents List：包括当前层中所有数据图的数据集，要将层中的数据集去除，可在此窗口中选中，单击<=按钮。

④ 上下按钮↑↓（Layer Contents）：可以调整层上数据的顺序，该顺序决定在层上的绘图顺序，最上面的数据在最底层，然后依次向上。

⑤ Delete：删除选中的数据集，同时也将删除与之相关的所有工作表格的列和数据图。

⑥ Layer Properties：单击按钮打开 Plot Details 对话框。

⑦ Plot Associations：单击按钮打开 Select Columns for Plotting 对话框。

⑧ Group/Ungroup：单击按钮可将选中的数据集组成组或取消组。

⑨ Edit Range：单击按钮可改变选择数据集的显示范围。

⑩ Show Range：选中后在 Layer Contents 中显示图中数据显示的范围（如 data1 _ b[1：50]）。

⑪ Rescale on OK：选中后自动重新设置层的轴以显示所有数据。欲保持当前状态，不要选中此项。

(3) 拖动法产生数据图

将工作表格的数据直接拖到 Graph 中绘图：先在工作表格中选择数据集，然后将鼠标移到所选数据单元格的右侧，直到鼠标的指针变为图 3-10 中所示，将数据拖动到绘图窗口，松开鼠标完成绘图。

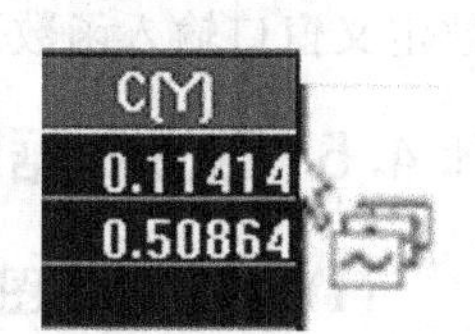

图 3-10 拖动法产生数据图

(4) 用 Draw Data Tool 工具产生数据图

单击 Tool 工具栏上的∴按钮，鼠标点到绘图窗口中的位置，层上显示红色+，在 Data Display 窗口显示所点位置的 *XY* 值。双击鼠标则产生数据点，该数据集被命名为 Draw1、Draw2 等。按任意其它工具按钮停止绘图功能。

3.4.4 绘制用户自定义函数

Origin 允许用户绘制任意 $y=f(x)$ 类型的自定义函数。

(1) 在 Function 窗口绘制函数图

可以在 File 菜单选择 New 中的 Function 命令，打开 Plot Detail 对话框；输入数学表达式（可以使用任何 Origin 认可的函数）；单击 OK，即可将函数在新的窗口绘图（分别命名为 Function1、Function2、Function3 等），如图 3-11 所示。

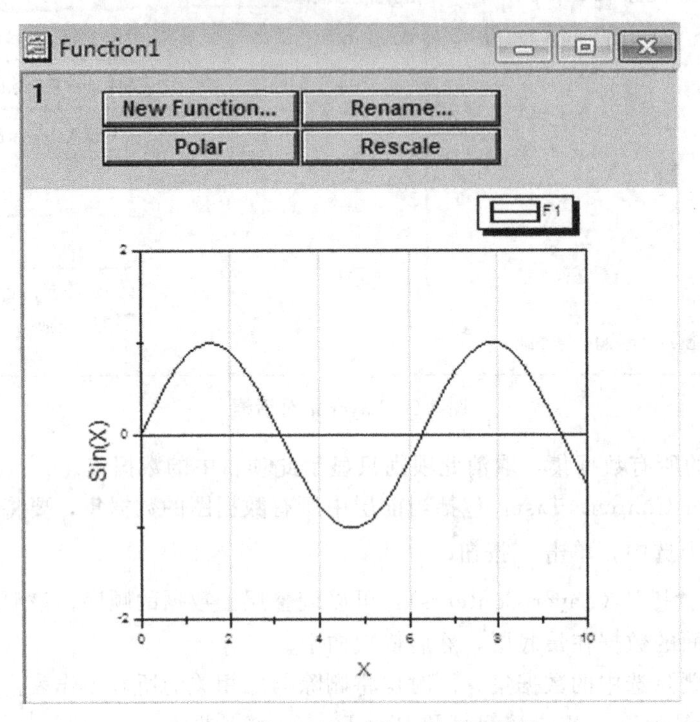

图 3-11　在 Function 窗口绘制函数图

用户可以单击按钮增加新函数、改变函数窗口的名称、重新调整比例、转变为极坐标，也可以将函数图转成数据。具体步骤为：右击函数图形快捷菜单选择 MakeDataset Copy of Fn，出现对话框，输入数据名称，点击 OK 产生由函数计算的数据。

（2）在图形窗口绘制函数图

激活图形窗口，选择 Graph/Add Function Graph 命令，打开 Plot Detail 对话框，在函数定义窗口输入函数形式，单击 OK 即可。

3.4.5　改变数据图的类型及格式

（1）改变数据图类型

打开 Plot Details 对话框（点击鼠标右键，在快捷菜单中选取 Plot Details 命令），如图 3-12 所示。在 Plot Type 菜单上选择新图形类型。

Connect 下拉框：表示用什么方法将数据点连接起来，可用的方法有 Straight、2 Point Segment、3 Point Segment、B-Spline、Spline 等。

（2）改变数据点格式

如欲改变一组数据或数据组的格式，可以打开 Plot Details 对话框改变线和点的格式（图 3-13）。如对单个数据点设置特殊格式，可以按 Ctrl 键，双击数据图上的某点打开 Plot Details（单点）对话框，通过改变对话框中的选项改变对应点的颜色、符号性质或加垂线（对于柱/条状图可改变边线或填充性质）；欲删除特殊格式，单击特殊格式点（柱或条）将其选中，按 Delete 键删除特殊格式。

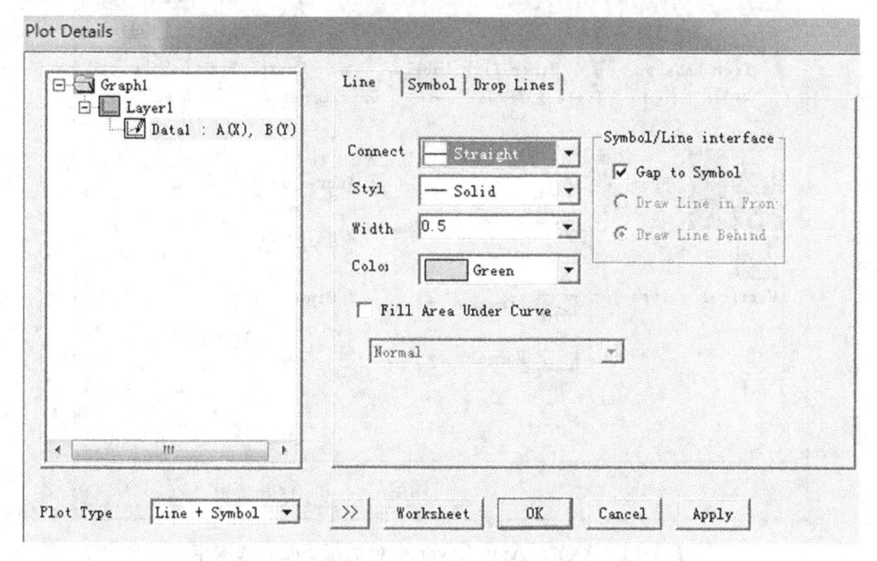

图 3-12　Plot Details 对话框

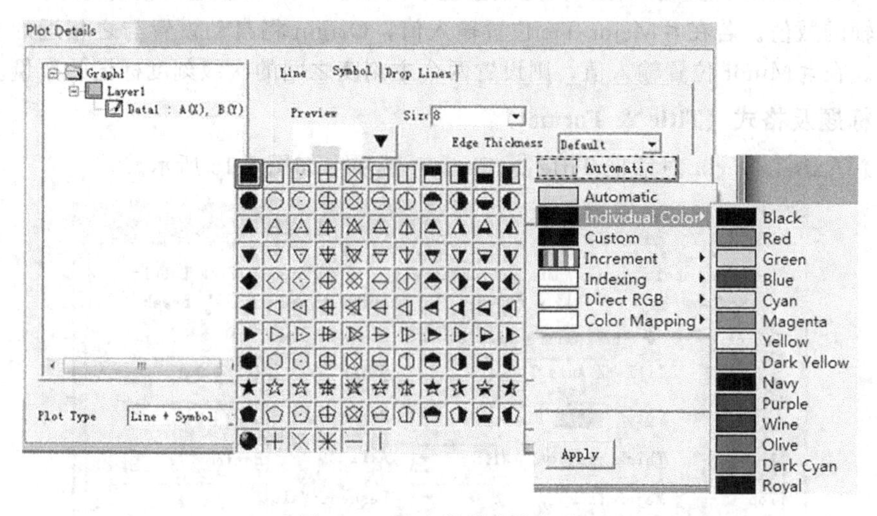

图 3-13　改变数据点的格式

3.4.6　坐标轴的调整

双击 X 或 Y 轴，打开 $X(Y)$ Axis-Layer n 对话框，可在左侧的 Selection 中选择合适的图标，以确定所更改的坐标轴。Horizontal：默认为 X 轴。Vertical：默认为 Y 轴。

(1) 坐标刻度 (Scale)

$X(Y)$ Axis-Layer n 对话框 Scale 选项卡如图 3-14 所示。

① 取值范围：在 From 和 To 栏内输入数值，可设置坐标轴的数值范围。

② 刻度类型 (Type)：Linear scale（标准线性刻度）、Log10 scale（基于 10 为底的对数刻度）、Reciprocal scale（倒数刻度）、Ln scale（自然对数刻度）等。

③ 坐标轴重新调整方式 (Rescale)：Manual（不能调整）、Normal（可以调整）、Auto（自动调整）、Fixed From（“From”值固定）、Fixed To（“To”值固定）。

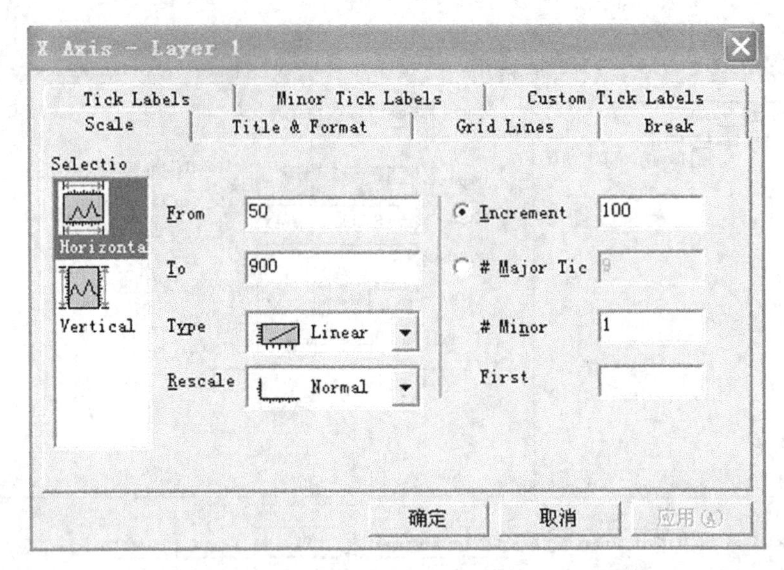

图 3-14 *X*(*Y*) Axis-Layer *n* 对话框 Scale 选项卡

④ 在 Increment 位置输入值，决定轴上显示的数值，如设置递增值为 100，则每隔 100 显示一个轴的数值。若在 # Major Tic 位置输入值，Origin 将自动设置与之相近的主刻度标记的数量。在 # Minor 位置输入值，则设置两个主刻度之间的次级刻度标记的数量。

(2) 标题及格式 (Title & Format)

X(*Y*) Axis-Layer *n* 对话框 Title & Format 选项卡如图 3-15 所示。

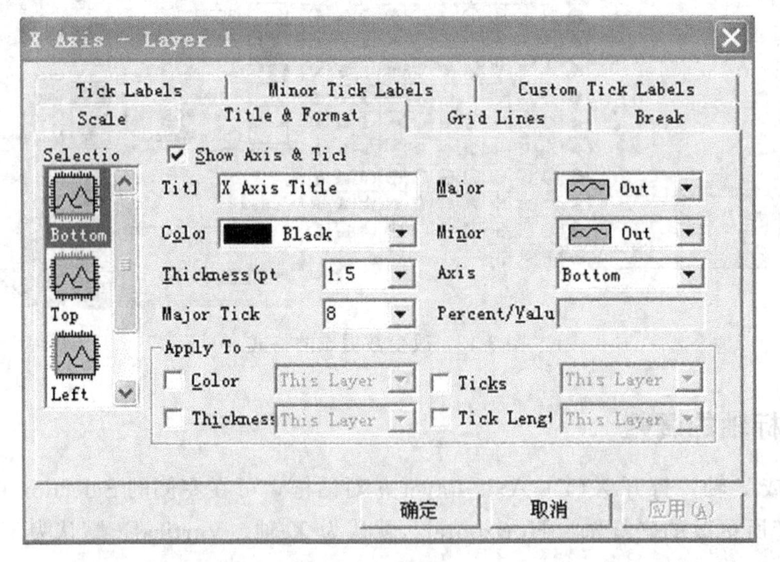

图 3-15 *X*(*Y*) Axis-Layer *n* 对话框 Title & Format 选项卡

① Show Axis & Ticks：选择该选项则显示所选坐标轴的轴和刻度。

② Title：可输入轴标题。

③ Color：选择轴和刻度的颜色。

④ Thickness (pts)：设置轴和刻度线的宽度。

⑤ Major Tick：设置主刻度线长度。

⑥ Major：控制主刻度的显示。

⑦ Minor：控制次刻度的显示。

⑧ Axis：改变当前轴的显示位置。

(3) 网格线 (Grid Lines)

X(*Y*) Axis-Layer *n* 对话框 Grid Lines 选项卡如图 3-16 所示。

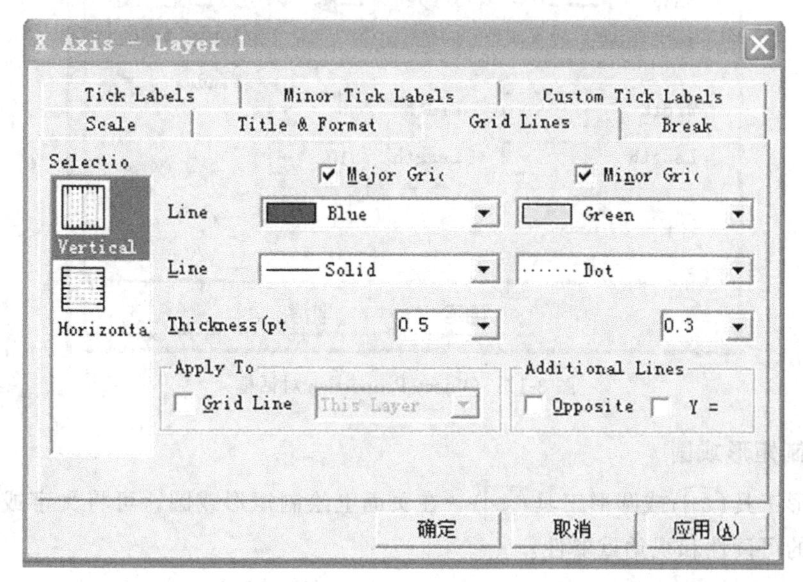

图 3-16 *X* (*Y*) Axis-Layer *n* 对话框 Grid Lines 选项卡

Major Grids 和 Minor Grids 组可以设置主、次网格线的颜色、类型和宽度。Apply To 可选择应用范围。

(4) 其它选项卡

其他选项卡有轴断点 (Break)、主刻度标记 (Tick Labels)、次刻度标记 (Minor Tick Labels)、定制刻度标记 (Custom Tick Labels)。

3.4.7 文字及图例说明

(1) 添加文本

选择要加文字的页面，工具栏选择文字工具按钮(T)，在页面欲加文字的位置单击，即可输入、编辑文本。

(2) 向页面加直线、箭头

① 直线：在工具栏选择直线工具(╱)，在页面直线起始点单击，拖动鼠标产生直线，于终点松开鼠标。

② 直箭头：在工具栏选择直箭头工具(↗)，在页面上箭头起始点单击，拖动鼠标产生箭头，于终点松开鼠标。

③ 弯箭头：在工具栏选择弯直箭头工具(↷)，在页面上弯箭头起始点单击，拖动鼠标在页面上单击 3 次，最后一次的位置为弯箭头终止点。

选择指针工具(↖)，双击箭头或直线，打开 Object Properties 对话框 (图 3-17)，可编辑箭头或直线的颜色、粗细和线型等。

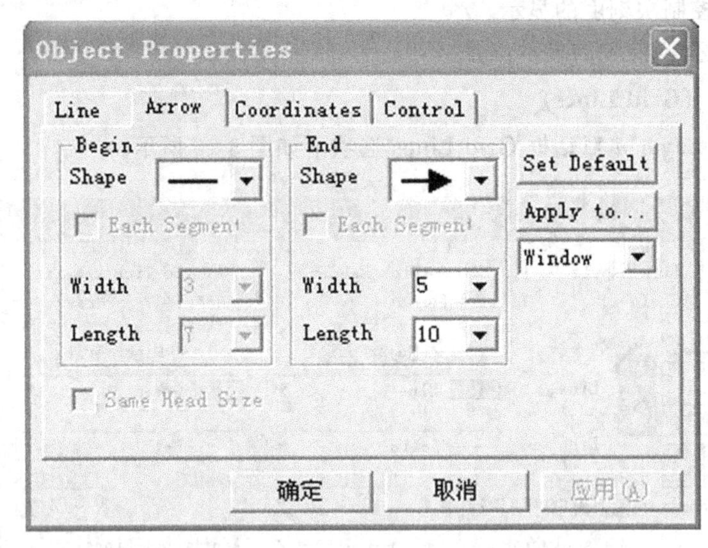

图 3-17 Object Properties 对话框

(3) 绘制矩形或圆

选择矩形工具(▭)或圆形工具(◯)，在页面上绘制矩形或圆，可将文字或曲线框起来以增加图形的可读性和视觉重要性。

3.4.8 页面设置和层设置

(1) 页面

选择绘图窗口，在 Format 菜单中选择 Page 命令，打开 Plot Details 对话框的页面部分（图 3-18），设置页面的显示选项，可改变页的大小、颜色、显示模式及参数等。

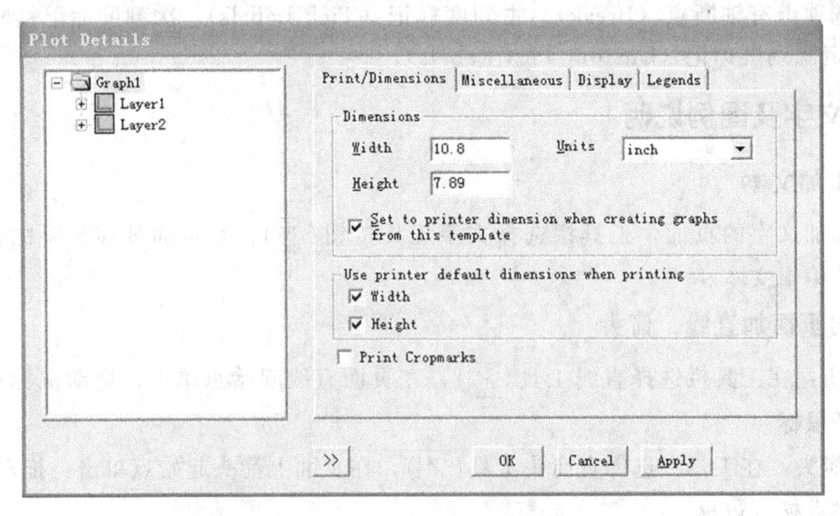

图 3-18 Plot Details 对话框的页面部分

(2) 层

打开 Plot Details 对话框的层部分（图 3-19），可设置层的大小、边距、颜色、背景颜色及显示信息等。

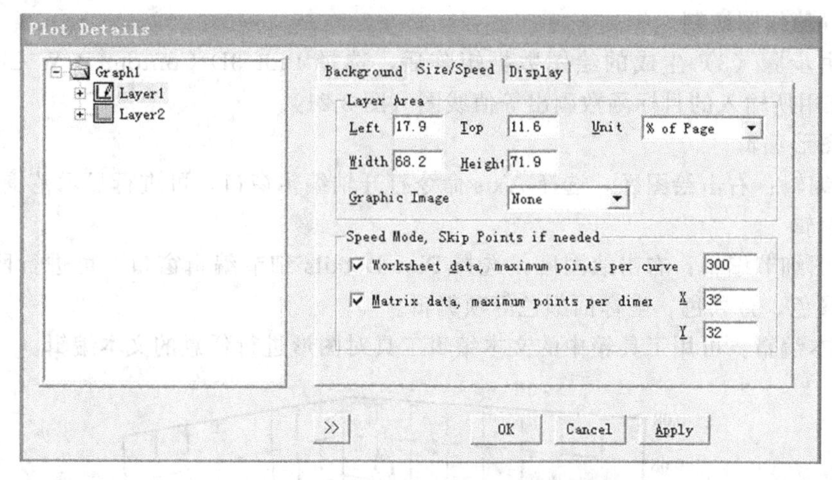

图 3-19 Plot Details 对话框的层部分

例 3-1 绘制氢原子的波函数 Ψ_{2p_y} 以 XOY 平面为截面的立体图及等值线图。

解：氢原子的波函数 Ψ_{2p_y} 为

$$\Psi_{2p_y}=N(r/a_0)\cdot\sin\theta\cdot\sin\varphi\cdot\exp(-r/2a_0)$$

式中，N 为归一化常数。若采用原子单位，并考虑直角坐标与球极坐标的关系，上式可转化为

$$\Psi_{2p_y}=Ny\cdot\exp\left(-\sqrt{x^2+y^2+z^2}/2\right)$$

为了在三维空间表示三元函数 Ψ_{2p_y} 与 x、y、z 的关系，只能固定 x、y、z 中的一个变量，如固定 $z=0$，即以 XOY 平面为截面，此时上式变为

$$\Psi_{2p_y}=Ny\cdot\exp\left(-\sqrt{x^2+y^2}/2\right)$$

写成软件可读化形式为

$$f(x,y)=0.09974*y*\exp(-0.5*sqrt(x\hat{}2+y\hat{}2))$$

利用 Origin 软件作图，步骤如下：

(1) 启动

启动 Origin 后，选择 File/New/Matrix，打开三维绘图子窗口。

(2) 参数设定

选择 Matrix/Set Dimensions，打开矩阵维数设定窗口，在上部 Dimensions 栏列数（Columns）和行数（Rows）设置框内分别输入 200，表示设定的矩阵维数为 200×200。在下部坐标范围（Coordinates）设置栏的 x[First]、x[Last] 和 y[First]、y[Last] 设置框内分别输入－20、20 和－20、20，表示 x、y 的取值范围均为－20～20。注意 x、y 的取值范围由具体的目标绘图函数决定。

(3) 目标函数输入

选择 Matrix/Set Values，打开函数输入窗口，并在“Cell(i，j）”框内输入 Origin 可读化的目标绘图函数式，点击“OK”后完成函数输入，稍候片刻即可生成绘图数据矩阵。

(4) 立体网格图绘制

选择 Plot 3D/3D-Color Fill Surface，系统用所输入的目标函数画出立体网格图（图 3-20）。

（5）等值线图绘制

激活由步骤（3）生成的绘图数据矩阵后，选择 Plot 3D/Contour-B/W Lines＋Labels，系统用所输入的目标函数画出等值线图（图 3-21）。

（6）图形编辑

① 轴编辑：右击绘图区，选择 Axis 命令打开轴编辑窗口，可进行显示范围、轴标及刻度等项编辑。

② 绘图细节编辑：右击绘图区，选择 Plot Details 细节编辑窗口，可进行网格线宽、颜色、前景色、背景色、坐标面颜色等项编辑。

③ 文本编辑：可用工具箱中的文本编辑工具对图形进行任意的文本编辑。

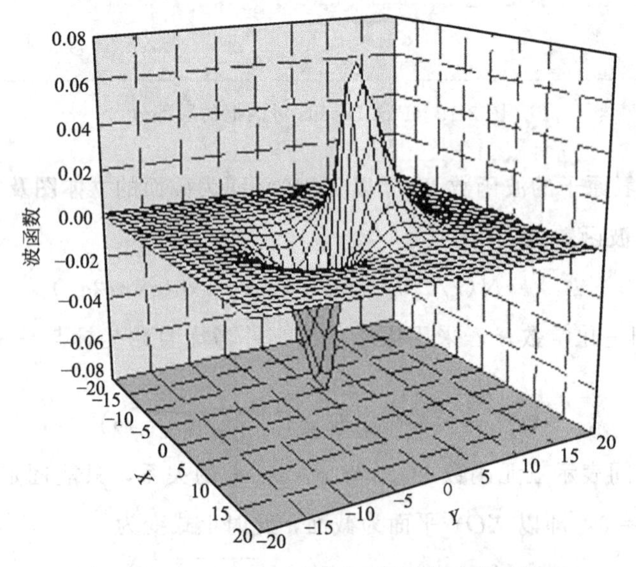

图 3-20 Ψ_{2p_y} 以 XOY 平面为截面的立体网格图

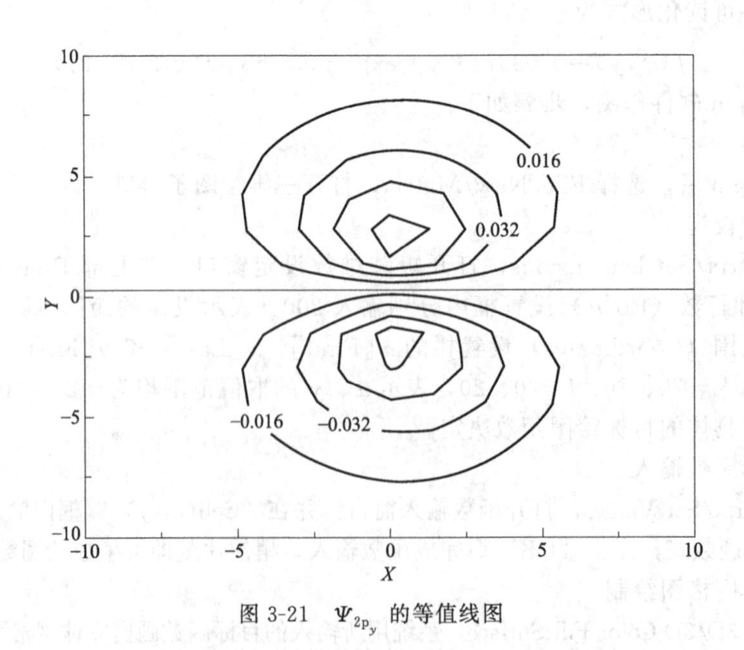

图 3-21 Ψ_{2p_y} 的等值线图

3.5 数据处理

Origin 的数据处理功能强大，操作简单，易于掌握。对数据进行处理，首先要选择对象。数据处理的对象可以是处于激活状态的 Worksheet 中的行和列，也可以是图形中的曲线。在 Worksheet 中单击要选择的行或列标题栏即可将相应的行或列激活。在 Graph 窗口中，首先选择相应的图层，然后选择菜单命令 Data，在其下拉菜单底部的列表中显示该层的全部曲线，单击选中要分析的曲线。

3.5.1 工作表格的相关计算

(1) 排序

Origin 可以对单列、多列工作表格的一定范围或整个工作表格进行排序（图 3-22)。

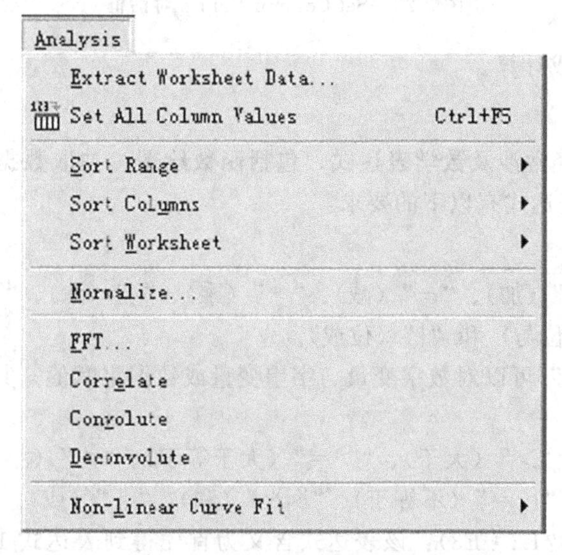

图 3-22 排序菜单

① 列排序：选择一列数据，Analysis 菜单中选择 Sort Column 命令，可按照上升或下降方式进行排序。

② 选择范围排序：选择一定范围数据，Analysis 菜单中选择 Sort Range 命令进行排序。

(2) 设置列值

打开一个工作表格，选择一列；选择 Column：Set Column Values 命令，或右击鼠标选择 Set Column Values 命令，打开 Set Column Values 对话框（图 3-23)。

① 设定工作表格范围：在 From Row…to…输入设置列值的行号范围。

② 选择函数和数据集：Add Function 和 Add Column 下拉菜单和相应的按钮帮助用户在表达式窗口建立合适的表达式。

③ 完成"Col(ColumnName) ＝"窗口的表达式，函数表达式中可以包括数值、运算符号（"＋""－""*""/""^"）、函数 [abs()，sin() 等]、数据集 [Col(A)，Col(C) 等] 和行号 (i) 等。Undo/Redo 按钮可以取消或重复表达式编辑最后一步的变化。

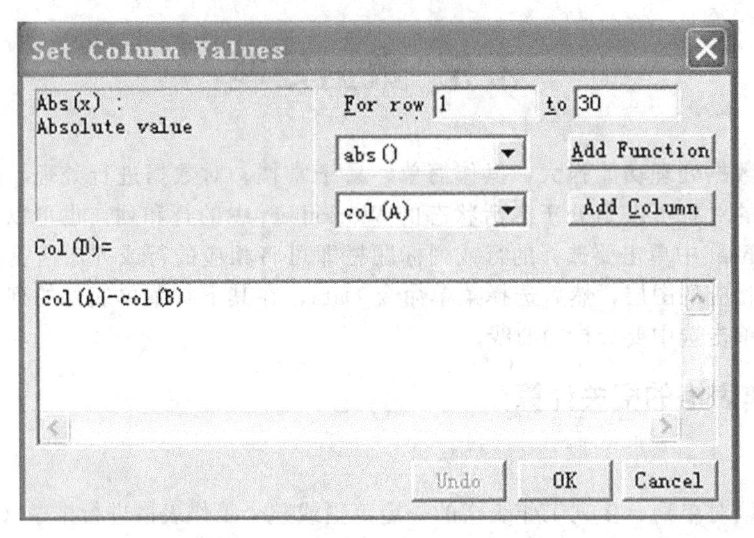

图 3-23 Set Column Values 对话框

④ 单击 OK 可完成计算。

(3) 数学表达式

使用 Origin 时，经常涉及数学表达式，包括函数绘图、抽取数据以及设置工作表格列值等。Origin 对数学表达式有以下的要求：

① 四类运算

a. 算术运算：“＋”（加）、“－”（减）、“*”（乘）、“/”（除）、“^”（乘方）（X^Y 表示 X 的 Y 次幂）、“&”（位与）和“|”（位或）。

b. 赋值运算：“＝”可以对数字变量、字串变量或数据集赋值。其中 Origin 可认可多种赋值操作类型。

c. 逻辑关系运算：“＞”（大于）、“＞＝”（大于等于）、“＜”（小于）、“＜＝”（小于等于）、“＝＝”（等于）、“！＝”（不等于）、“&&”（和）、“‖”（或）。

d. 条件运算：(E1？E2：E3)：该表达式含义为首先得到表达式 1 的值，如表达式 1 为真（为非 0 值），则整个表达式的值为表达式 2 的值；如表达式 1 为假（为 0），则整个表达式的值为表达式 3 的值。例：m＝2：n＝3：variable＝(m＞n？ m：n)，则 variable＝3。

② 优先原则

使用标准优先原则，依次为：

a. 括号外赋值运算优先。

b. 括号内优先。

c. 乘除比加减优先。

d. 关系运算：先“＞”“＞＝”“＜”“＜＝”，后“＝＝”“！＝”。

e. 逻辑操作：先“&&”，后“‖”。

(4) 统计

选择列、行或单元格范围，选择 Statistics 菜单中 Σ Statistics on Columns（Row）命令，将打开一个新的工作表格显示平均值，标准误差，标准偏差的平均值、最小值、最大值，数值范围，总和，点数（图 3-24）。

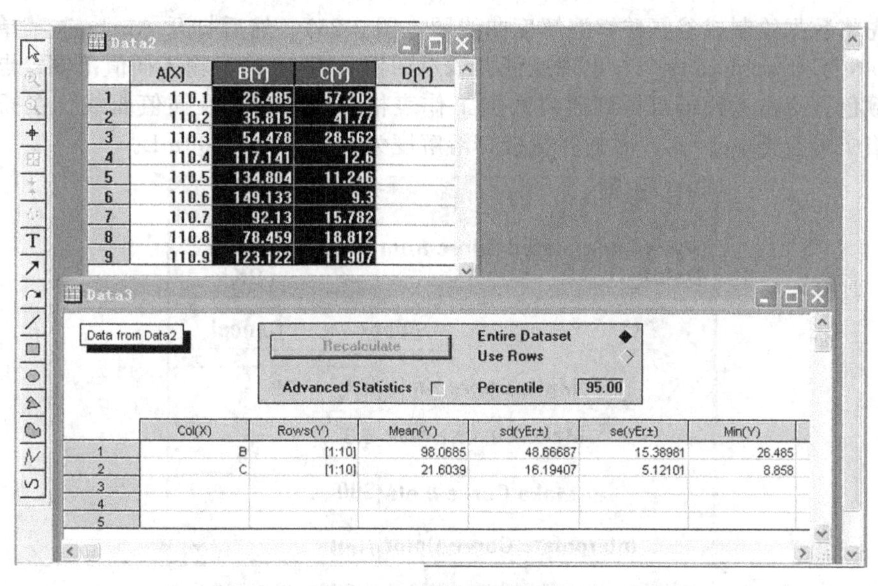

图 3-24 统计结果显示

3.5.2 插值

插值是指利用实验得到的离散数据点，构造一个简单的函数 $y=p(x)$ 作为实际函数的近似表达式，在这些数据点中插进所需要的中间值的过程。

例 3-2 已知谷氨酸锌在不同 pH 下的溶解度（g/100 mL）如下表所示，求 pH=6.6 时的溶解度。

pH	4.5	5.2	5.5	6.1	6.3	6.5	6.8	7.5	8.0
溶解度	3.3	1.3	0.5	0.34	0.29	0.30	0.40	0.60	5.0

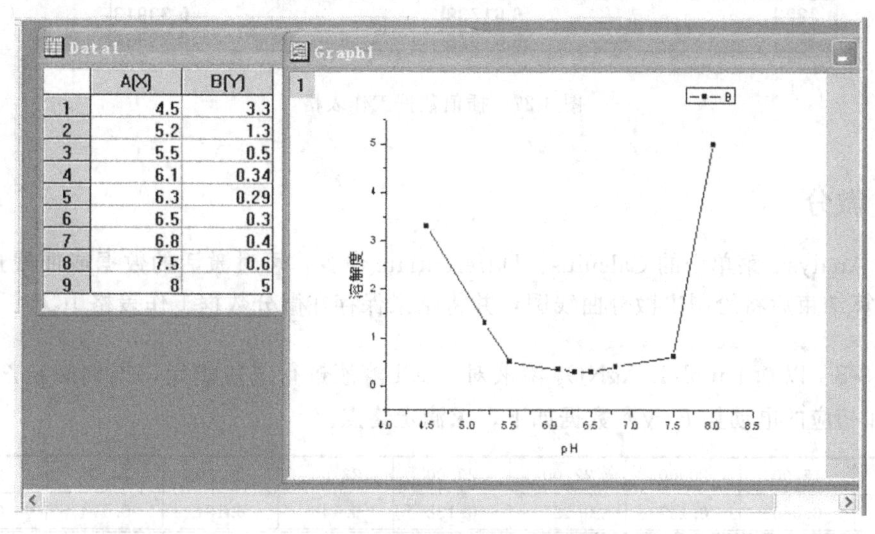

图 3-25 谷氨酸锌溶解度曲线

首先将数据绘制成谷氨酸锌溶解度曲线图（图 3-25），然后打开 Analysis 菜单，点击 Interpolate/Extrapolate 命令，出现插值曲线对话框（图 3-26），输入插值范围、点数及插值曲线颜色，点击 OK 即可得到插值数据工作表格（图 3-27）及插值曲线。在插值数据工作表格中可查得 pH＝6.6 时的谷氨酸锌溶解度为 0.33367 g/100mL。

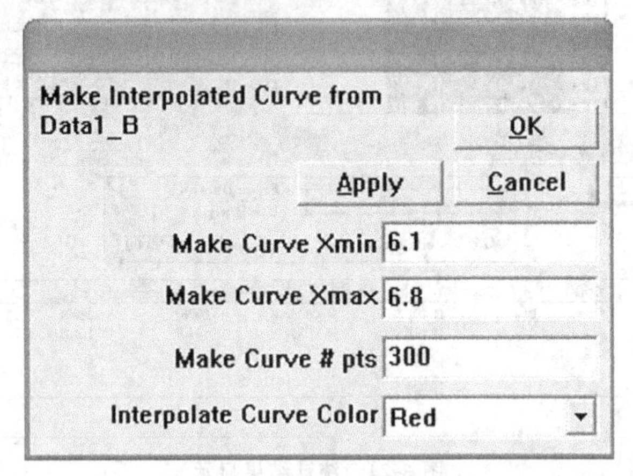

图 3-26 插值曲线对话框

InterExtrap1 - Interpolation of Data1_B

	A(X)	Data1B(Y) Interpolation of Data1_B
213	6.59632	0.33211
214	6.59866	0.33289
215	6.601	0.33367
216	6.60334	0.33445
217	6.60569	0.33523
218	6.60803	0.33601
219	6.61037	0.33679
220	6.61271	0.33757
221	6.61505	0.33835
222	6.61739	0.33913
223	6.61973	0.33991

图 3-27 插值数据工作表格

3.5.3 微分

利用 Analysis 菜单中的 Calculus：Differentiate 命令，可对激活的数据或曲线进行微分运算。运算结束后将绘制出微分曲线图，并将结果保存在微分数据工作表格中。

例 3-3 以 0.1 mol/L $AgNO_3$ 溶液对 NaCl 溶液进行电位滴定，得到滴定剂用量 V（mL）和相应的电动势 E(V) 数据如下，求滴定终点。

V/mL	15.00	20.00	22.00	23.00	23.50	23.80	24.00	24.10
E/V	0.085	0.107	0.123	0.138	0.146	0.161	0.174	0.183
V/mL	24.20	24.30	24.40	24.50	24.60	24.70	25.00	25.50
E/V	0.194	0.233	0.316	0.340	0.351	0.358	0.373	0.385

先将数据绘制成 E-V 曲线图（图 3-28），滴定曲线的拐点（即 $d^2E/dV^2=0$ 处）为滴定终点。因此对 E-V 曲线连续进行两次微分运算，得到 d^2E/dV^2-V 曲线图及二阶微分数据工作表格（图 3-29）。再对 d^2E/dV^2-V 曲线进行插值运算，由插值数据工作表格（图 3-30）可得，当 $d^2E/dV^2=0$ 时，$V\approx 24.34$ mL，此即为滴定终点时消耗 $AgNO_3$ 溶液的体积。

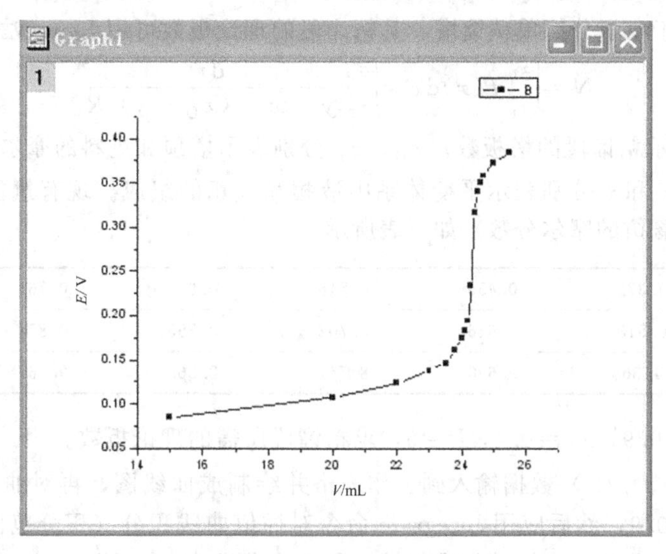

图 3-28　电位滴定 E-V 曲线图

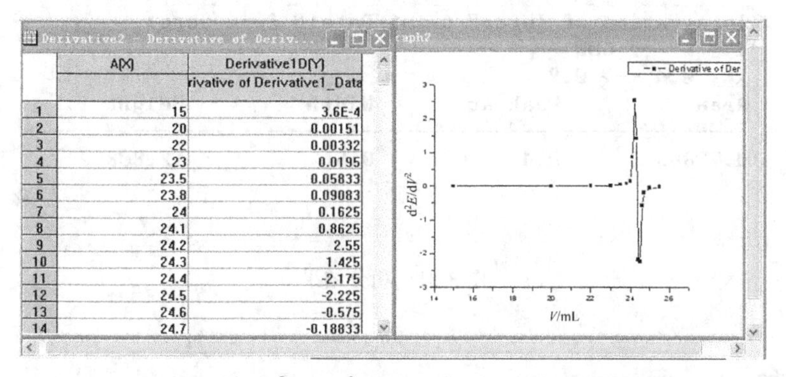

Derivative2 - Derivative of Deriv...

	A(X)	Derivative1D(Y)
		rivative of Derivative1_Data
1	15	3.6E-4
2	20	0.00151
3	22	0.00332
4	23	0.0195
5	23.5	0.05833
6	23.8	0.09083
7	24	0.1625
8	24.1	0.8625
9	24.2	2.55
10	24.3	1.425
11	24.4	-2.175
12	24.5	-2.225
13	24.6	-0.575
14	24.7	-0.18833

图 3-29　电位滴定 d^2E/dV^2-V 曲线图及二阶微分数据工作表格

InterExtrap1 - Interpolation of Derivative2_...

	A(X)	Derivative2(Y)
		rpolation of Derivative2_Derivativ
392	24.33914	0.01599
393	24.33924	0.01239
394	24.33934	0.00878
395	24.33944	0.00518
396	24.33954	0.00158
397	24.33964	-0.00203
398	24.33974	-0.00563
399	24.33984	-0.00923
400	24.33994	-0.01284

图 3-30　d^2E/dV^2-V 曲线插值数据工作表格

3.5.4 积分

利用 Analysis 菜单中的 Calculus：Integrate 命令，可对激活的曲线进行积分，积分结果记录在 Results Log 窗口中。

例 3-4 对于双组分简单精馏塔，其精馏段的理论板数可用 Lewis 法计算。

$$N=\int_{x_F}^{x_D} f(x)\mathrm{d}x=\int_{x_F}^{x_D}\frac{\mathrm{d}x}{y-x-(x_D-y)/R}$$

式中，N 表示精馏段的塔板数；x_D、x_F 分别表示塔顶和进料的摩尔分数；R 表示精馏段的回流比；x 和 y 分别表示平衡体系中液相和气相的组成。现有氯仿-苯二元物系的气液平衡数据（氯仿的摩尔分数）如下表所示。

x	0.372	0.456	0.548	0.650	0.761	0.844
y	0.518	0.616	0.702	0.795	0.871	0.931
$f(x)$	14.368	9.690	8.741	8.065	9.567	10.730

现规定 $x_D=0.9$，$x_F=0.4$，$R=5$，求精馏段所需的理论板数。

解：将 x、y、$f(x)$ 数据输入到工作表格并绘制成曲线图，再对曲线进行插值，插值范围取 0.4 到 0.9，然后应用 Integrate 命令对插值曲线积分（积分范围为 0.4～0.9），曲线下面积即为积分值。由计算机求得精馏段理论塔板数为 5（图 3-31）。

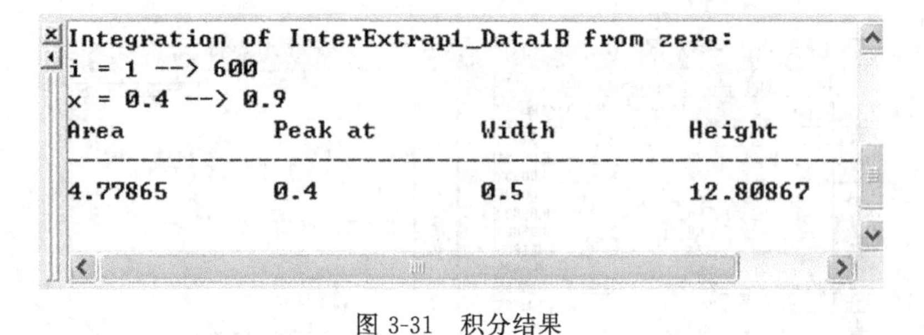

图 3-31 积分结果

3.5.5 拟合

(1) 线性拟合

Origin 的线性和多项式拟合的菜单命令都在 Analysis 菜单中，当选择了拟合的命令后，参数的初始化以及线性最小二乘拟合都是自动进行的。拟合结束后产生一个工作表格存放拟合数据，在绘图窗口中显示拟合曲线，拟合参数和统计结果记录在 Results Log 窗口中。

① 直线拟合（Fit Linear） 对被激活的数据进行直线拟合，可选择 Analysis 菜单中的 Fit Linear 命令，所得线性回归方程为 $Y_i=A+BX_i$，参数 A（截距）和 B（斜率）由最小二乘法计算得出。拟合后，Origin 产生一个新的包含拟合数据的工作表格，并将拟合出的数据在绘图窗口绘出，同时将下列参数显示在 Results Log 窗口中。

参数：A 表示截距及其标准偏差；B 表示斜率及其标准偏差；R 表示相关系数；N 表示数据点数；SD 表示拟合的标准偏差。

例 3-5 甜味剂阿斯巴甜在水分活度（a_w）较高的食品中会发生降解。已知阿斯巴甜的降解速率与食品的 pH、水分活度、储藏温度和阿斯巴甜的初始浓度 C_0 有关。当食品的 pH、水分活度及储藏温度一定时，该组分的含量变化遵循一级反应。现测得 a_w 为 0.38、pH 为 5.0 的某食品在 37 ℃储存过程中，其所含有的阿斯巴甜量如下表所示，计算该反应的速率常数及阿斯巴甜降解一半所需要的时间。

储藏时间/d	0	25	50	75	100	125
含量/(mg/kg)	33.0	14.8	6.6	3.0	1.3	0.6

由一级反应方程式 $\lg C=-\frac{k}{2.303}t+\lg C_0$ 可知，阿斯巴甜含量的对数 lg*C* 与时间 *t* 成直线关系。将表中数据输入到 Origin 的工作表格中，绘出散点图，并将纵坐标设置为对数坐标形式。选择 Analysis（分析）菜单中的 Fit Linear（直线拟合）命令，在 Results Log 窗口中可得拟合结果（图 3-32）。由斜率可计算出该反应的速率常数为 0.032 d^{-1}，进而求得半衰期 $t_{1/2}=\ln 2/k=21.7$ d。

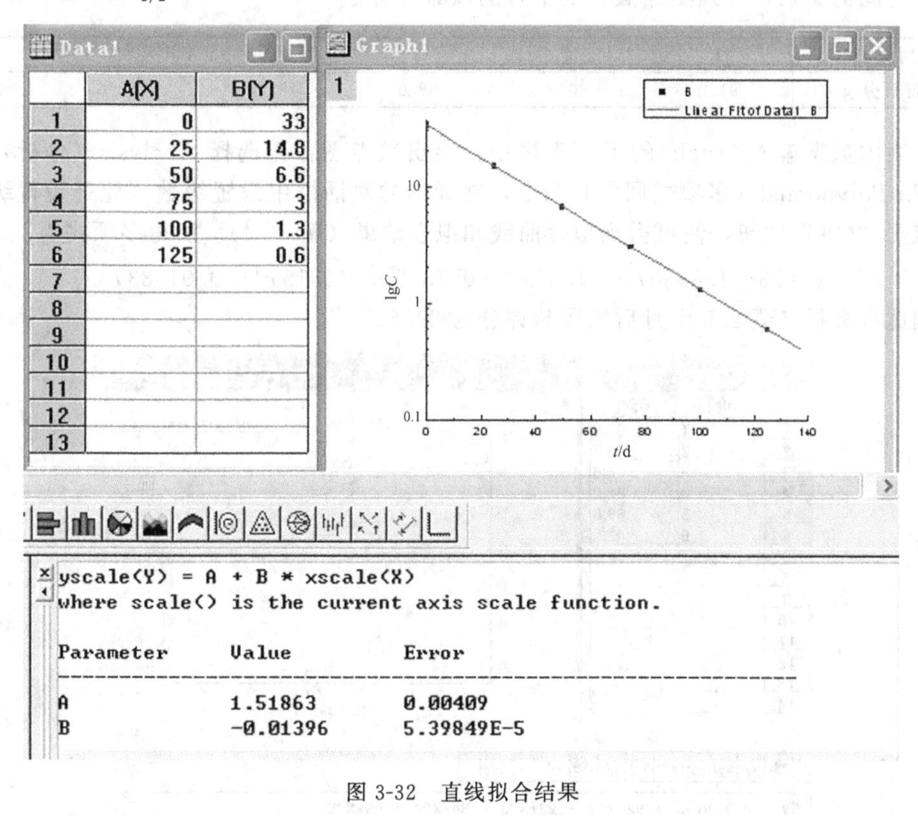

图 3-32　直线拟合结果

② 多项式拟合（Fit Polynomial）　对被激活的数据组用多项式方程 $Y=A+B_1X+B_2X^2+\cdots+B_kX^k$ 进行拟合，可选择 Analysis 菜单中的 Fit Polynomial 命令，Origin 打开一个 Polynomial Fit to Data 对话框（图 3-33），在对话框中可以设置级数（1～9），拟合曲线的点数以及拟合曲线的最大、最小 X 值。如果要在绘图窗口显示公式，可选择 Show Formula on Graph 选项。单击 OK 按钮完成拟合。

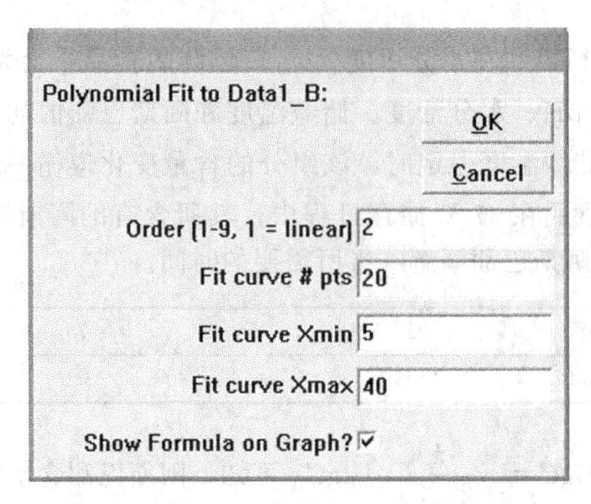

图 3-33 Polynomial Fit to Data 对话框

例 3-6 某品牌苹果酱的风味在储藏期间会发生较大的变化，在不同时间对其进行风味感官分析，评分如下表所示（满分为 100 分）。试用多项式回归分析确立储藏时间与风味评分之间的关系，并预测储藏 2.5 个月的风味评分。

储藏时间 x/月	1	2	3	4	5	6
风味评分 y	91.9	90.7	88.0	82.2	69.6	42.5

将表内数据输入 Origin 的工作表格中，绘出散点图，再选择 Analysis（分析）菜单中的 Fit Polynomial（多项式回归）命令，在弹出的对话框中设置级数（此处设置级数为 5），点击“OK”按钮，便可得到拟合曲线和拟合结果（图 3-34）。所得多项式为：

$$y=93-1.84667x+1.35x^2-0.7375x^3+0.15x^4-0.01583x^5$$

因此可算得储藏 2.5 个月后的风味评分为 89.6。

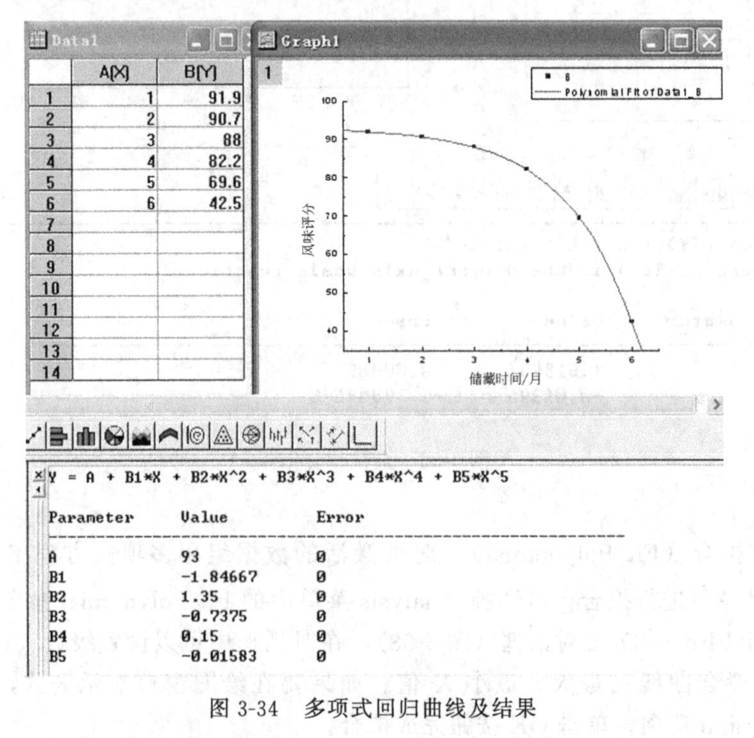

图 3-34 多项式回归曲线及结果

(2) 非线性拟合

对激活的数据，在 Analysis 菜单中选择相应的命令（图 3-35）可以完成部分非线性拟合，拟合参数和统计结果显示在 Results Log 窗口中。

Origin 的非线性最小二乘拟合（NLSF）能力是其最有力也是最复杂的部分之一。使用它的用户可以将自己的数据对一个函数，基于一个或多个自变量进行最高可达 200 个参数的拟合。无论当前窗口是工作表格还是绘图窗口，选择 Analysis 菜单中 Non-Linear Curve Fit 命令，都可以打开非线性最小二乘拟合对话程序，在拟合程序中用户所需的一切均可在拟合窗口完成。NLSF 有两种模式：基础和高级。两种模式均可用来拟合数据，所不同的是提供的选项多少和使用复杂程度的高低。

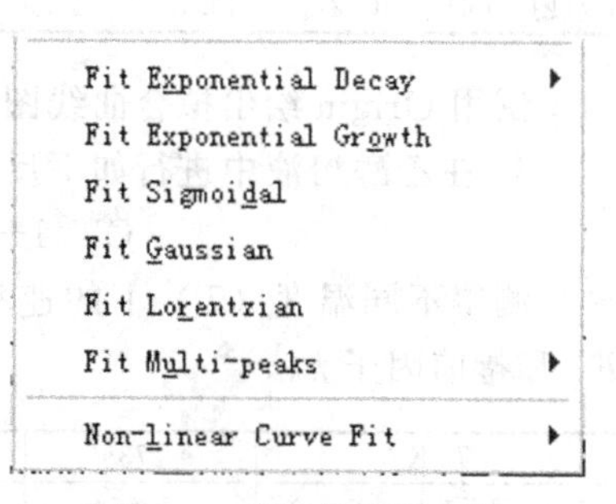

图 3-35　非线性拟合命令

Origin 内置有近 200 个函数可供选择，如果这些函数还无法满足实际的需要，用户可以自己定义函数进行拟合。Origin 的非线性拟合方法基于非线性最小二乘拟合中最普遍使用的 Levenberg-Marquardt（LM）算法。其拟合过程非常灵活，用户几乎可以对拟合过程进行完全控制。主要体现在：

① 选择最佳的参数初始值；

② 对参数值进行线性约束；

③ 可以监视迭代过程中的一些相关量；

④ 选择权重方法；

⑤ 方便地设置拟合数据范围。

上机作业

1. 绘制如下氢原子电子云密度波函数 $|\Psi_{2p_y}|^2$ 的立体图。

$$|\Psi_{2p_y}|^2=N^2y^2\cdot\exp\left(-\sqrt{x^2+y^2+z^2}\right)$$

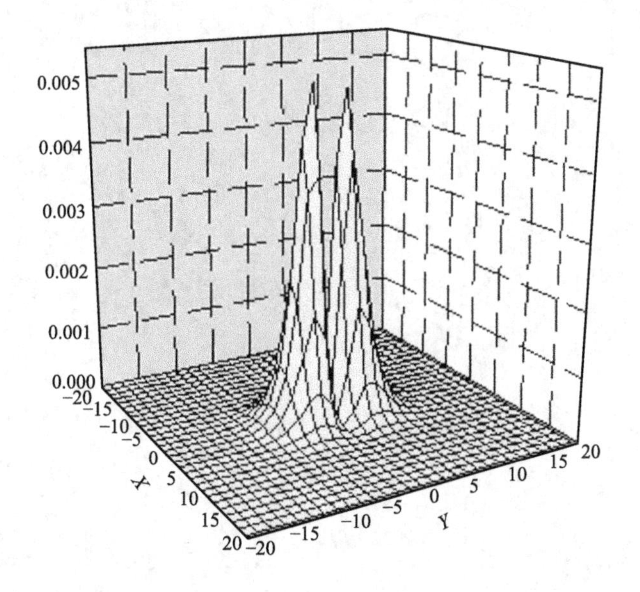

2. 在给定温度下某反应的活化能（E）与压力（p）间呈线性关系 $E=a+bp$。在不同的压力下测得活化能数据如下。

$p\times10^5$/Pa	1.0	2.0	3.0	4.0	5.0	6.0	7.0	8.0	9.0	10.0
E/(kJ/mol)	40.2	40.7	40.9	41.6	41.8	42.6	42.6	43.2	43.7	43.8

试用 Origin 绘出拟合曲线图，并求出一元线性回归方程。

3. 在乙醇溶液中进行如下反应：

$$CH_3I+C_2H_5ONa\longrightarrow CH_3OC_2H_5+NaI$$

测得不同温度（T）下的速率常数 k 如下，试根据阿伦尼乌斯公式求该反应的活化能 E_a 和指前因子 k_0。

T/K	273	279	285	291	297	303
$k\times10^{-5}$/[L/(mol·s)]	5.60	11.8	24.5	48.8	100	208

4. 已知甲烷（CH_4）的恒压热容 C_p 与温度 T 之间存在如下函数关系，试用 Origin 求 1 mol 甲烷在等压下自 27 ℃加热至 77 ℃需要的热量。

$$C_p=14.15+75.496\times10^{-3}T+(-17.99\times10^{-6})T^2$$

第4章 计算机在工艺设计中的应用

4.1 通风发酵空气净化系统的设计

空气的除菌净化是通风发酵系统中的一个重要环节。空气净化系统的设计，既要满足发酵工艺的要求，不致使发酵过程染菌，又要尽量简化流程以减少设备的投资和正常运转的动力消耗。

目前工厂常见的空气净化流程是：先将空气经过压缩机压缩，再通至冷却器冷却到露点以下，使水析出，经旋风分离器分去水分（其中也含有部分油），然后用加热器加热，使压缩空气的相对湿度降低，最后通过总过滤器进入发酵罐。从理论上讲，相对湿度只要小于100%，就不会有水分析出，就不会使过滤介质受潮。但考虑到设备的分离效率不会达到100%，因此设计时都留有余地，一般控制进入总过滤器的空气相对湿度为60%左右。如果操作时空气湿度很低，经压缩后的空气冷却到工艺所要求的发酵罐入口空气温度时，能使空气的相对湿度保持在60%以下，此时，空气净化流程中的冷却和加热部分可以省去。通常情况下，由于空气湿度受季节的影响较大，往往在湿度较大的季节，压缩空气必须经冷却、加热后进入发酵罐；而在湿度较小的季节，将压缩空气冷却到发酵罐入口空气温度后，可直接通入发酵罐，以降低操作费用。

现用 T、P 和 Ψ 分别表示空气的温度（℃）、压力（kPa，绝对压力）和相对湿度，下标0、1、2和3分别表示压缩机进口、压缩机出口、冷却器出口和加热器出口的空气状态。空气净化系统的设计计算，主要是确定冷却器的出口温度，即已知 T_3、P_3、Ψ_3、P_2 和 Ψ_2 的情况下求取 T_2。根据在冷却和加热过程中空气的绝对湿含量不变可知，

$$\Psi_3 P_{s_3} P_2 = \Psi_2 P_{s_2} P_3 \tag{4-1}$$

式中，P_s 为空气中饱和水蒸气分压，kPa。水的饱和蒸气压与温度有关，由式(4-2)确定。

$$\lg \frac{P_s}{0.13332} = 8.07131 - \frac{1730.63}{T + 233.426} \tag{4-2}$$

式中，T 为饱和水蒸气的温度，℃。

P_2、P_3 是由工艺和空气净化流程所决定的，P_{s_3} 是发酵罐入口温度下水的饱和蒸气压，Ψ_3 通常取60%。而冷却器出口使空气中有水分析出，则有 $\Psi_2=100\%$。因此有

$$P_{s_2} = \frac{\Psi_3 P_{s_3} P_2}{P_3} \tag{4-3}$$

由 P_{s_2} 就可求得所对应的冷却器出口空气的露点，即冷却器的出口空气温度。

但是，如果空气的湿度很小，在空气不经冷却和加热时，则有

$$\Psi_0' P_{s_0} P_3 = \Psi_3 P_{s_3} P_0,\text{即 } \Psi_0' = \frac{\Psi_3 P_{s_3} P_0}{P_{s_0} P_3} \tag{4-4}$$

式中，Ψ_0' 为满足生产工艺要求时压缩机入口空气的最大相对湿度。

当实际空气的相对湿度小于 Ψ_0' 时，空气可以经压缩后冷却到 T_3'，然后直接通入发酵罐。

例 4-1 在通风发酵中，空气须通过净化系统然后进入发酵罐。现大气温度为 32 ℃，相对湿度为 84%，要求过滤器空气入口压力为 202 kPa，温度为 35 ℃，相对湿度为 60%，冷却器出口空气压力为 252 kPa，试确定空气净化系统的控制方案。若在给定条件下，需要冷却和加热过程，则冷却器出口温度为多少？

解：按上述工艺原理编程，程序中 FI 表示空气的相对湿度 Ψ，用选择语句判断是否需要冷却和加热过程，计算机程序框图见图 4-1。经计算机求解得（附录Ⅲ-4-1）冷却器出口温度为 29.85 ℃。

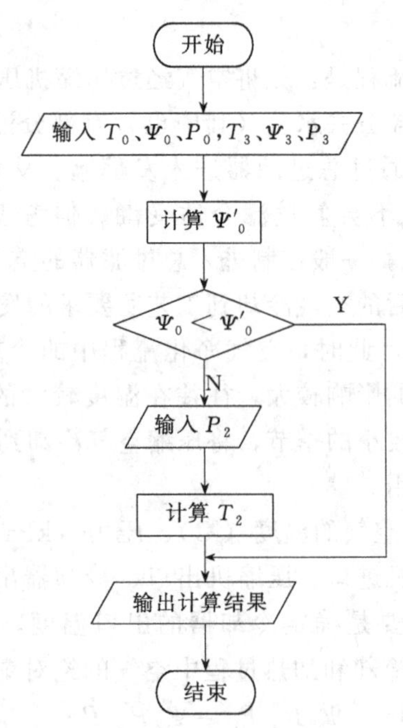

图 4-1 空气净化系统计算机程序框图

4.2 喷雾干燥塔的设计

喷雾干燥是指将稀料液（如含水量较高的溶液、悬浮液浆液等）通过雾化器喷洒成细小的雾滴，雾滴分散于干燥介质（如热空气）中，使湿分迅速蒸发而进行的湿热交换过程。由于雾滴直径通常很小，液体具有很大的蒸发表面，因此，所需的干燥时间极短，特别适合于热敏性物料的干燥。同时，所得产品多为松脆的空心颗粒，再溶解性能好，

产品质量较高。

喷雾干燥塔的大小由干燥时间和被干燥物料的量确定。由于雾滴的干燥过程是一个传热和传质同时发生的过程，所以可以对干燥的传热过程进行分析，由此计算出传热所需的时间，从而确定干燥塔的结构尺寸。物料在干燥塔内的干燥过程可分为两个阶段，即恒速干燥阶段和降速干燥阶段。两个阶段以临界含水量为分界点，计算临界点干燥介质的基本性质，再分别求取恒速阶段和降速阶段所需的干燥时间 τ_1 和 τ_2，两者之和就是物料干燥所需要的时间。

喷雾干燥塔的设计主要有塔径 D 和塔高 H 的确定以及干燥介质空气用量的计算。如果物料被喷雾后在干燥塔内的停留时间等于或大于所需要的干燥时间，则所设计的喷雾干燥塔就能满足生产要求。因此在设计喷雾干燥塔时，首先是求取物料在塔内干燥到规定要求的湿含量时所需要的时间，该时间就是物料在塔内的停留时间，最后根据停留时间确定塔径和塔高。根据这一指导思想，下面介绍喷雾干燥塔的设计计算方法（干燥介质为空气，湿分为水分）。

4.2.1 喷雾干燥塔尺寸的计算

(1) 空气用量的计算

对绝干物料作物料衡算，则有

$$F_D = F_1(1-W_1) = F_2(1-W_2) \tag{4-5}$$

则水分的蒸发量为

$$G = F_1 - F_2 = \frac{F_1(W_1 - W_2)}{1-W_2} = \frac{F_2(W_1 - W_2)}{1-W_1} = L(x_2 - x_1) \tag{4-6}$$

由式(4-6) 解得所需要的干空气量为

$$L = \frac{F_1(W_1 - W_2)}{(1-W_1)(x_2 - x_1)} \tag{4-7}$$

空气用量为

$$V = Lv \tag{4-8}$$

式中 F_D——绝干物料的质量流量，kg/h；

F_1、F_2——干燥前、后物料的质量流量，kg/h；

W_1、W_2——物料干燥前、后的水分含量（湿基），kg 水/kg 湿物料；

x_1、x_2——干燥前、后空气的水分含量，kg 水/kg 绝干空气；

G——物料被干燥时水分的蒸发量，kg/h；

L——通过干燥塔的绝干空气量，kg/h；

V——干燥介质空气的用量，m^3/h；

v——空气的比体积，m^3/kg 干空气。

(2) 临界点物料和干燥介质状态参数的计算

物料颗粒在干燥前后的直径收缩率为

$$K = \frac{D_2}{D_1} = \left[\frac{\rho_1(1-W_1)}{\rho_2(1-W_2)}\right]^{\frac{1}{3}} \tag{4-9}$$

式中 K——干燥前后颗粒的直径收缩率；

D_1、D_2——物料干燥前、后的颗粒直径，m；

ρ_1、ρ_2——物料干燥前、后的密度，kg/m³。

颗粒收缩减小的体积为$\frac{\pi D_1^3}{6}(1-K^2)$，颗粒中剩下的水分为$\frac{\pi D_1^3}{6}[\rho_1 W_1-(1-K^2)\rho_3]$。物料颗粒的收缩主要是在临界点以前发生的，可近似认为临界点以后物料颗粒直径不变，由此可以得出临界点时物料的湿含量为

$$W_C=\frac{\rho_1 W_1-(1-K^3)\rho_3}{\rho_1-(1-K^3)\rho_3} \tag{4-10}$$

式中　W_C——临界点时的物料含水量，kg 水/kg 湿物料；

ρ_3——湿分的密度，kg/m³。

临界点时空气的湿含量为

$$x_C=x_1+\frac{F_1(W_1-W_C)}{L(1-W_2)} \tag{4-11}$$

式中　x_C——临界点时空气的湿含量，kg 水/kg 干空气。

由热量衡算得

$$\frac{I_2-I_1}{x_2-x_1}=\frac{I-I_1}{x-x_1}=-\sum Q+T_{F_1} \tag{4-12}$$

式中　I_1、I_2、I——进口、出口和干燥塔任意截面上湿空气的焓，kJ/kg 干空气；

x_1、x_2、x——进口、出口和干燥塔任意截面上空气的湿含量，kg 水/kg 干空气；

T_{F_1}——干燥塔的进口物料温度，℃；

$\sum Q$——干燥塔表面散热损失和物料温升所需热量之和，即$\sum Q=Q_L+Q_F$。

Q_L 为塔内干燥物料汽化 1 kg 水时的热量损失（kJ/kg），由式(4-13) 计算。

$$Q_L=\frac{(T_W-T_0)A\alpha}{G} \tag{4-13}$$

式中　T_W——干燥塔外壁温度，℃；

T_0——室温，℃；

A——干燥塔散热面积，m²；

α——干燥塔表面对周围室温空气的给热系数，kJ/(m²·h·℃)。

给热系数 α 由式(4-14) 求得。

$$\alpha=(8+0.05T_W)\times 4.18 \tag{4-14}$$

干燥塔的外表面壁温为

$$T_W=\frac{\lambda T_1+B\alpha T_P}{\lambda+B\alpha} \tag{4-15}$$

式中　T_1——塔内干燥空气的平均温度，℃；

B——干燥塔保温层厚度，m；

λ——干燥塔保温材料的导热系数，kJ/(m²·h·℃)，$\lambda=A_1+A_2T_P$；

T_P——保温层的平均温度，℃，取内、外壁温的平均值。

常用保温材料的导热系数的 A_1 和 A_2 值可查相应的工程手册，如水玻璃珍珠岩：$A_1=$

0.2508，$A_2=4.18\times10^{-4}$。

物料温升所需热量 Q_F(kJ/kg) 可按式(4-16) 计算。

$$Q_F=\frac{F_2(T_{F_2}-T_{F_1})}{G}=\frac{(1-W_1)C_F(T_{F_2}-T_{F_1})}{W_1-W_2} \tag{4-16}$$

式中 C_F——干燥塔出口物料比热容，kJ/(kg·K)；

T_{F_2}——干燥塔出口物料的温度，℃。

根据式(4-12) 求得干燥塔出口和临界点空气的焓，进而可求得相应状态下干燥介质空气的温度。

(3) 干燥时间 τ_D 的计算

物料在塔内干燥到规定湿含量所需时间的计算，分为含有可溶性固体的液滴干燥和含有不可溶性固体的液滴干燥两种情况。

① 含有可溶性固体的液滴干燥

含有可溶性固体的液滴干燥时间

$$\tau_D=\left[\frac{R_1G_1}{2\pi D_a\Delta T_{m_1}\lambda_1}+\frac{R_2D_C^2\rho_2G_2}{12\lambda_2\Delta T_{m_2}(F_1-G)}\right]\times\frac{\pi D_1^3\rho_1}{6F_1} \tag{4-17}$$

式中 R_1、R_2——恒速和降速阶段水的汽化潜热，kJ/kg，水的汽化潜热 $R=2538.809-2.90927T_F$；

G_1、G_2——恒速、降速阶段汽化的水量，kg；

λ_1、λ_2——干燥介质在恒速、降速阶段平均温度下的导热系数，kW/(m·K)，空气的导热系数 $\lambda=0.08772+2.896\times10^{-4}T-1.254\times10^{-7}T^2$；

D_C——临界点时的雾滴直径，m；

D_a——恒速阶段雾滴的平均直径，m，$D_a=\frac{1}{2}(D_1+D_C)=\frac{D_1}{2}\left(1+\frac{1}{K}\right)$；

ΔT_{m_1}——恒速阶段的对数平均温差，℃，$\Delta T_{m_1}=\frac{(T_1-T_{F_1})-(T_C-T_{F_C})}{\ln\frac{T_1-T_{F_1}}{T_C-T_{F_C}}}$；

ΔT_{m_2}——降速阶段的对数平均温差，℃，$\Delta T_{m_2}=\frac{(T_C-T_{F_C})-(T_2-T_{F_2})}{\ln\frac{T_C-T_{F_C}}{T_2-T_{F_2}}}$；

T_1、T_2——分别为空气入口和出口的温度；

T_{F_C}、T_C——分别为临界点时物料和干燥介质的温度，℃。

② 含有不可溶性固体的液滴干燥

含有不可溶性固体的液滴干燥时间

$$\tau_D=\frac{R_1\rho_3(D_1^2-D_C^2)}{8\lambda_1\Delta T_{m_1}}+\frac{R_2D_C^2\rho_2(C_C-C_2)}{12\lambda_2\Delta T_{m_2}} \tag{4-18}$$

式中 C_C、C_2——物料临界点含水量和最终湿含量（干基），kg 水/kg 绝干物料。

(4) 干燥塔尺寸的计算

喷雾干燥塔的直径为

$$D=1.378\frac{u_N}{u}D_e \tag{4-19}$$

式中　D——喷雾干燥塔直径，m；

u——距喷嘴 4.5D 处空气的轴向流速，一般取 1 m/s；

u_N——喷嘴出口雾层射流速度，m/s；

D_e——气流式喷嘴孔径，m。

喷雾干燥塔的高度为

$$H=8.4562\frac{\tau_D^3}{D^2}\left(\frac{3600V_a u_N}{\rho_4}\right)^{\frac{3}{2}} \tag{4-20}$$

式中　H——喷雾干燥塔的高度，m；

V_a——喷雾用压缩空气流量，kg/h；

ρ_4——喷雾用压缩空气密度，kg/m^3。

(5) 干燥介质空气的基本性质计算

以 0 ℃为基准温度，则湿空气的焓为

$$I=(1.01+1.88x)T+2492x \tag{4-21}$$

湿空气的比体积为

$$v=(0.773+1.244x)\frac{273.15+T}{273.15} \tag{4-22}$$

湿球温度下的湿含量为

$$x_S=\frac{0.622P_S}{P-P_S} \tag{4-23}$$

式中　x_S——湿空气在其湿球温度下的湿含量，kg 水/kg 干空气；

P_S——湿球温度下湿空气的饱和蒸气压，kPa。

$$\lg(P_S/0.1333)=8.07131-\frac{1730.63}{T_S+233.426} \tag{4-24}$$

式中　T_S——湿球温度，℃。

当空气状态一定时，由式(4-21)、式(4-23) 和式(4-24) 可求得相应状态下的湿球温度。

4.2.2 计算机计算步骤

① 输入物料和空气的进、出口状态参数，物料的物性参数，喷嘴尺寸及喷嘴喷雾流速。

② 由式(4-7)、式(4-8) 计算所需要的空气用量。

③ 由式(4-10)、式(4-11) 计算临界点物料的湿含量和空气的湿含量。

④ 由式(4-15) 计算干燥塔的外壁温度。其保温层内壁温度取干燥空气进、出口温度的算术平均值，保温层材料的温度取保温层内壁和外壁温度的算术平均值。空气出口温度的初始值由式(4-25) 计算。

$$T_2=\frac{I_1-2492x_1}{1.01+1.88x_2} \tag{4-25}$$

干燥塔散热面积的初始值由式(4-26) 确定。

$$A=1.5G^{3/2} \tag{4-26}$$

⑤ 由式(4-21) 计算出口空气的焓。

⑥ 根据空气的焓有与相应状态时湿球温度下空气的焓相等，由式(4-21)、式(4-23) 和式(4-24) 求算物料的出口温度，即出口空气的湿球温度。

⑦ 由式(4-12)、式(4-13)、式(4-16) 计算出口空气的焓。

⑧ 由式(4-25) 计算下一次迭代出口空气温度的近似值 T_2'，如果 $|T_2'-T_2|<EP$ (EP 是给定的收敛精度)，转入步骤⑨。否则以 T_2' 代替 T_2 重复步骤④～⑦。

⑨ 由式(4-12) 计算临界点时空气的焓。

⑩ 由式(4-21) 计算临界点时空气的温度。

⑪ 按步骤⑥的方法，计算临界点时物料的温度。

⑫ 当含有可溶性固体时，按式(4-17) 计算干燥时间。

⑬ 当含有不可溶性固体时，按式(4-18) 计算干燥时间。

在步骤⑫ 、⑬ 中，恒速阶段的汽化水量按式(4-27) 计算。

$$G_1=\frac{F_1(W_1-W_C)}{1-W_C} \tag{4-27}$$

降速阶段的汽化水量为：

$$G_2=G-G_1 \tag{4-28}$$

⑭ 由式(4-19)、式(4-20) 计算干燥塔尺寸。

⑮ 按式(4-29) 计算迭代的干燥塔散热面积的近似值 A'。

$$A'=\pi(DH+D^2/2) \tag{4-29}$$

如果 $\left|\frac{A'-A}{A'}\right|<EP$，则转入步骤⑯ 。否则以 A'代替 A，转入步骤④。

⑯ 输出设计计算结果。

例 4-2 用一气流式喷雾干燥塔干燥某含有不可溶性固体的食品水溶液。溶液处理量为 400 kg/h，溶液的密度为 1100 kg/m^3，湿料含水 80%，产品含水 2% (湿基)，产品的比热容为 0.6 kJ/(kg·K)，产品的密度为 900 kg/m^3。气液向下并流操作，空气入口温度为 300 ℃，入口空气湿度 x_1 为 0.02，出口空气湿度 x_2 为 0.098，室温为 20 ℃，物料进料温度为 20 ℃，干燥塔操作压力为 101 kPa，塔外保温层壁厚为 0.2 m，保温材料为水玻璃珍珠岩，喷嘴孔直径为 0.027 m，喷嘴出口雾层射流速度为 41.8 m/s，喷雾用压缩空气流量为 70 m^3/h，喷雾用压缩空气密度为 2.5 kg/m^3，水的密度取 1000 kg/m^3，计算干燥塔尺寸 (塔高 H、塔径 D) 及所需空气量。

解：将已知条件的物性参数输入计算机，程序中 VL、LM、DT、TD、A 和 S 分别表示公式中的 v、λ、ΔT_m、τ_D、α 和 A，RO 表示密度 ρ，TY 为被干燥物料的性质标志，TY=1 时计算含有可溶性固体的物料，否则计算含有不可溶性固体的物料，计算机程序框图见图 4-2。运行程序 (附录Ⅲ-4-2) 解得：

干燥塔塔径：$D=1.5552$ m

干燥塔塔高：$H=2.0954$ m

所需空气量：$L=4081.6327$ m^3/h

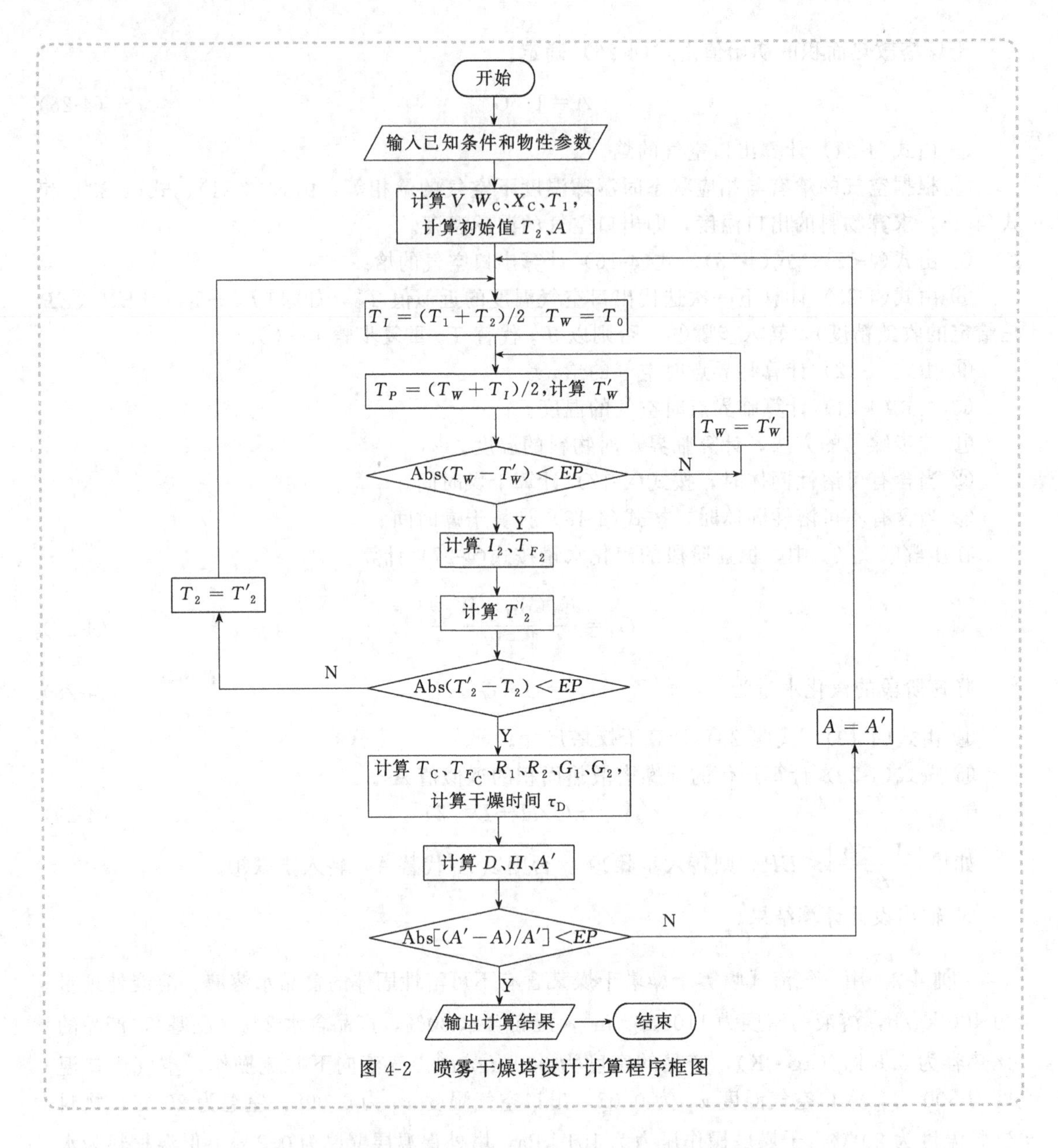

图 4-2　喷雾干燥塔设计计算程序框图

4.3　工艺流程设计软件 SuperPro Designer

4.3.1　软件简介

SuperPro Designer(http://www.intelligen.com）是适用于化学工程、制药工程、生物工程和环境工程的大型工艺流程设计软件，本章介绍其 9.0 版。该软件具有如下功能，可对所研发的工艺过程进行设计、优化和模拟。

① 整个工艺过程的物料及能量衡算。

② 设备尺寸设计。

③ 间歇式操作过程的进度安排。

④ 经济分析和环境评估。

⑤ 产量及瓶颈分析。

4.3.2 SuperPro Designer 的启动及工作界面

在开始菜单的程序项中单击 SuperPro Designer 9.0 或双击桌面快捷图标，即可打开软件。SuperPro Designer 工作界面如图 4-3 所示。

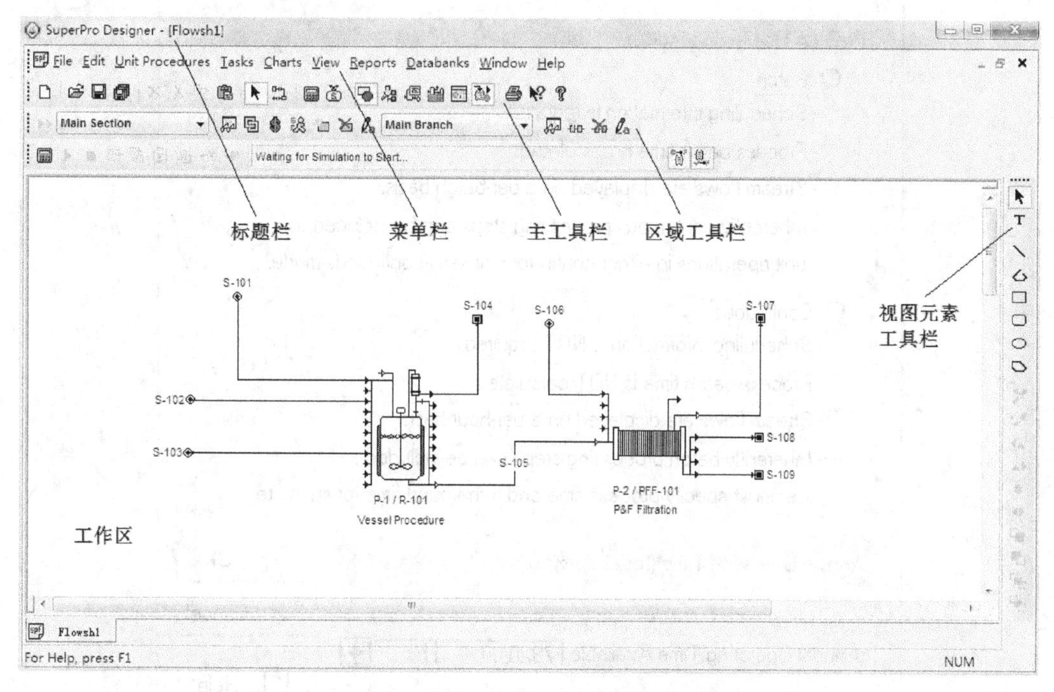

图 4-3 SuperPro Designer 的工作界面

SuperPro Designer 的工作界面包括标题栏、菜单栏、主工具栏、区域工具栏、视图元素工具栏、工作区。其中菜单栏包括 10 个下拉式菜单：File（文件）、Edit（编辑）、Unit Procedures（单元程序）、Tasks（工作）、Charts（图表）、View（视窗）、Reports（报告）、Databanks（数据库）、Window（窗口）、Help（帮助）。

4.3.3 SuperPro Designer 的流程设计步骤

① 对流程进行初始化，如确立操作方式、注册化合物和混合物等。

② 从 Unit Procedures（单元程序）菜单中选择所需的单元构造流程，然后转换到 Connect Mode（连接模式）中，画出流程线连接各单元。

③ 添加搅拌、加热、反应等操作到每个单元上。

④ 对流程进行模拟分析，如解决物料和能量衡算、执行经济估算、产生流程报告等。

下面以物质 A、B 在溶剂庚烷（heptane）中反应生成产物 C（使用反应器和板框过滤机）为例，介绍流程的设计过程。

4.3.4 流程的初始化

(1) 操作方式的确定

当开启一个新的工艺流程图时，会弹出 Process Operation Mode 对话框（图 4-4）。在对话框中可以设置该流程的操作方式（间歇式或连续式）以及每年的操作时间。所使用的操作方式也可以用 Tasks 菜单中的 Set Mode of Operation 命令进行更改。

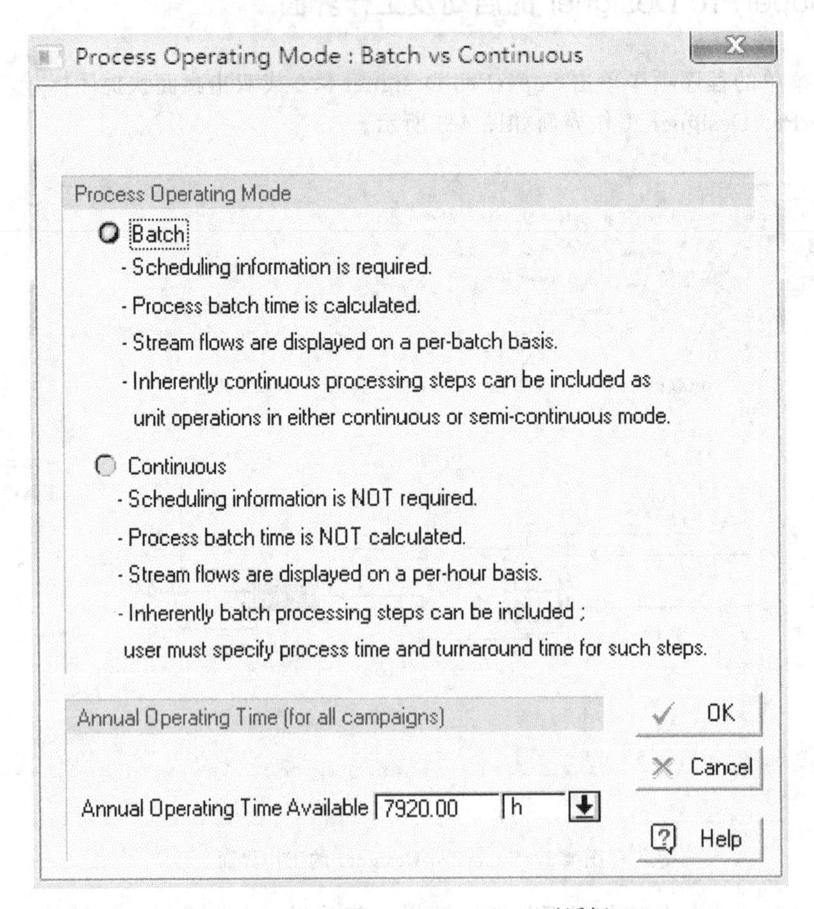

图 4-4　Process Operation Mode 对话框

(2) 确立物理单位

SuperPro Designer 提供了各种不同的单位制，可用 Edit 菜单中的 Process Options：Physical Units Options 命令对默认的物理单位进行修改。

(3) 注册化合物及混合物

所有在设计中使用到的化合物和混合物都必须要详细指明。选择 Tasks 菜单中的 Pure Components：Register，Edit/View Properties 命令，将打开 Register/Edit Pure Components 对话框（图 4-5）。作为缺省项，氮气、氧气和水已被注册到列表中。如果要添加一个化合物如庚烷（heptane），只需在对话框左侧的化合物数据库列表中选中 heptane（或者在列表上端输入栏中输入 heptane），然后单击 Register 按钮即可。

如果在化合物数据库列表中没有找到所需的化合物，则可以使用“New…”按钮打开 New Component Definition 对话框（图 4-6）进行添加。在对话框中，可以填入化合物名称、CAS 登录号、商品名等。例如创建 A、B、C 三个新化合物。

添加完化合物后还可以对化合物的性质进行编辑。先在列表中选中 A，然后点击“Properties…”按钮，在 Pure Component Properties 对话框（图 4-7）中可设置化合物 A 的分子量（M_W）为 150，购买价格为 $10/kg 等，最后单击“OK”确定。同理将化合物 B、

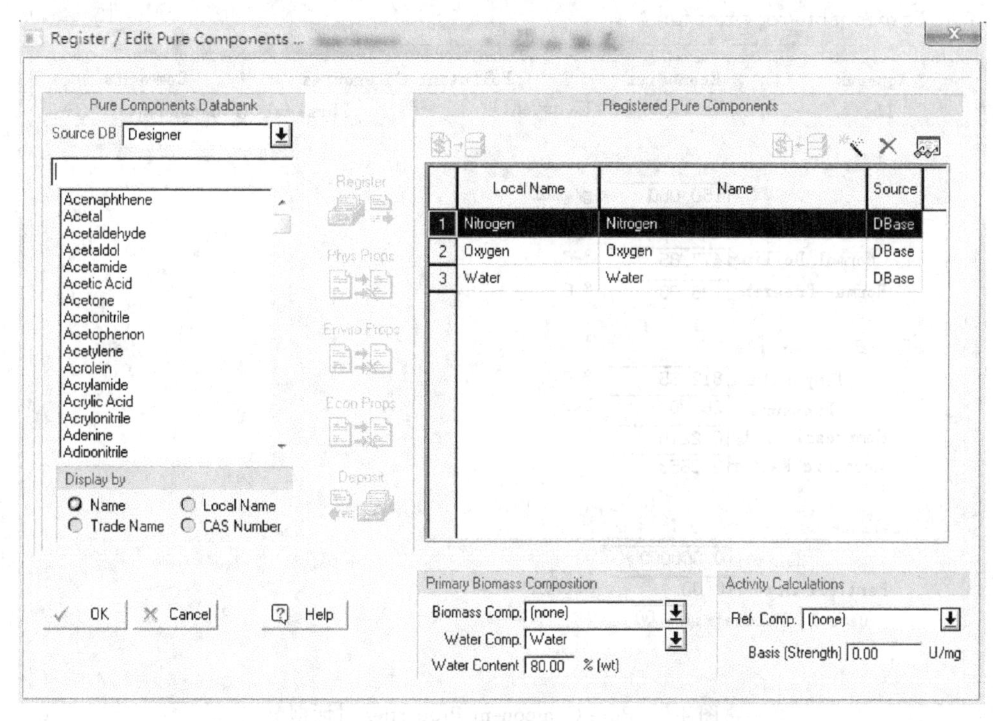

图 4-5　Register/Edit Pure Components 对话框

New Component Definition

Name A (unique)

CAS Number 06-3578-21 (unique)

Trade Name A (unique)

Local Name A (unique)

Formula

Company ID 13578

Source for Default Property Values

Component Name Water

Location

In Database Designer　List of Registered Compone

OK　Cancel　Help

图 4-6　New Component Definition 对话框

C 的分子量分别定为 25 和 175，购买价格分别为 $ 15/kg 和 $ 200/kg。这样即完成了化合物的注册和流程的初始化。

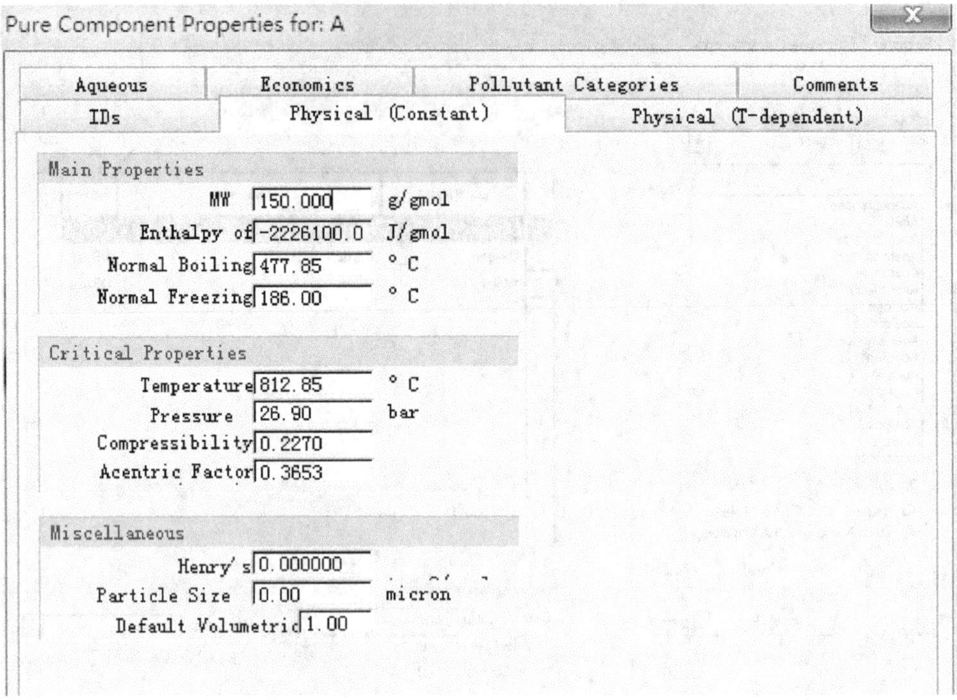

图 4-7 Pure Component Properties 对话框

4.3.5 创建流程图

(1) 添加单元

在 Unit Procedures 菜单中选择单元，例如选择 Batch Vessel Procedure：in a Reactor，此时鼠标光标变为 add step，在工作区适当位置点击鼠标，则添加一个反应器。同理在 Unit Procedures 菜单中选择 Filtration：Plate and Frame Filtration 命令，在工作区点击后又添加一板框过滤机，如图 4-8 所示。

(2) 编辑单元

① 移动单元　通过鼠标点击或在选择模式下拖拉出矩形框选中所需移动的单元，然后拖动对象到新的位置。若单元对象带有流程线，则拖动时与之相连的整个流程都将随之移动。

② 删除单元　先选择单元对象，再使用 Edit 菜单中的 Clear 命令即可将该对象删除。

③ 剪切/复制和粘贴单元　SuperPro Designer 允许用户采用 Edit 菜单中的 Cut/Copy 和 Paste 命令将所选择的单元对象通过剪贴板粘贴到其它流程中。

(3) 添加流程线

在工具栏中点击 Connect Mode 命令按钮( )，光标变为 add stream，提示进入连接模式。流程线共分为三类。

① 输入流程线　在工作区空白处点击确定流程线起点，再将鼠标移至目标单元合适的入口处，此时光标变为 ，点击鼠标后结束连接。SuperPro Designer 将自动标出流程线符号和标记。

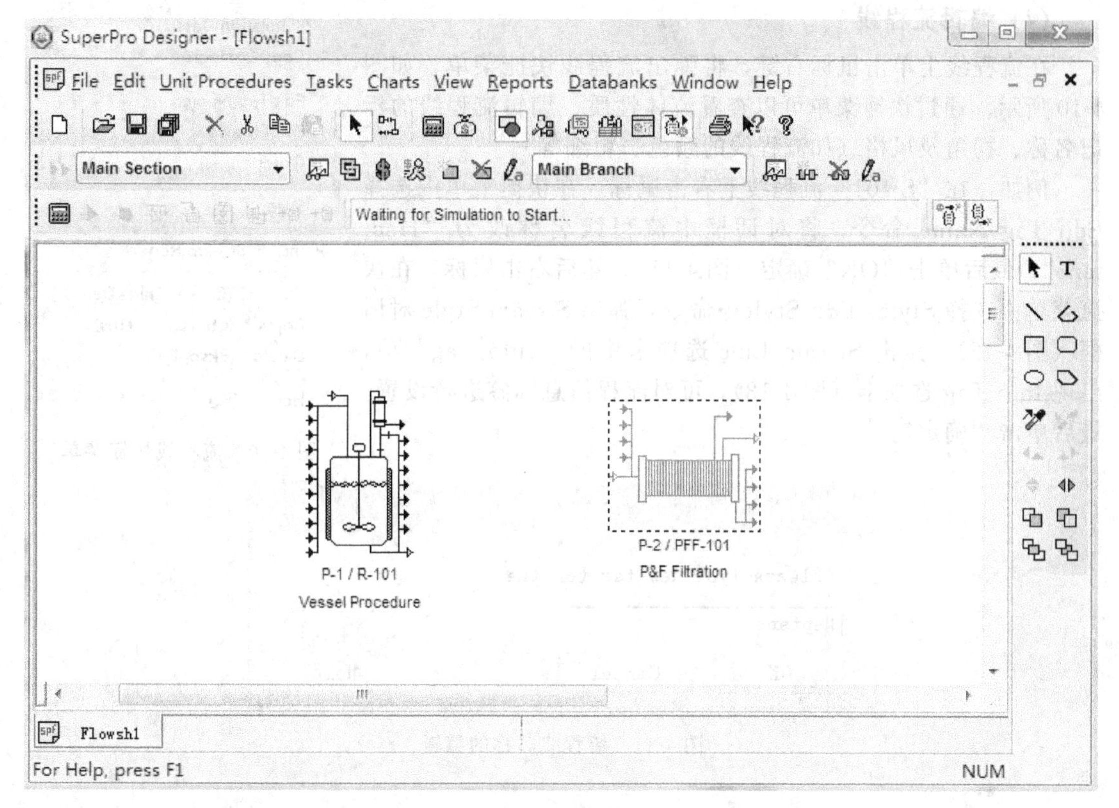

图 4-8 添加单元

② 中间连接流程线 在两个目标单元的出口和入口处分别点击即可。注意：在出入口处光标变为↖⇄后进行点击，连接才为有效。

③ 输出流程线 先在目标单元的出口处单击，然后在合适位置双击鼠标结束画流程线。

许多操作单元具有各种复杂的进出口，如板框过滤机有料液入口、洗涤液入口、滤液出口、滤渣出口等。具体情况可选择对象后按 F1 键或打开 Help 菜单进行参考。图 4-8 添加流程线后如图 4-9 所示。

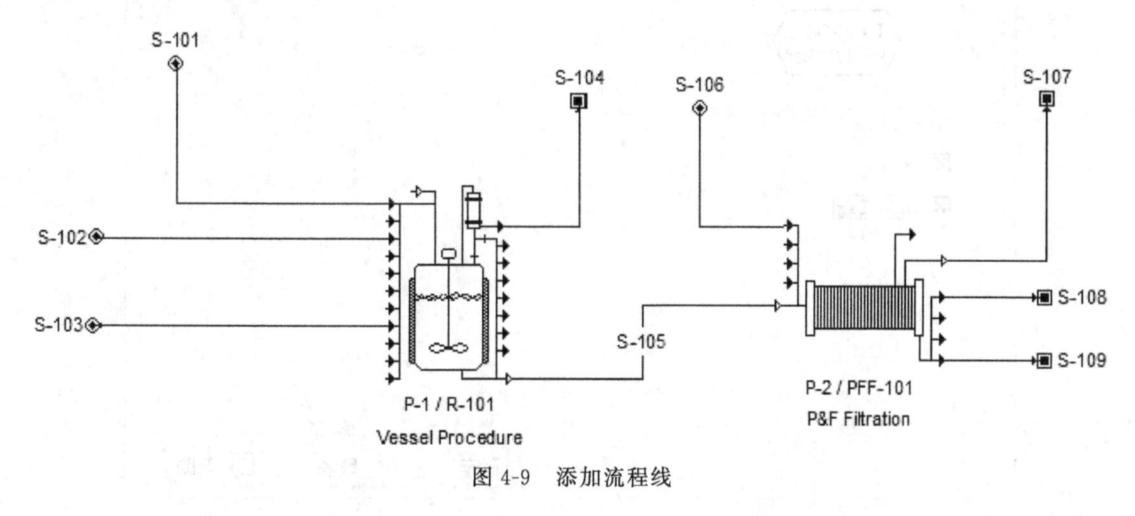

图 4-9 添加流程线

(4) 编辑流程线

在流程线上单击鼠标右键，将弹出流程线快捷菜单，如图 4-10 所示。通过快捷菜单可以查看流体性质、编辑流程线的标记名称、拐角及风格（如流程线的颜色、粗细等）。

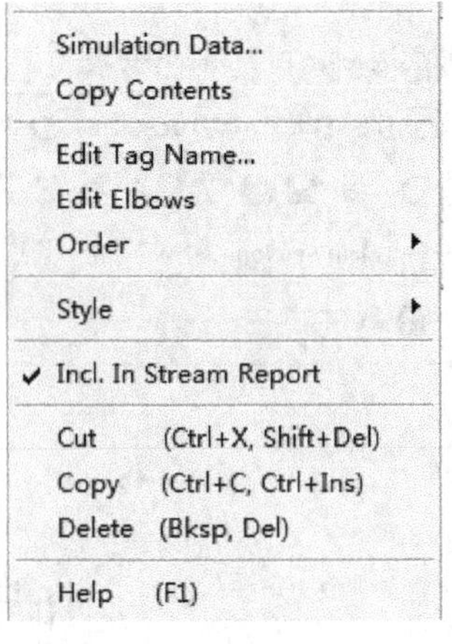

图 4-10 流程线快捷菜单

例如，在“S-101”流程线上右击鼠标，在快捷菜单中选择 Edit Tag Name 命令，将对话框中流程线名称改为“Heptane”，最后单击“OK”确定（图 4-11）。然后右击鼠标，在快捷菜单中选择 Style：Edit Style…命令，弹出 Stream Style 对话框（图 4-12），点击 Stream Line 选项卡中的“Info Tag”项，出现 Info Tag 选项卡（图 4-13），可对流程信息标签进行设置，最后单击“确定”。

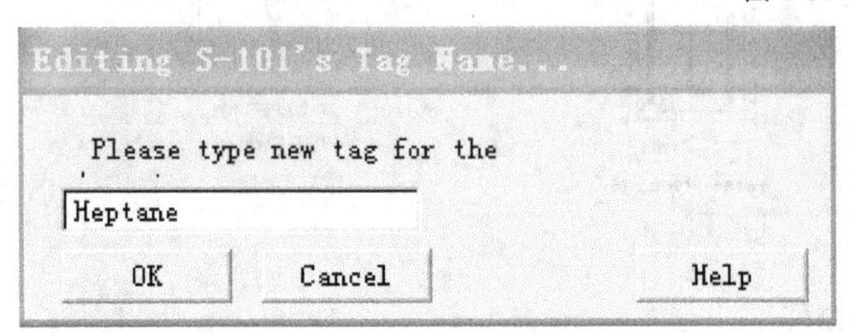

图 4-11 流程线名称的编辑

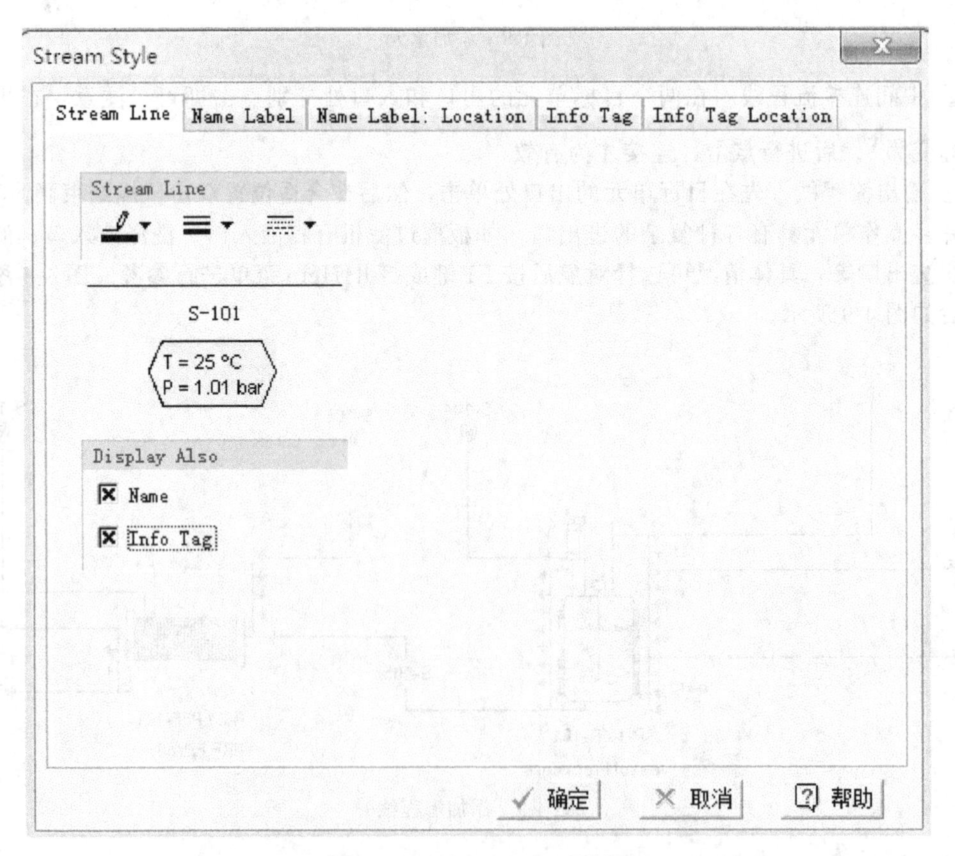

图 4-12 Stream Style 对话框

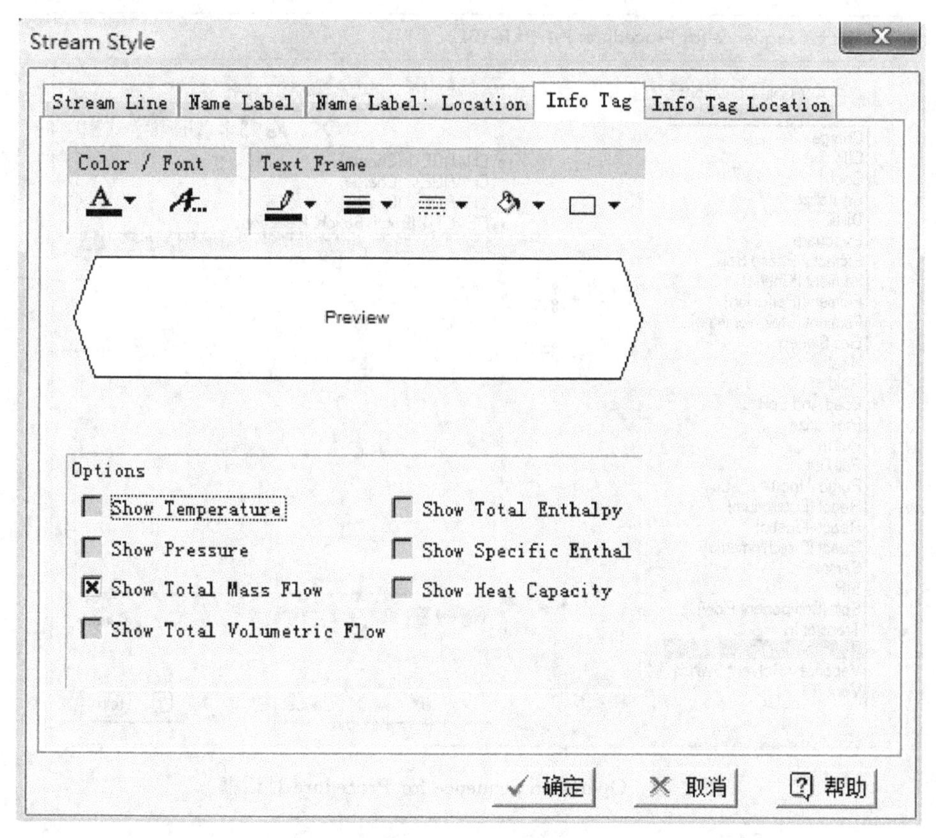

图 4-13 Info Tag 选项卡

4.3.6 添加操作

(1) 操作的添加

对每个单元要添加与之关联的各种操作。添加的方式有两种：

① 用鼠标左键双击单元对象。

② 用鼠标右键单击单元对象，在弹出的快捷菜单中选择 Add/Remove Operations 命令。

两种方式均会弹出 Operation Sequence for Procedure 对话框。在对话框左边列表中双击所需操作即可完成添加。也可以单击所需操作，再点击“Add”或“Insert”按钮进行添加。(点击“Add”，将使添加的新操作排在右边 Operation Sequence 列表的最末端；点击“Insert”，将使添加的新操作排在列表中所选当前操作的前面。）本例中对反应器添加了 Charge（装料）、React（反应）、Transfer-out（移出）等操作，如图 4-14 所示。

如果添加错误，可在右边列表中选中该操作，然后点击“Delete”按钮进行删除。还可以对所选的操作点击“Rename”按钮进行重命名，如将 Charge-1 重命名为 Charge Heptane。

(2) 操作的初始化

添加完操作后要对单元的每项操作进行初始化。在单元对象上右击鼠标，将弹出如图 4-15 所示的单元快捷菜单。

单元快捷菜单中各项含义如下：

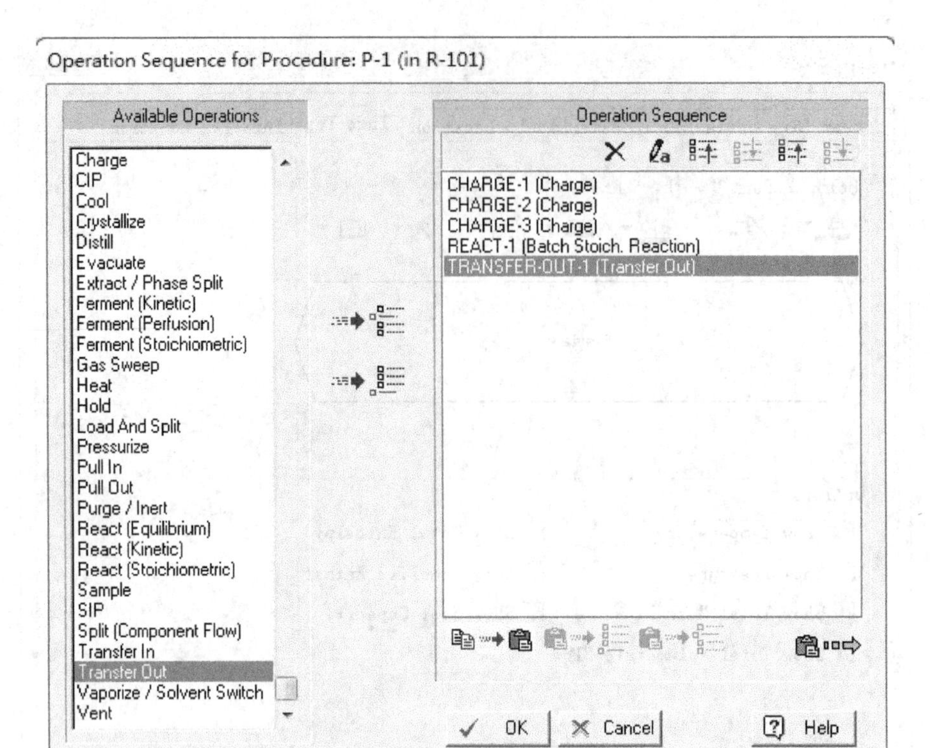

图 4-14　Operation Sequence for Procedure 对话框

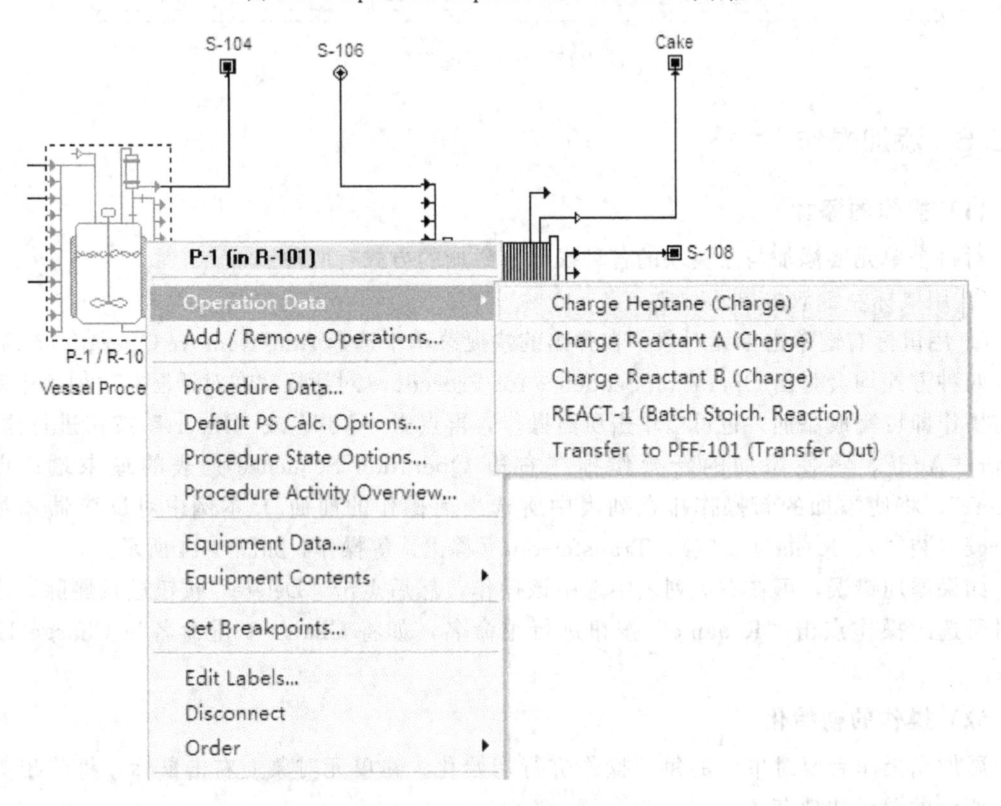

图 4-15　单元快捷菜单

① Operation Data（操作数据）：可查看和修改单元各操作的模拟参数。

② Add / Remove Operations…（添加/移除操作）：可添加新操作，删除和重命名已存在的操作。

③ Procedure Data（程序数据）：可查看和设置进程分析数据。

④ Equipment Data…（设备数据）：可选择设备样式，设置设备尺寸、购买价格等参数。

⑤ Set Breakpoints…（设置间断点）：可在物料和能量衡算过程中设置暂停。

⑥ Edit Labels…（编辑标记）：可改变单元和设备的名称。

⑦ Disconnect（断开连接）：删除与单元相连的所有流程线。

⑧ Order…（顺序）：可以调整单元对象与其他对象之间的前后位置关系。

本例中在快捷菜单中选择 Operation Data：Charge Heptane（Charge）将打开 Charge Heptane（Charge）的操作条件对话框（图 4-16）。

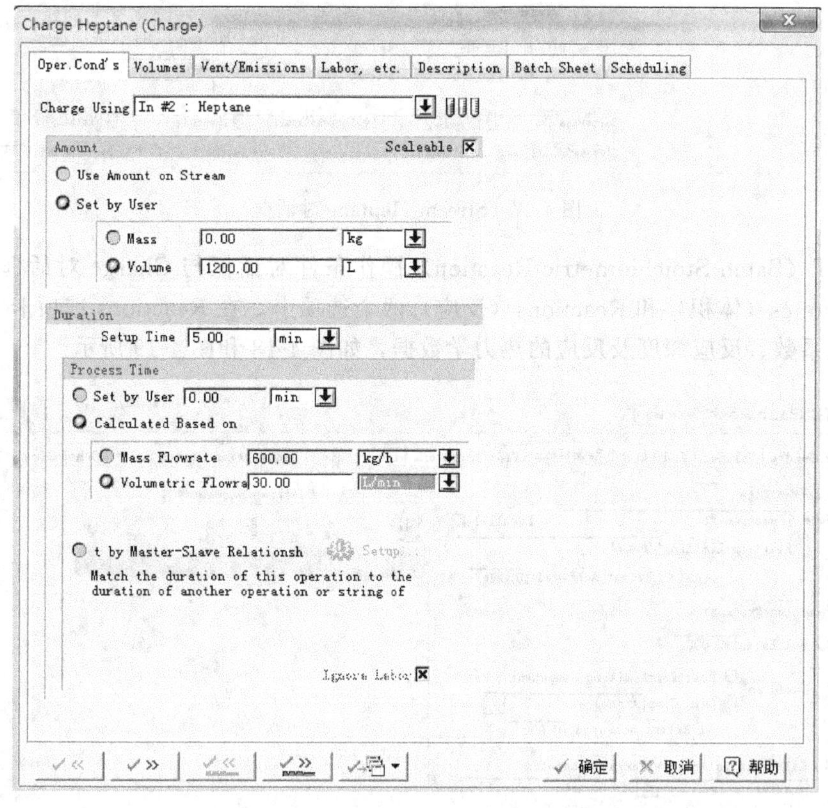

图 4-16　Charge Heptane（Charge）的操作条件对话框

在对话框中可以设置操作的条件、排放数据、劳动力安排和进程等。在对话框 Oper. Cond' s 选项卡中首先要在 Charge Using 输入栏中确定装料来源（如 Heptane），然后点击“Edit Amount…”按钮，打开 Stream Heptane 对话框对该输入流程进行设置（图 4-17）。设置完毕后，点击“OK”返回到图 4-16 操作条件对话框中，在 Duration 选项区将 Setup Time（计划时间）和 Volumetric Flowrate（体积流量）分别设置为 5 min 和 30 L/min，最后点击 ✓» 确定并进入下一个操作。Charge Reactant A 使用 S-102 流程向反应器中输入物质 A 50 kg（流量 20 kg/min），Charge Reactant B 使用 S-103 流程向反应器中输入物质

B 40 kg（流量 20 kg/min）。

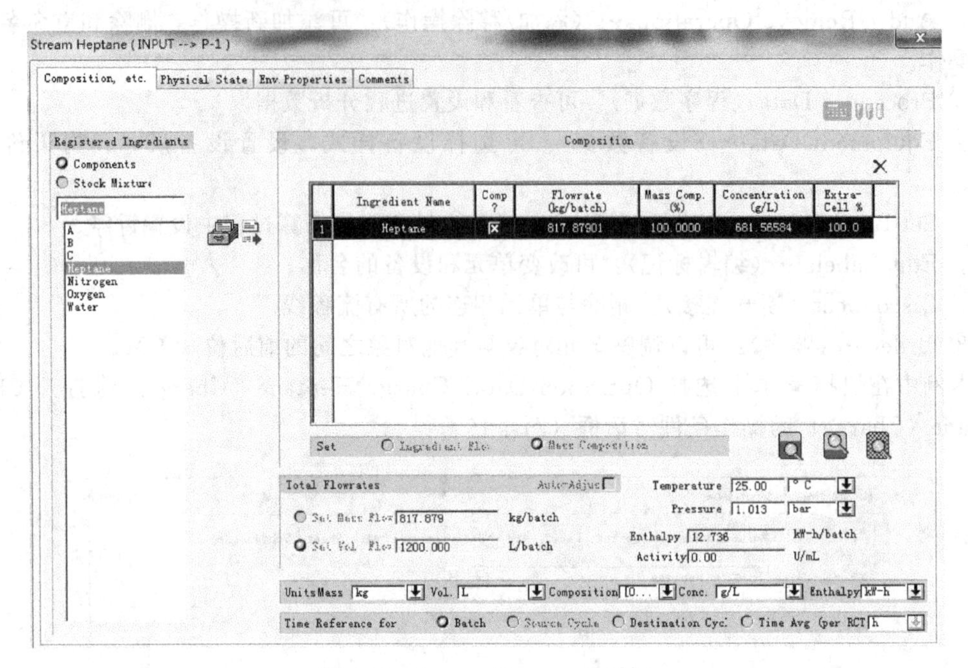

图 4-17　Stream Heptane 对话框

REACT（Batch Stoichiometric Reaction）操作条件对话框与 Charge 对话框有所不同，增加了 Volumes（体积）和 Reactions（反应）两个选项卡。在 Reactions 选项卡中可以设置反应的计量系数、反应深度及反应的热力学数据，如图 4-18 和图 4-19 所示。

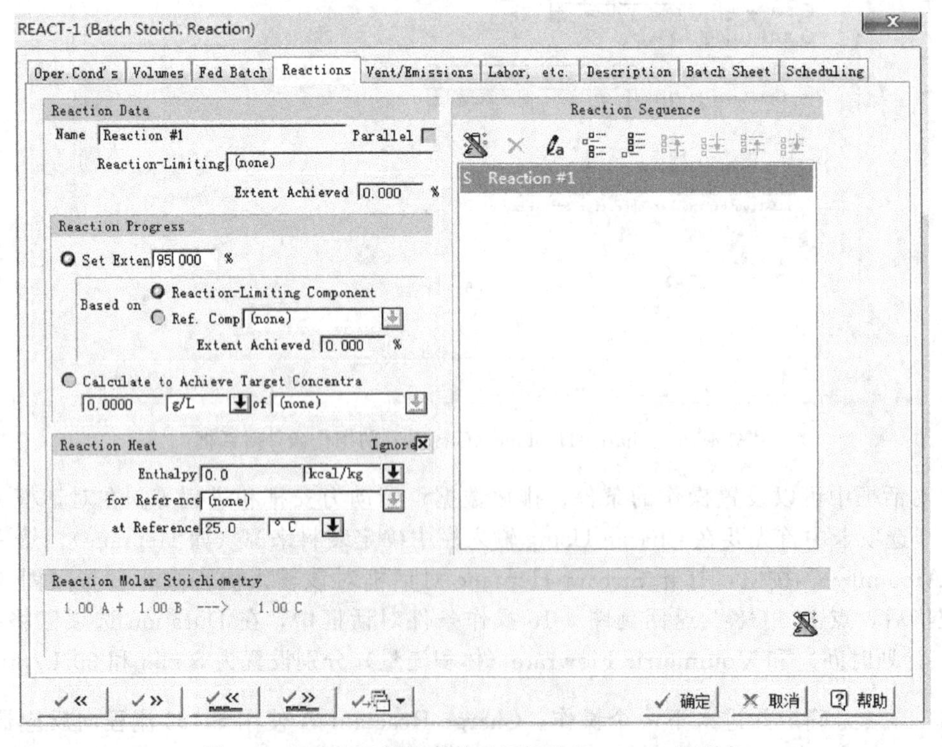

图 4-18　REACT 操作条件对话框的 Reactions 选项卡

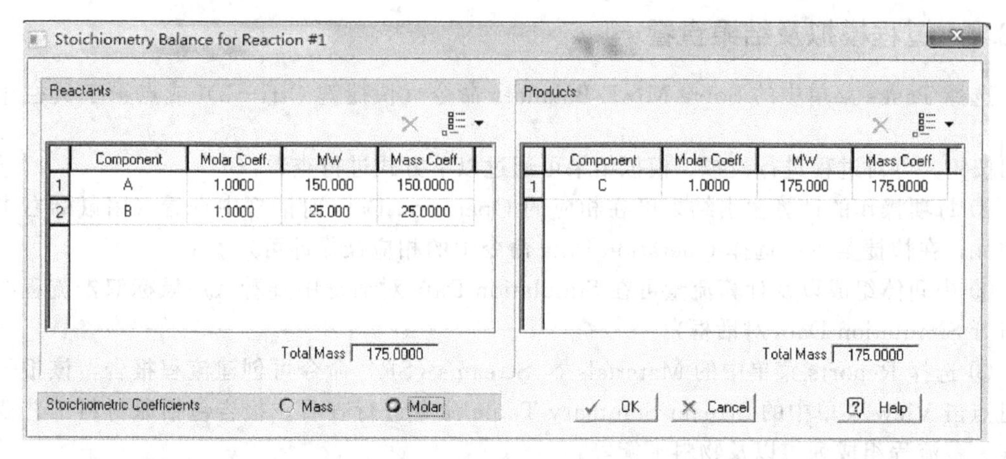

图 4-19　Stoichiometry Balance for Reaction（反应计量系数配平）选项卡

按上述步骤同样可以对板框过滤机的 FILTER（过滤）操作进行初始化设置，如图 4-20 所示。（本例中假设产物 C 不溶于溶剂庚烷，而反应物 A、B 则完全溶解。）

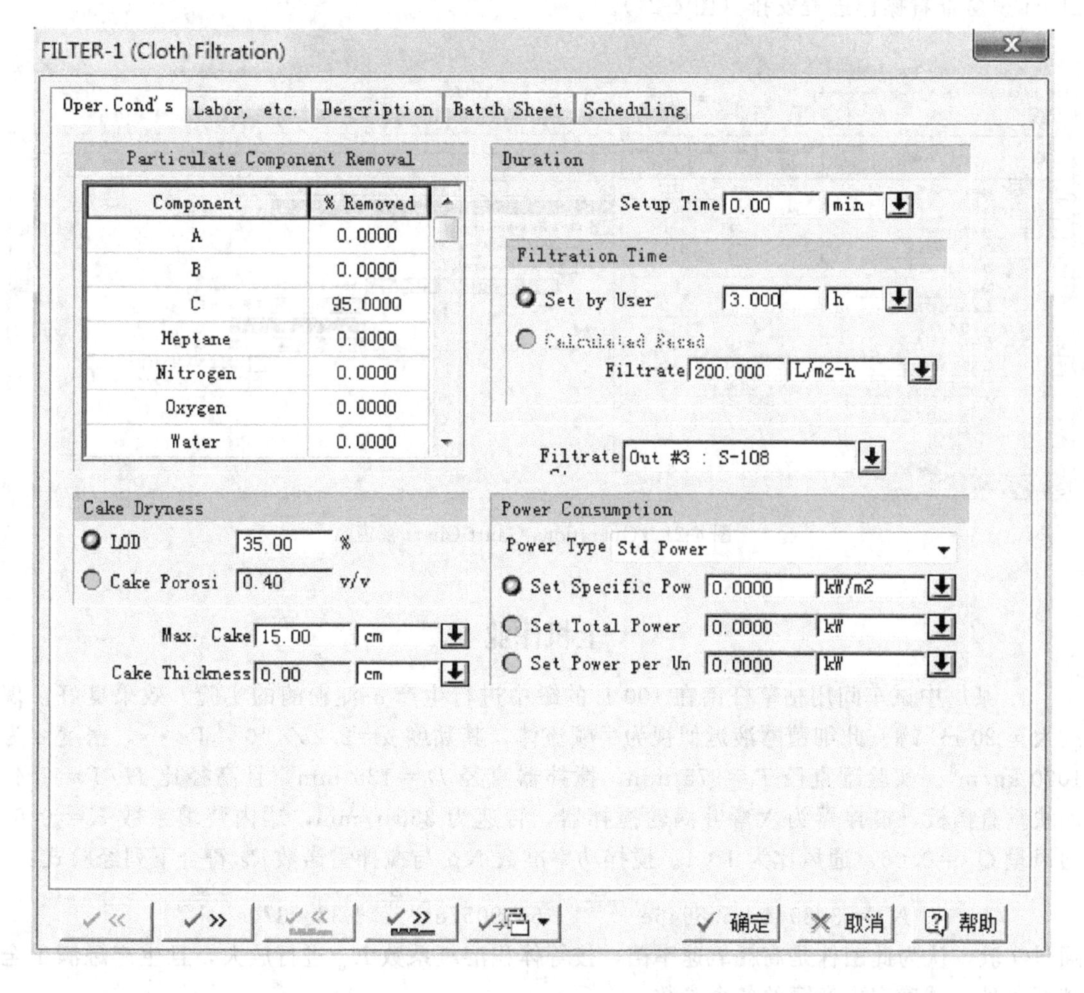

图 4-20　FILTER 操作条件对话框

4.3.7 过程模拟及结果查看

选择 Tasks 菜单中的 Solve M&E Balances 命令（快捷键 Ctrl+3）或点击工具栏中的按钮，可对过程进行模拟。模拟结果可通过以下方式进行查看：

① 每项操作的计算输出结果可在相应的 Operation Data 对话框中查看（用鼠标右击所选单元，在快捷菜单中选择 Operation Data 命令中的相应操作即可）。

② 中间体组成以及计算流量可在 Simulation Data 对话框中查看（用鼠标双击流程线即可打开 Simulation Data 对话框）。

③ 选择 Reports 菜单中的 Materials & Streams (SR) 命令可创建流程报告，该报告可通过点击 View 菜单中的 Stream Summary Table 命令进行查看。报告包括原材料工艺要求列表、各流程组成列表以及物料平衡等。

④ 在单元快捷菜单中选择 Equipment Data 和 Equipment Contents 命令可查看设备尺寸及设备相关内容。

⑤ 选择 Charts 菜单中的 Gantt Charts：Operations GC 命令可打开 Operations Gantt Chart 视窗查看操作进程安排（图 4-21）。

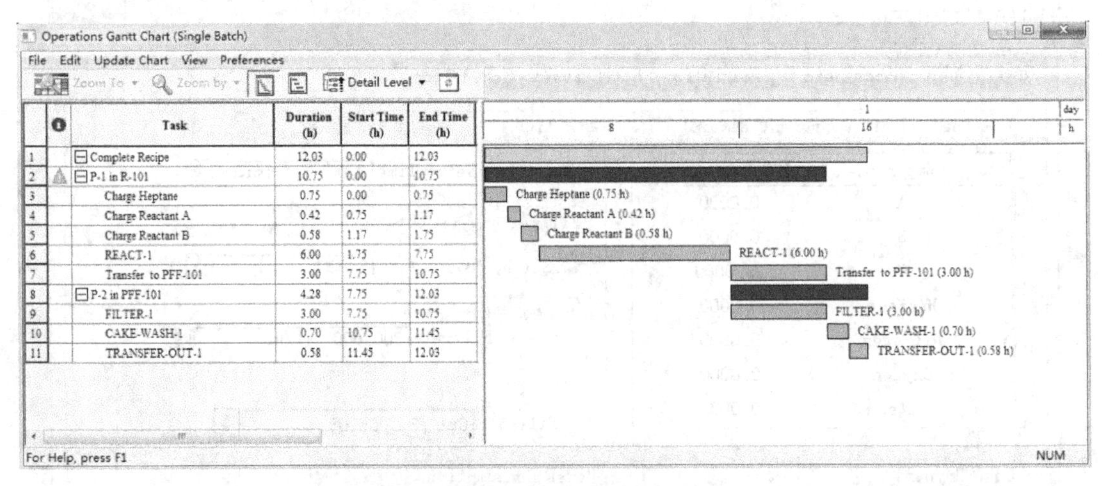

图 4-21 Operations Gantt Chart 视窗

上机作业

1. 某厂中试车间用枯草杆菌在 100 L 的罐中进行生产 α-淀粉酶的实验，效果良好。现放大至 20 m^3 罐。此细菌醪液近似视为牛顿流体，其黏度 $\mu=2.25\times10^{-3}$ Pa·s，密度 ρ 为 1020 kg/m^3。实验罐直径 $T=375$ mm，搅拌器直径 $D=125$ mm，且高径比 $H/T=2.4$，四块垂直挡板，搅拌器为六弯叶涡轮搅拌器，转速为 350 r/min，罐内装填系数 $K=0.6$，通风量 $Q_L=0.06$，通风比为 1∶1。搅拌功率准数 Np 与搅拌雷诺数 Re 符合下列经验式：

$$Np=3.8944+5.8946e^{-\frac{Re}{12.1144}}+61.9057e^{-\frac{Re}{1.2728}}+32.0374e^{-\frac{Re}{2.6886}}$$

通过实验，认为此菌株是高耗氧速率菌，按等体积溶氧系数 K_d 进行放大，且生产罐满足全挡板条件，试确定生产罐的各个参数。

2. 设计 β-半乳糖苷酶的生产工艺流程。

附：*β*-半乳糖苷酶的生产工艺流程图

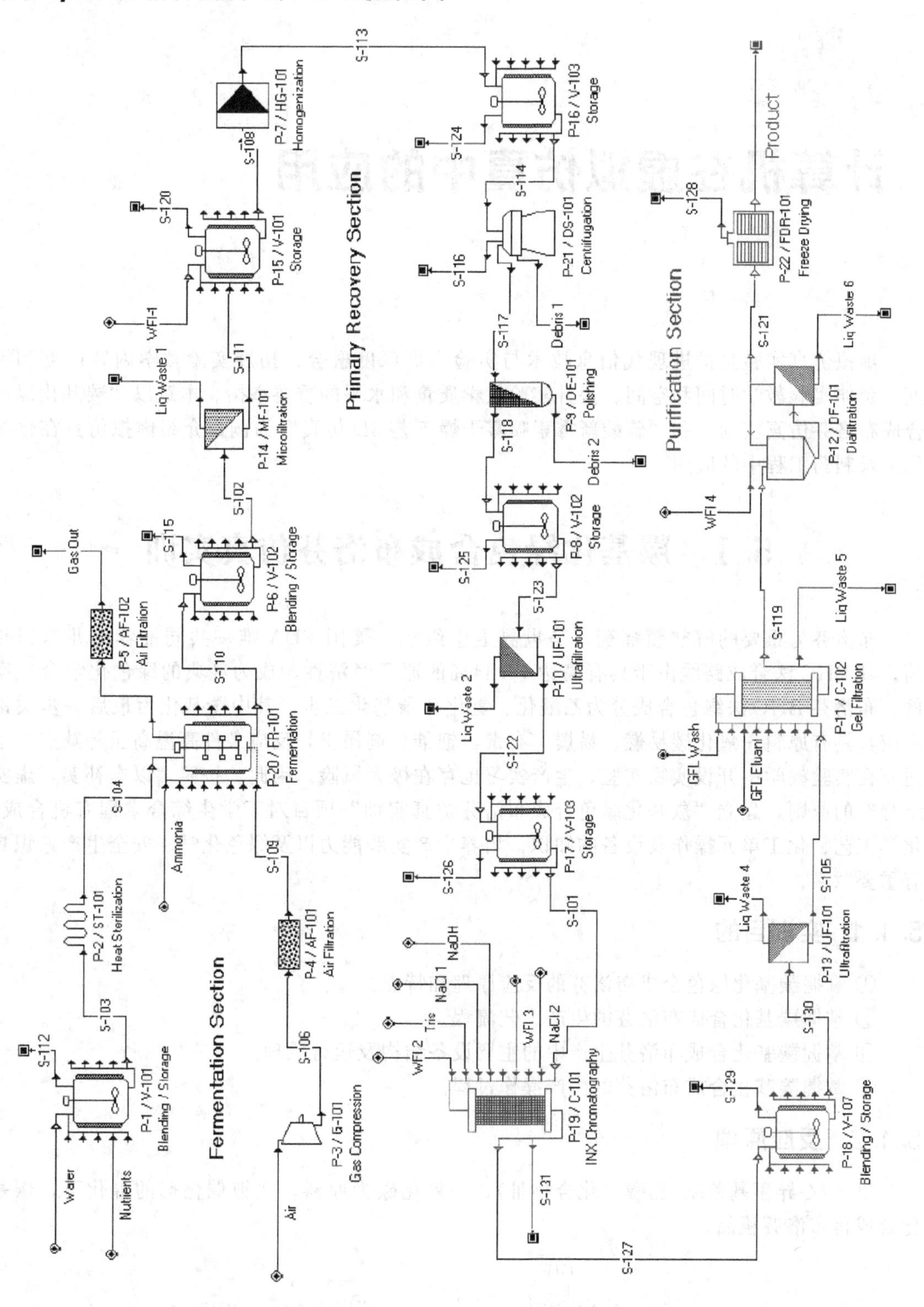

第5章 计算机在虚拟仿真中的应用

虚拟仿真实验是推进现代信息技术与实验实训深度融合、拓展实验教学内容广度和深度、延伸实验教学时间和空间、提升实验教学质量和水平的重要举措。本章以“羰基化绿色合成布洛芬仿真实训”和“硫酸新霉素喷雾干燥工艺3D仿真”为例，介绍虚拟仿真在化学化工及制药工程中的应用。

5.1 羰基化绿色合成布洛芬仿真实训

布洛芬为重要的解热镇痛药，是世界卫生组织、美国FDA唯一共同推荐的儿童退热药。其BHC法合成路线由于具有高达77.44%的原子经济性，成为经典的绿色化学合成案例。布洛芬BHC法绿色合成分为乙酰化、氢化和羰基化三步，其中羰基化为最后一步关键反应，具有原料一氧化碳易燃、易爆、有毒，钯催化剂昂贵，反应条件高温高压等缺点，不适宜在实验教学中开设实物实验，生产实习也存在极大风险。因此，按照“以虚补实，虚实结合”的原则，建立“羰基化绿色合成布洛芬仿真实训”项目对于学生综合掌握有机合成、化学工艺、化工单元操作及设备的知识，培养生产实践能力以及绿色化学、安全生产意识具有重要意义。

5.1.1 实训目的

① 掌握羰基化绿色合成布洛芬的反应原理和特点。

② 掌握羰基化合成布洛芬的生产工艺流程。

③ 掌握羰基化合成布洛芬生产中的主要设备结构及运行原理。

④ 掌握羰基化合成布洛芬的生产操作过程。

5.1.2 反应原理

以1-(4-异丁基苯基)乙醇（化合物Ⅲ）、一氧化碳为原料，在钯催化剂的催化下，羰基化合成得布洛芬粗品。

OH　CH_3　CH_3　H_3C　Ⅲ　$\xrightarrow[\text{Pd 催化剂}]{CO}$　CH_3　COOH　CH_3　H_3C　布洛芬

5.1.3 工艺流程

羰基化合成布洛芬的工艺流程如图 5-1 所示。

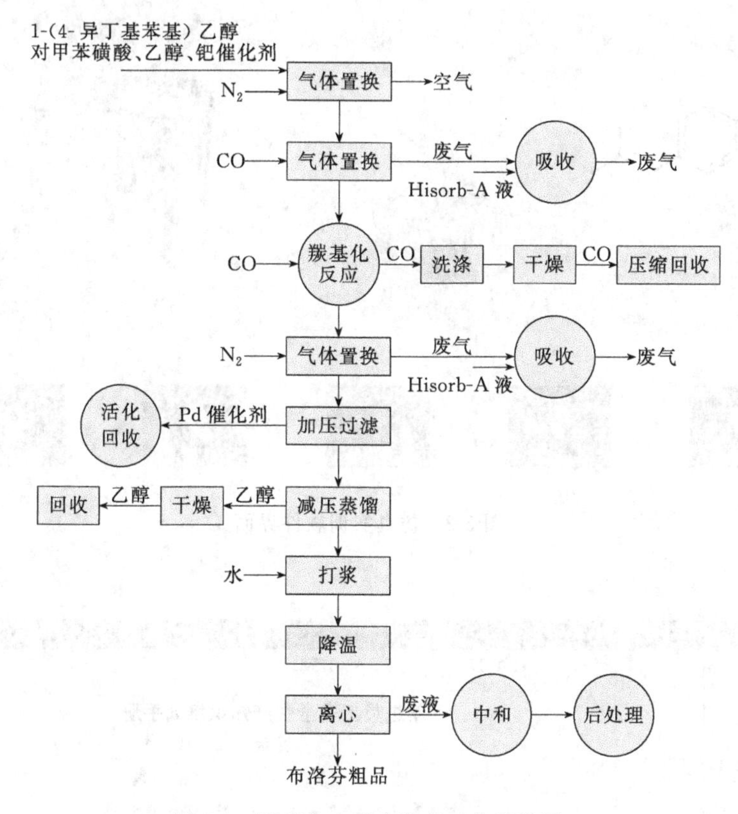

图 5-1　羰基化合成布洛芬工艺流程图

5.1.4 操作环境

主频 CPU：i5 及以上版本

显卡：独显 2GB 及以上

内存：8 GB 及以上

操作系统：Win7 以上 64 位

浏览器：火狐或谷歌浏览器 64 位

网址：http：//210.42.41.181[1]

5.1.5 实训内容

仿真实训软件界面内容包括安全教育、认知实习、生产操作、在线考试、系统管理五个模块（图 5-2）。其中安全教育模块有安全标识、防护用品、规章制度和消防用具（图 5-3）；认知实习模块包括工艺流程和设备认知（图 5-4）；生产操作模块分为变工况模拟和标准操作（图 5-5），而标准操作又包括学习模式和考核模式。

[1] 试用账号与密码请与本书主编联系。

图 5-2　仿真实训软件界面

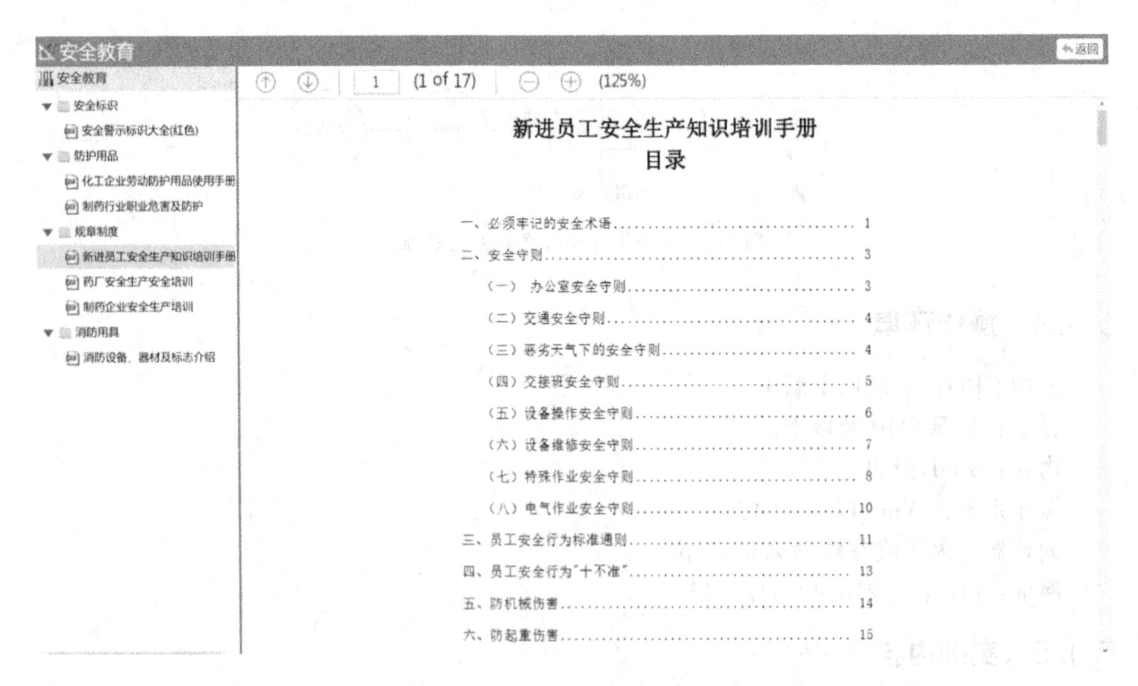

图 5-3　安全教育界面

5.1.6　操作方法

通过键盘 W、A、S、D 键进行相应的前、左、后、右方向的移动操作；Tab 可进行第一人称与第三人称切换；点击鼠标左键可进行触发操作；按住鼠标右键，上、下、左、右拖动，可进行视角的修正。

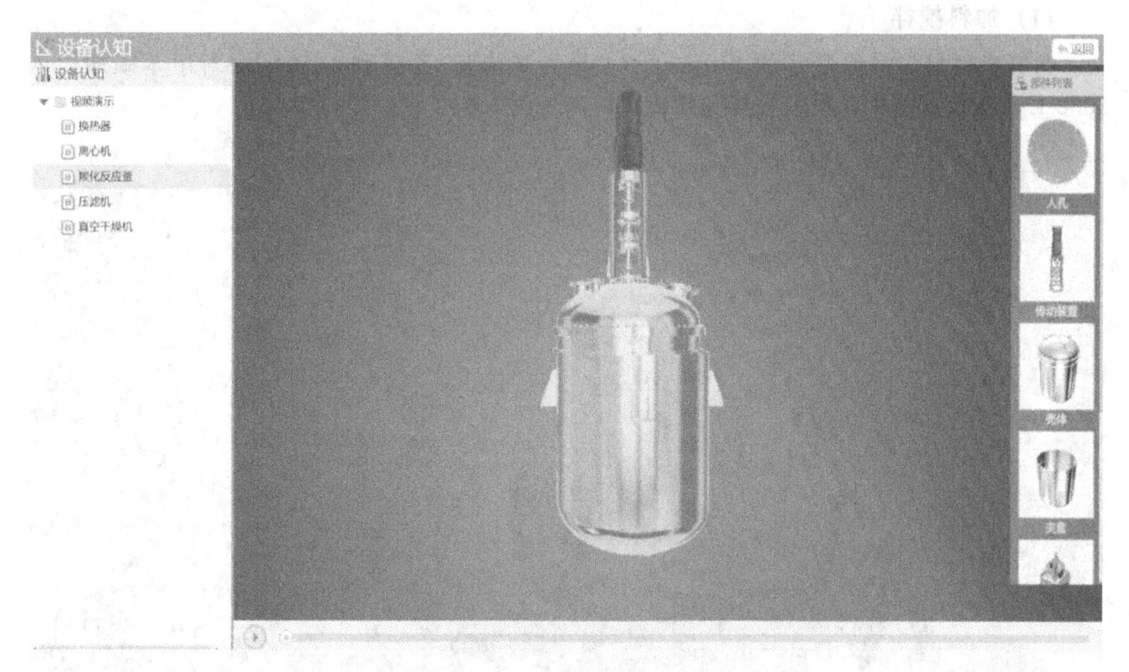

图 5-4　设备认知界面

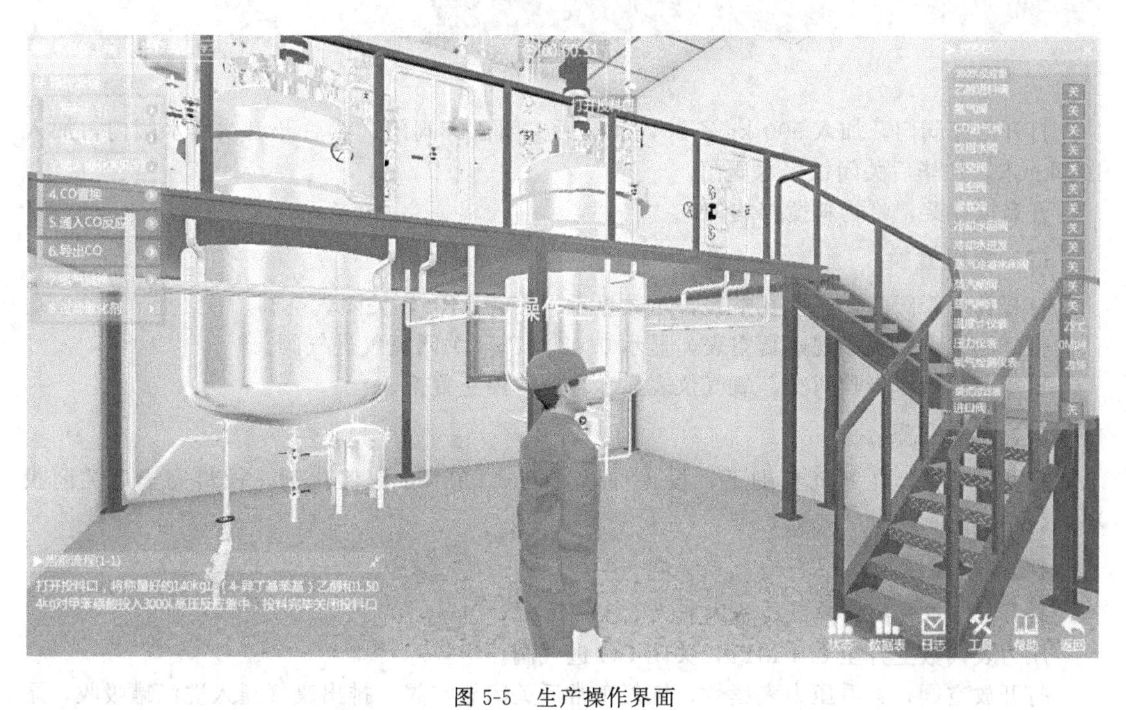

图 5-5　生产操作界面

5.1.7　操作流程

仿真操作包含加料搅拌、氮气置换、加催化剂、CO 置换、通 CO 反应等 8 个工序 23 个步骤。

(1) 加料搅拌

打开投料口，将称量好的 140 kg 1-(4-异丁基苯基)乙醇和 1.504 kg 对甲苯磺酸投入 3000 L 高压反应釜中，投料完毕关闭投料口，见图 5-6。

图 5-6 投料操作界面

打开乙醇阀门，加入 900 kg 乙醇，加毕后关闭乙醇阀门；然后开启饮用水阀门，加入 100 kg 水，加毕后关闭饮用水阀门。

开启搅拌桨，将物料搅拌均匀。

(2) 氮气置换

打开真空管阀门，观察真空表，示数显示－0.06 MPa，关闭真空阀。

打开氮气进气阀，观察真空表，显示 0.08 MPa，关闭氮气进气阀。

重复上述操作步骤两次，氧气仪表显示合格，停止置换。

(3) 加催化剂

打开投料口，在氮气氛围下，投入称量好的 0.093 kg 钯催化剂，投料完毕后关闭投料口。

(4) CO 置换

打开 CO 进气阀，向反应釜内通入 CO 气体。

压力表读数上升至 0.4 MPa，关闭 CO 进气阀。

打开放空阀，查看压力表读数，恢复正常后关闭放空阀，排出废气通入洗涤罐吸收，尾气经检测合格后高空排放，重复上述操作步骤两次。

(5) 通 CO 反应

依次打开冷凝水出口阀门和蒸汽进口阀门，向反应釜夹套内通入蒸汽，控制高压反应釜中温度为 130 ℃。

打开 CO 进气阀，向反应釜内通入 CO。

观察压力表，读数上升至 15 MPa，关闭 CO 进气阀。

待压力降至 13 MPa，继续打开 CO 进气阀，通入 CO 气体，直到压力上升至 15 MPa，关闭 CO 进气阀，持续反应 0.5 h。

(6) 导出 CO

依次关闭蒸汽进口阀门和冷凝水出口阀门，夹套内停止蒸汽加热。

依次打开冷却水出口阀门和进口阀门，向反应釜夹套内通入冷却水降温。

观察温度表，待温度降至常温后，打开放空阀，缓缓导出 CO，待压力恢复常压后关闭放空阀。

(7) 氮气置换

打开氮气进气阀，观察真空表，显示 0.08 MPa，关闭氮气进气阀。

打开放空阀，查看压力表读数，恢复正常后关闭放空阀，排出废气通入洗涤罐吸收，经检测合格后高空排放，重复上述操作步骤两次。

(8) 过滤催化剂

依次打开袋式过滤器入口阀门、罐底阀、氮气阀，物料通过袋式过滤器过滤，得到的固体活化回收，得到的滤液通过管道导入 3000 L 蒸馏釜中。

5.1.8 成绩评定

仿真操作结束后，软件会自动产生考核报告（图 5-7），对学员操作成绩进行评分。

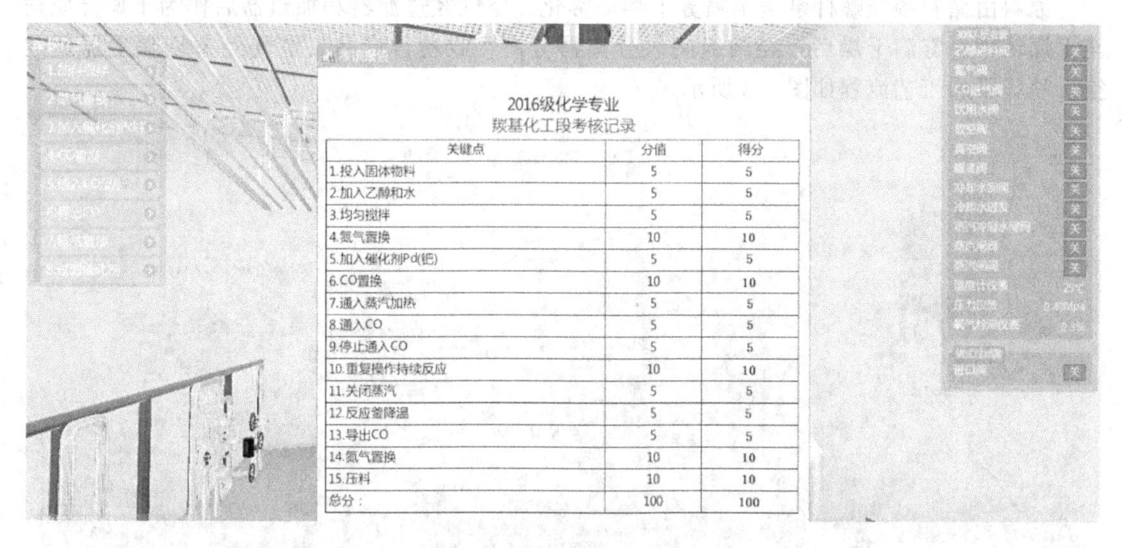

2016级化学专业
羰基化工段考核记录

关键点	分值	得分
1.投入固体物料	5	5
2.加入乙醇和水	5	5
3.均匀搅拌	5	5
4.氮气置换	10	10
5.加入催化剂Pd(钯)	5	5
6.CO置换	10	10
7.通入蒸汽加热	5	5
8.通入CO	5	5
9.停止通入CO	5	5
10.重复操作持续反应	10	10
11.关闭蒸汽	5	5
12.反应釜降温	5	5
13.导出CO	5	5
14.氮气置换	10	10
15.压料	10	10
总分：	100	100

图 5-7 仿真操作考核报告

5.2 硫酸新霉素喷雾干燥工艺 3D 仿真

硫酸新霉素为氨基糖苷类抗生素，是治疗畜禽细菌肠炎的首选药物之一，我国企业在全球市场占有率超过 80%，采用发酵工艺生产，喷雾干燥为分离精制工序关键的最后一步。喷雾干燥所需的干燥时间极短，特别适合于热敏性药品、食品等物料的干燥。该工段涉及高温气体、粉尘、复杂操作控制系统及车间洁净度要求，不适宜在实验教学中开设实物实验，生产实习也存在极大风险。因此，建立“硫酸新霉素喷雾干燥工艺3D仿真”项目对于综合掌握生物分离工程、化工单元操作及设备的知识，培养生产实践能力以及安全生产意识具有重要意义。

5.2.1 实验目的

① 掌握喷雾干燥的原理和特点。
② 掌握硫酸新霉素喷雾干燥生产工艺流程。
③ 掌握硫酸新霉素喷雾干燥工艺中的主要设备结构及运行原理。
④ 掌握硫酸新霉素喷雾干燥生产操作过程。

5.2.2 实验原理

喷雾干燥是将稀料液通过雾化器喷洒成细小的雾滴，雾滴分散于干燥介质（如热空气）中，使湿分迅速蒸发而进行的湿热交换过程。由于雾滴直径通常很小，液体具有很大的蒸发表面，因此所需的干燥时间极短，特别适合于热敏性药品、食品等的干燥。

喷雾干燥可分为四个阶段：料液雾化成雾滴；雾滴与热空气接触（混合和流动）；雾滴干燥（溶剂蒸发）；干燥产品与空气分离。其中最主要的是液滴的雾化及与空气的接触和干燥过程，干燥的工艺参数控制将直接影响干燥效果和干燥产品的质量。

5.2.3 工艺流程

原料由储料罐经螺杆泵送至喷雾干燥塔雾化，空气经过滤器和加热器后作为干燥介质送至干燥塔中。雾滴干燥后，经两级旋风分离器分离，收粉得产品，尾气经布袋除尘器后放空。喷雾干燥工艺流程如图5-8所示。

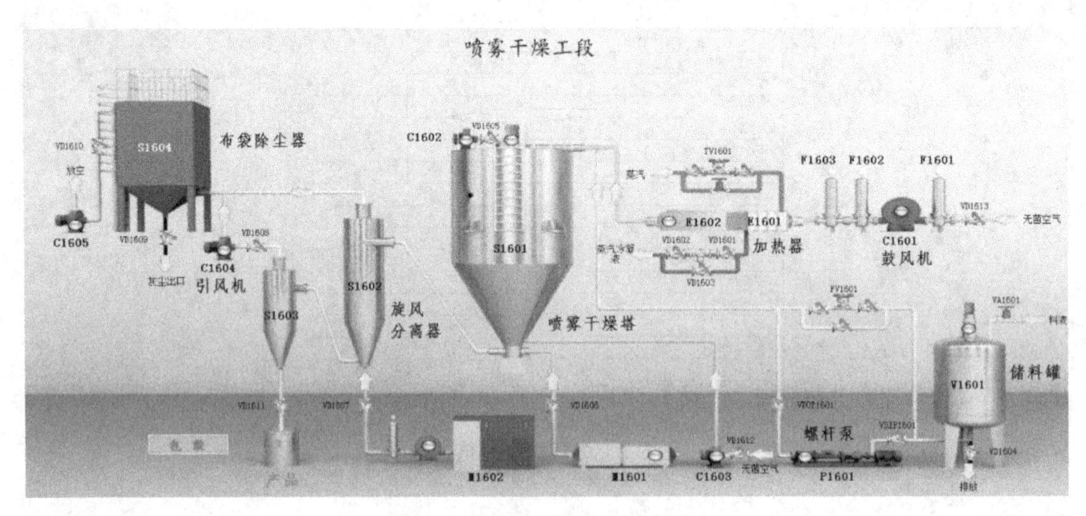

图5-8 喷雾干燥工艺流程图

5.2.4 操作环境

主频CPU：i5及以上版本
显卡：独显2GB及以上
内存：8GB及以上

操作系统：Win7 以上 64 位

浏览器：360、火狐或谷歌浏览器（64 位）（需关闭退出 360 安全卫士）

网址：http://nvse.es-online.com.cn/Project/Detail?id=108741❶

插件：EsstWebPispSetupFull 下载链接 http://www.es-online.com.cn/PublicFile/SimnetClient/EsstWebPispSetupFull.rar

5.2.5 实验内容

在软件页面中（图 5-9），先下载客户端插件，然后点击"启动实验"。开启软件后，可在"培训项目"中进行项目选择（图 5-10）。有"喷雾干燥工段开车""事故一：蒸汽中断""事故二：产品湿含量高"等三个项目可选，默认为"喷雾干燥工段开车"，然后点击"启动项目"。

图 5-9　软件界面

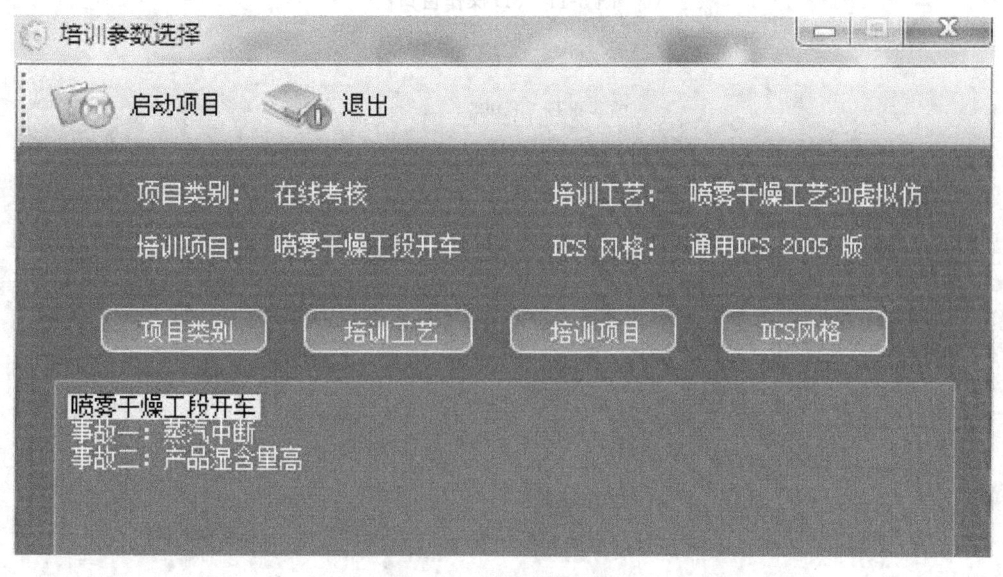

图 5-10　培训项目选择

❶ 试用账号和密码请与本书主编联系。

5.2.6 操作方法

进入项目后，会有3D操作窗口、DCS控制窗口和操作质量评分系统窗口等三个窗口。在3D操作窗口中（图5-11），通过键盘W、A、S、D键进行相应的前、左、后、右方向的移动操作，R键切换移动方式（走和跑）；双击鼠标左键可进行阀门、开关等的触发操作；按住鼠标左键，移动鼠标上、下、左、右拖动，可进行视角的修正；右键点击远处地面某处，角色将瞬移到该位置。在DCS控制窗口中（图5-12），可对工艺参数进行输入和调控，并能实时观测参数趋势曲线。操作质量评分系统窗口（图5-13）将显示每步操作得分。

图5-11　3D操作窗口

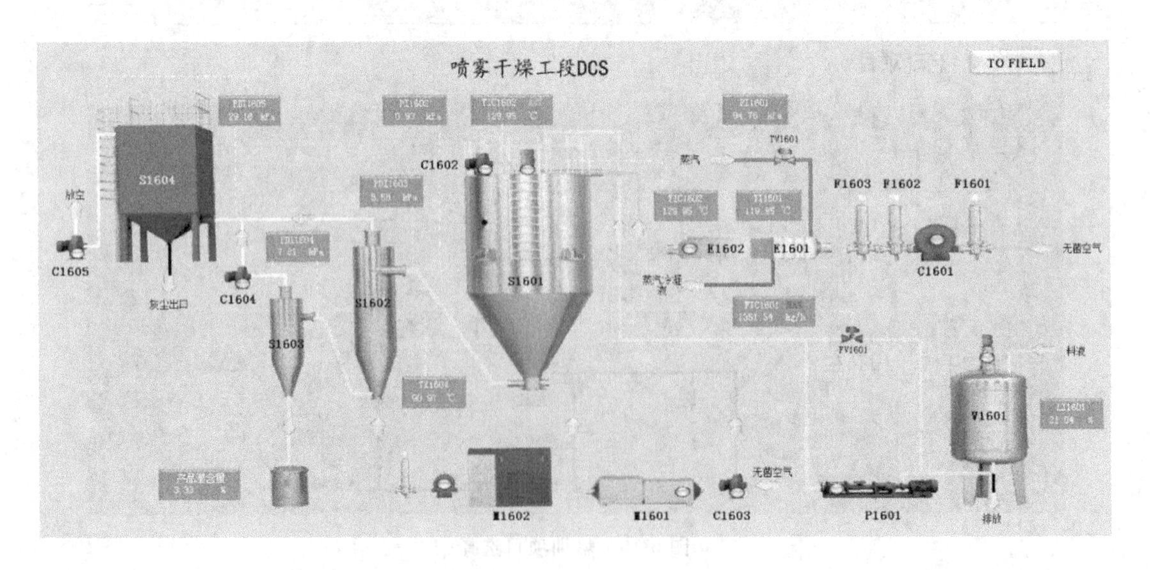

图5-12　DCS控制窗口

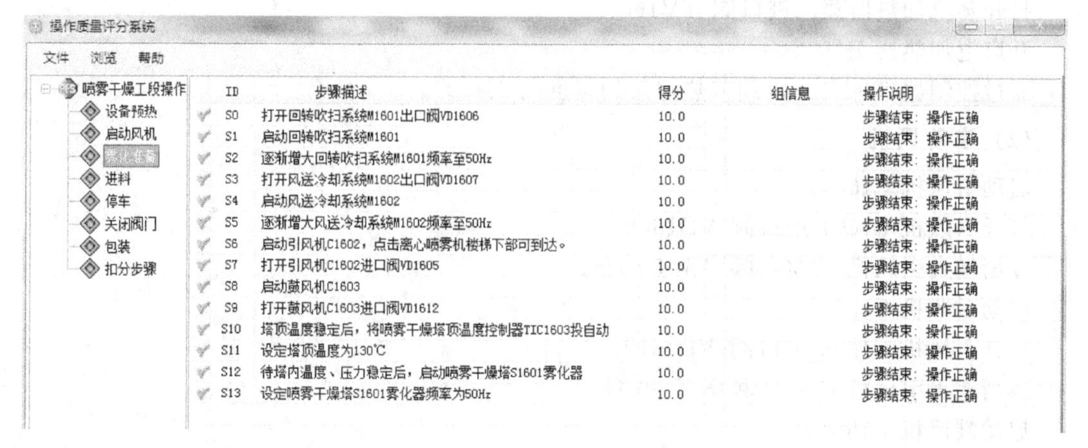

图 5-13 操作质量评分系统窗口

5.2.7 操作流程

“喷雾干燥工段开车”项目包含设备预热、启动风机、雾化准备、进料、停车、关闭阀门、包装 7 个工序 84 个步骤。

(1) 设备预热

打开蒸汽加热器 E1601 蒸汽进口阀 TV1601 前阀 VDITV1601（阀门操作界面见图 5-14）。

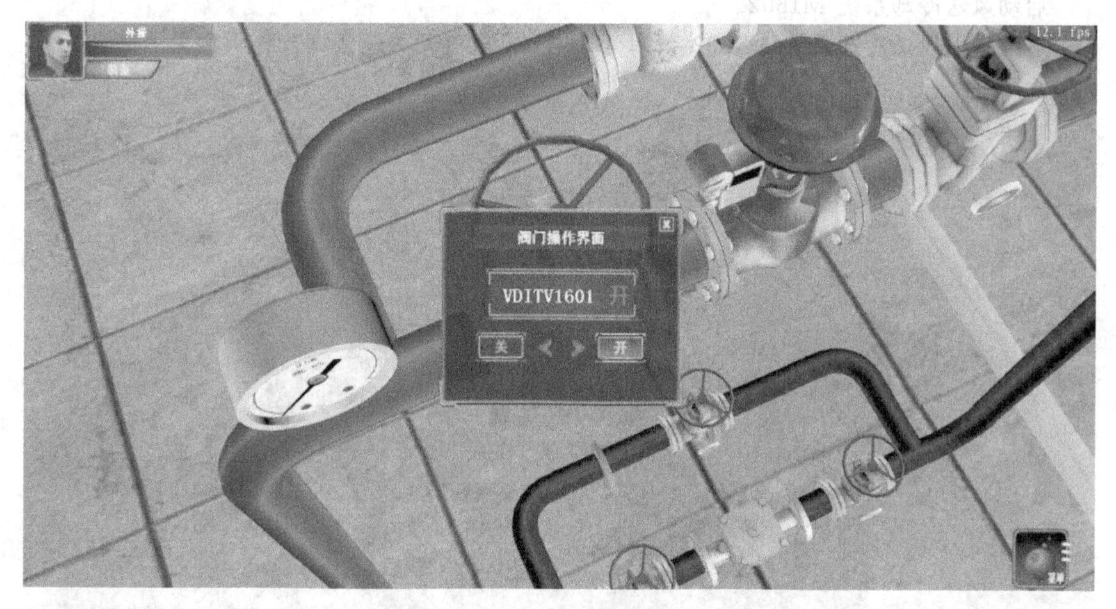

图 5-14 阀门操作界面

打开蒸汽加热器 E1601 蒸汽进口阀 TV1601 后阀 VDOTV1601。

打开蒸汽加热器 E1601 蒸汽凝水管线上的疏水阀前阀 VD1601。

打开蒸汽加热器 E1601 蒸汽凝水管线上的疏水阀后阀 VD1602。

打开疏水器旁路阀 VD1603，排尽加热器内冷凝水。

冷凝水排尽后，关闭阀门 VD1603。

打开蒸汽加热器蒸汽进口阀 TV1601。
开启电加热器 E1602。
通过控制器 TIC1602，调节热空气的温度约 120 ℃。

(2) 启动风机

启动引风机 C1604。
打开引风机 C1604 进口阀 VD1608。
逐渐增大引风机 C1604 频率至 50 Hz。
启动引风机 C1605。
打开引风机 C1605 进口阀 VD1610。
逐渐增大引风机 C1605 频率至 50 Hz。
启动鼓风机 C1601。
打开鼓风机 C1601 进口阀 VD1613。
逐渐增大鼓风机 C1601 频率至 50 Hz。
设备预热 10min 左右，能够达到进风温度 130 ℃。

(3) 雾化准备

打开回转吹扫系统 M1601 出口阀 VD1606。
启动回转吹扫系统 M1601。
逐渐增大回转吹扫系统 M1601 频率至 50 Hz。
打开风送冷却系统 M1602 出口阀 VD1607。
启动风送冷却系统 M1602。
逐渐增大风送冷却系统 M1602 频率至 50 Hz（电机开关及频率操作界面见图 5-15）。

图 5-15 电机开关及频率操作界面

启动引风机 C1602。
打开引风机 C1602 进口阀 VD1605。
启动鼓风机 C1603。

打开鼓风机 C1603 进口阀 VD1612。

塔顶温度稳定后，将喷雾干燥塔顶温度控制器 TIC1603 设自动。

设定塔顶温度为 130 ℃。

待塔内温度、压力稳定后，启动喷雾干燥塔 S1601 雾化器（喷雾塔顶操作界面见图 5-16）。

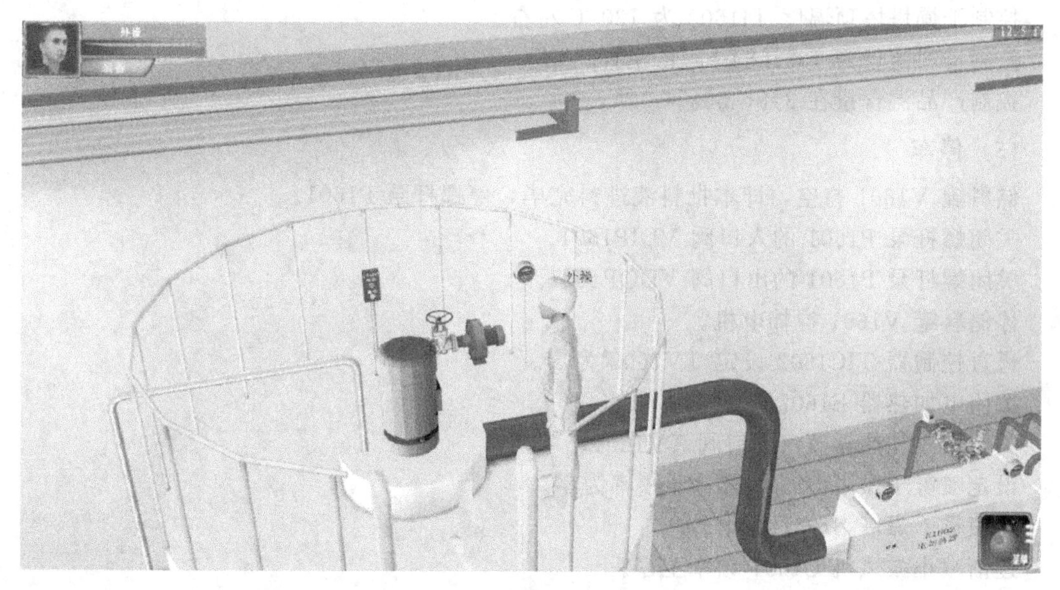

图 5-16　喷雾塔顶操作界面

设定喷雾干燥塔 S1601 雾化器频率为 50 Hz。

(4) 进料

启动储料罐 V1601 搅拌电机，防止物料发生沉淀。

打开螺杆泵 P1601 的入口阀 VDIP1601（螺杆泵及进料阀组见图 5-17）。

图 5-17　螺杆泵及进料阀组

打开螺杆泵 P1601 的出口阀 VDOP1601。
启动螺杆泵 P1601，将物料打进喷雾干燥器。
打开螺杆泵 P1601 回流阀 FV1601 前阀 VDIFV1601。
打开螺杆泵 P1601 回流阀 FV1601 后阀 VDOFV1601。
在收粉间打开旋风分离器 S1603 的出料阀 VD1611。
控制干燥塔塔顶温度 TI1603 为 130 ℃左右。
控制进料流量为 1351.54 kg/h 左右。
控制产品湿含量在 3%～5%。

(5) 停车

储料罐 V1601 打空，即本批料液进料完毕，停螺杆泵 P1601。
关闭螺杆泵 P1601 的入口阀 VDIP1601。
关闭螺杆泵 P1601 的出口阀 VDOP1601。
停储料罐 V1601 搅拌电机。
通过控制器 TIC1602 设定 TV1602 为零。
关闭电加热器 E1602。
关闭蒸汽加热器蒸汽进口阀 TV1601。
设定喷雾干燥塔 S1601 雾化器频率为零。
停喷雾干燥塔 S1601 雾化器。
逐渐减小鼓风机 C1601 频率至零。
关闭鼓风机进口阀 VD1613。
停鼓风机 C1601。
关闭鼓风机 C1603 进口阀 VD1612。
停鼓风机 C1603。
将喷雾干燥塔顶温度控制器 TIC1603 设手动。
通过控制器 TIC1603 设定 TV1603 为零。
关闭引风机 C1602 进口阀 VD1605。
停引风机 C1602。
逐渐减小引风机 C1604 频率至零。
关闭引风机 C1604 进口阀 VD1608。
停引风机 C1604。
逐渐减小引风机 C1605 频率至零。
关闭引风机 C1605 进口阀 VD1610。
停引风机 C1605。
逐渐减小回转吹扫系统 M1601 频率至零。
停回转吹扫系统 M1601。
逐渐减小风送冷却系统 M1602 频率至零。
停风送冷却系统 M1602。

(6) 关闭阀门

关闭初效空气过滤器 F1601 空气进口阀 VD1613。
关闭蒸汽加热器 E1601 蒸汽进口阀 TV1601 前阀 VDITV1601。

关闭蒸汽加热器 E1601 蒸汽进口阀 TV1601 后阀 VDOTV1601。

关闭蒸汽加热器 E1601 蒸汽凝水管线上的疏水阀前阀 VD1601。

关闭蒸汽加热器 E1601 蒸汽凝水管线上的疏水阀后阀 VD1602。

打开疏水器旁路阀 VD1603，排尽加热器内冷凝水。

冷凝水排尽后，关闭阀门 VD1603。

关闭 FV1601 前阀 VDIFV1601。

关闭 FV1601 后阀 VDOFV1601。

关闭回转吹扫系统 M1601 出口阀 VD1606。

关闭风送冷却系统 M1602 出口阀 VD1607。

(7) 包装

在收粉间关闭旋风分离器 S1603 的出料阀 VD1611。

点击“包装”按钮，执行包装操作。

“事故一：蒸汽中断”项目反映的现象为温度降低和产品湿含量升高（可在 DCS 窗口中点击“温度趋势曲线”或“产品湿含量趋势曲线”查看参数变化），处理步骤如下：

通过控制器 TIC1602 调节电加热器 E1602，使热空气的温度保持在约 130 ℃（DCS 参数调控界面如图 5-18 所示）。

关闭蒸汽加热器加热蒸汽进口阀 TV1601。

关闭蒸汽加热器加热蒸汽进口阀 TV1601 前阀 VDITV1601。

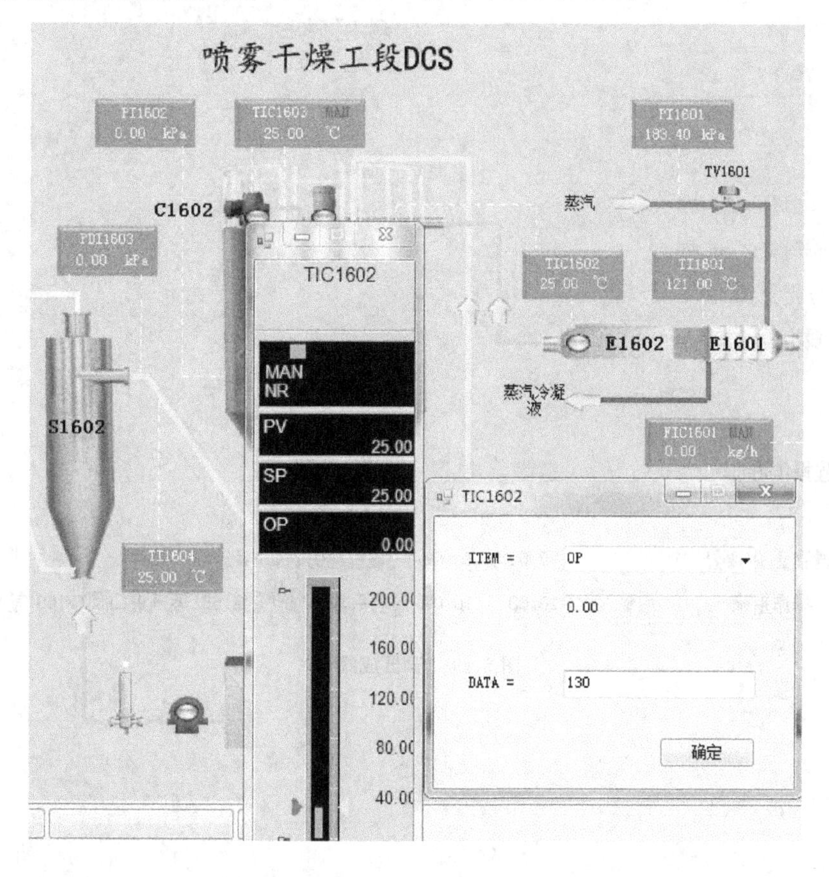

图 5-18　DCS 参数调控界面

关闭蒸汽加热器加热蒸汽进口阀 TV1601 后阀 VDOTV1601。

查找蒸汽中断原因并检修。

“事故二：产品湿含量高”项目反映的现象为产品湿含量高和喷雾干燥塔温度低，处理步骤如下：

适当开大加热蒸汽阀 TV1601，增大加热蒸汽的量；或通过电加热控制器 TIC1602，适当增大电加热量。

控制干燥塔塔顶温度 TI1603 为 130 ℃左右。

调节产品湿含量在 3%～5%。

5.2.8 成绩评定

仿真操作结束后，软件会自动产生成绩单（图 5-19），对学员操作成绩进行评分。

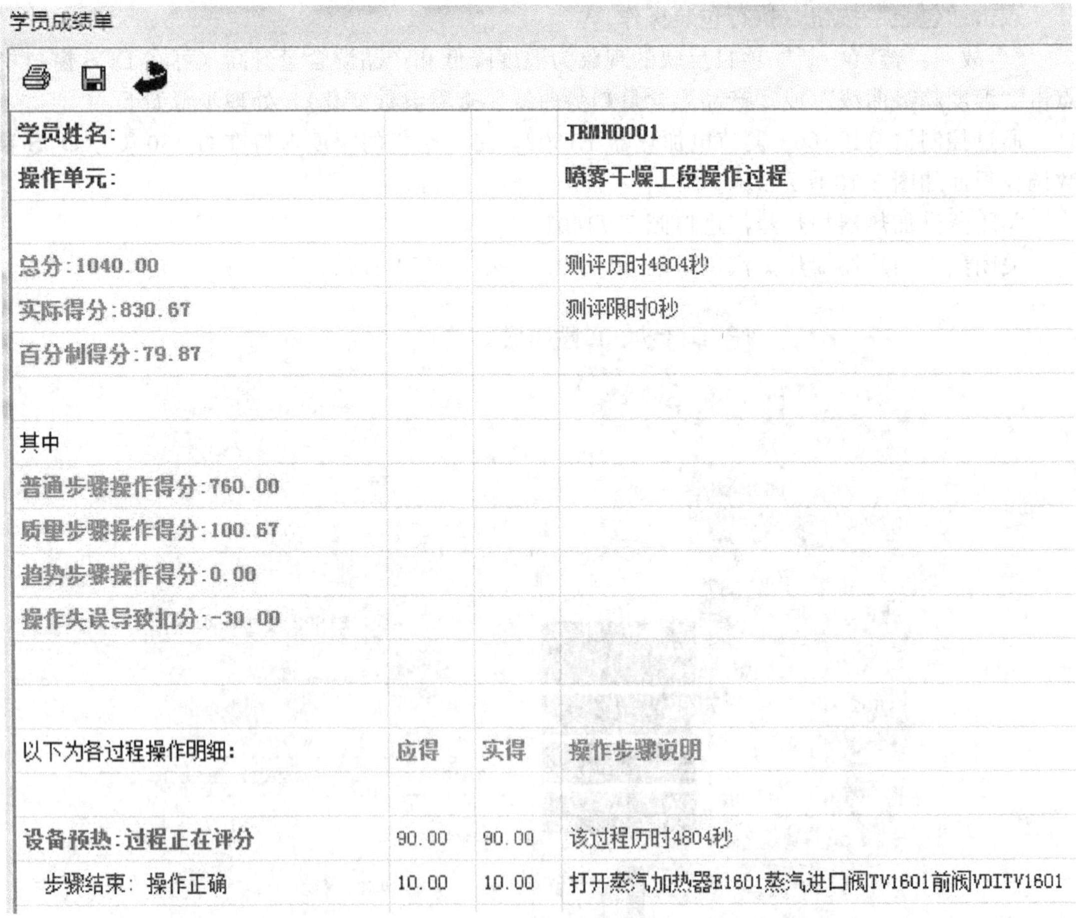

学员成绩单

学员姓名:			JRMH0001
操作单元:			喷雾干燥工段操作过程
总分:1040.00			测评历时4804秒
实际得分:830.67			测评限时0秒
百分制得分:79.87			
其中			
普通步骤操作得分:760.00			
质量步骤操作得分:100.67			
趋势步骤操作得分:0.00			
操作失误导致扣分:-30.00			
以下为各过程操作明细:	应得	实得	操作步骤说明
设备预热:过程正在评分	90.00	90.00	该过程历时4804秒
步骤结束: 操作正确	10.00	10.00	打开蒸汽加热器E1601蒸汽进口阀TV1601前阀VDITV1601

图 5-19 学员成绩单

附　录

附录 I　Visual Basic 6.0 简介

一、Visual Basic 6.0 的开发环境

1. Visual Basic 6.0 窗口介绍

将鼠标指向桌面上的 Visual Basic 6.0 快捷图标并双击；或用鼠标点击“程序”级联菜单中的“Microsoft Visual Basic 6.0…”菜单项，屏幕显示“新建工程”窗口，Visual Basic 6.0 被启动。如果要创建一个新的工程，可在“新建工程”窗口中选择“标准 EXE”工程，并单击“打开”按钮，此时将进入 Visual Basic 6.0 开发环境，屏幕显示 Visual Basic 6.0 窗口，如附图 1-1 所示。

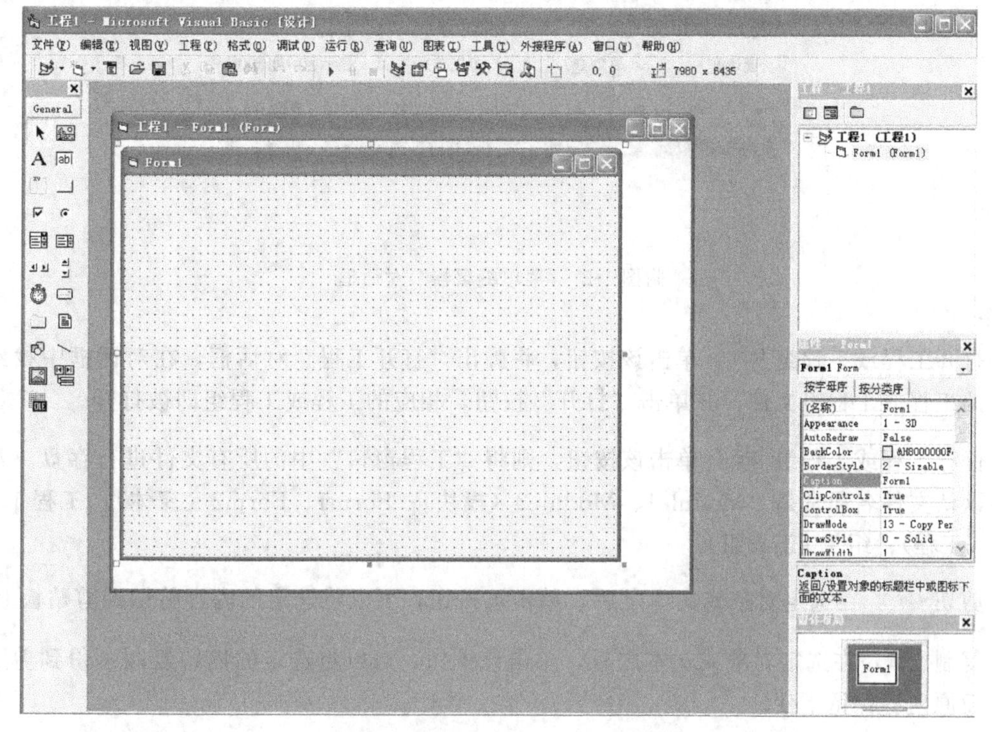

附图 1-1　Visual Basic 6.0 窗口

该窗口含有以下几个主要部分：

(1) 标题栏

窗口的第一行称为标题栏，它显示当前应用程序的名字、窗口的名称以及当前的工作状态。工作状态有三种，分别是设计（Design）状态、运行（Run）状态和调试（Debug）状态。

（2）菜单栏

窗口的第二行称为菜单栏。它采用下拉菜单形式，为用户设计和调试程序提供各种必要的功能。

（3）工具栏

工具栏共有 21 个工具按钮，通常位于菜单栏下面，用户可以脱离菜单而直接选择相应的按钮作为工具进行操作。下面简单介绍主要按钮的功能。

添加工程：单击该按钮右边的小三角，将弹出“工程选项板”。单击其中一项，将在当前创建的程序中添加一个相应的工程。同时，按钮图标也随之变化（变成所选工程前面的图标）。

菜单编辑器：单击该按钮，将弹出“菜单编辑器”对话框，如附图 1-2 所示。利用该对话框，可以进行菜单的建立和编辑。

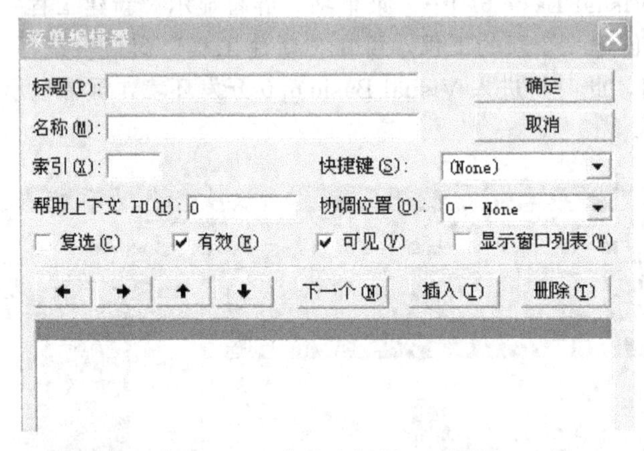

附图 1-2 “菜单编辑器”对话框

打开工程或工程组：单击该按钮，将弹出“打开工程”对话框，在对话框中找到要打开的工程或工程组文件，并单击“打开”按钮，相应的工程或工程组即被打开。

保存工程或工程组：单击该按钮，则将“工程窗口”中的所有文件进行存盘。常用文件默认文件名通常是：Module1、Module2（模块）；Form1、Form2（窗体）；工程 1、工程 2（工程）；组 1（工程组）。

剪切：在选定对象或文本之后，单击该按钮，可以将选定的内容剪切到剪贴板上。

复制：在选定对象或文本之后，单击该按钮，可以将选定的内容复制一份到剪贴板上，而原内容保留不变。

粘贴：单击该按钮，可将剪贴板上的内容粘贴到当前光标处。

启动：单击该按钮，运行应用程序。当一个应用程序设计完成后，可以利用它来运行。

中断：单击该按钮，中断应用程序的运行。

结束：单击该按钮，结束正在运行的应用程序。

工程资源管理器 ：单击该按钮，弹出“工程”窗口（如果“工程”窗口原已显示，则无变化），在窗口中显示树形结构的列表，列表中包含当前应用程序所用到的所有文件，主要有“工程”“窗体”“模块”。

属性窗口 ：单击该按钮，弹出“属性”窗口（如果“属性”窗口原已显示，则无变化），用户可以直接在该窗口中更改包括窗体在内的各个控件的属性。

窗体布局窗口 ：单击该按钮，弹出“窗体布局”窗口（如果“窗体布局”窗口原已显示，则无变化）。窗口中显示当前编辑的窗体的大致外形和在整个主窗口中的位置。将鼠标指向被编辑窗体，鼠标指针将显示为四向箭头，按住鼠标左键并拖动鼠标，可以调整窗体在主窗口中的位置。

对象浏览器 ：单击该按钮，弹出“对象浏览器”对话框，对话框中显示各种对象和模块中所包含的所有对象，以及各对象的调试方式。另外，用户还可以查看有关的工程信息及 Visual Basic 中的各个组成部分。

工具箱 ：单击该按钮，显示“工具箱”。工具箱中包含各种“控件”。

（4）工具箱及控件

工具箱位于屏幕的左边。在工具箱中，有进行界面设计所需的工具，这些工具称为“控件”，它们是构成窗体外观的元件，如附图 1-3 所示。

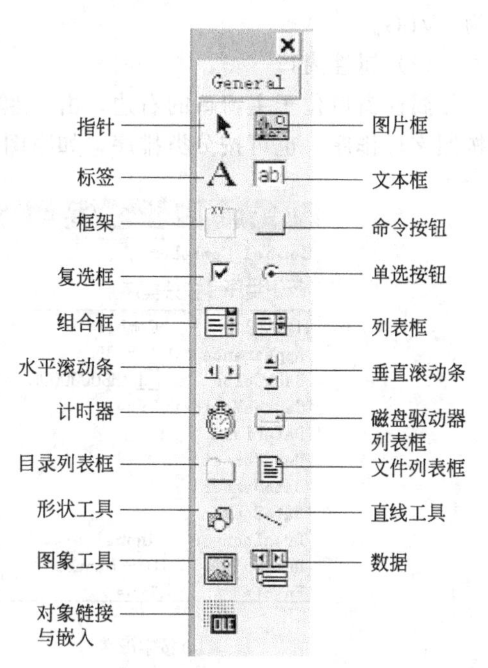

附图 1-3　工具箱及控件

（5）窗体

窗体位于屏幕的中央，其上具有均匀分布的网点，是用户进行界面设计的场所。窗体上的网格用于对齐各个控件，使它们排列整齐。运行程序时，网格自动消失。

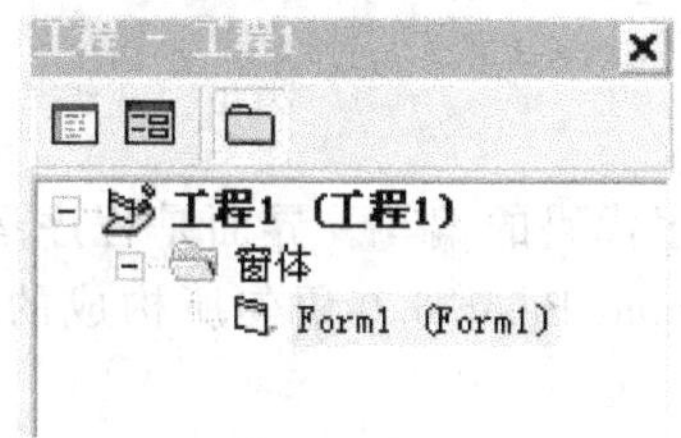

附图 1-4　工程窗口

（6）工程窗口

一个 Visual Basic 应用程序一般由多个程序文件组成，这些文件组织在一起就形成一个工程。为了管理整个工程，Visual Basic 6.0 中使用“工程窗口”来管理，如附图 1-4 所示。在“工程窗口”的工具栏中，有三个按钮，从左到右依次为：“查看代码”“查看对象”“切换文件夹”。

① 查看代码：对所编辑的程序代码加以浏览和编辑。

② 查看对象：返回到窗体中，对包括窗体在内的各个控件进行编辑。

③ 切换文件夹：对当前窗体所在的文件夹进行切换。

通常一个完整的工程至少包括以下 3 个文件：

① 工程文件：其扩展名为 .VBP，默认文件名一般为“工程 1”。在该工程文件中包含了工程用到的所有文件的信息和该工程所需的一些环境设置。当打开一个工程时，就打开了这个工程的所有文件。

② 工程工作区文件：其扩展名为 .VBW，默认文件名一般为“工程 1”。在该文件中，提供了一些与窗体文件和程序模块相关的数据。该文件由系统自动生成。

③ 窗体文件：其扩展名为 .FRM，默认文件名一般为“Form1”“Form2”等。一个文件保存一个窗体，通常一个文件至少需要一个窗体。

在一个 Visual Basic 6.0 的开发环境中，可以有多个工程，多个工程的集合形成一个工程组（Project Group）。工程组只能有一个。它记录了所包含的工程的信息，其文件扩展名为 .VBG。

（7）属性窗口

属性窗口位于主窗口的右边，由标题栏、对象框、菜单栏、属性列表组成，菜单栏可以按照字母排序，也可按分类排序，如附图 1-5 所示。

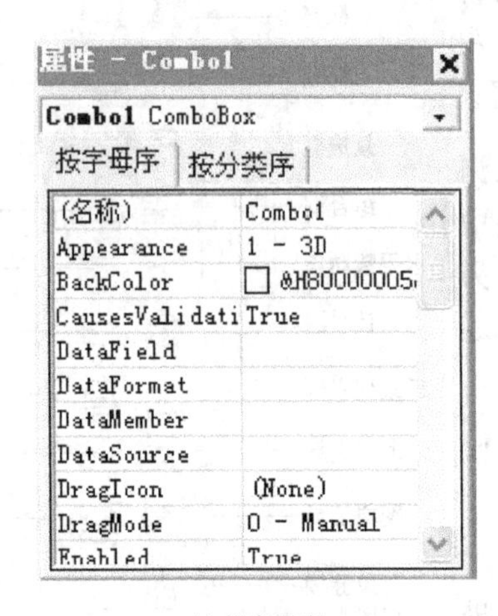

(a) 按字母序

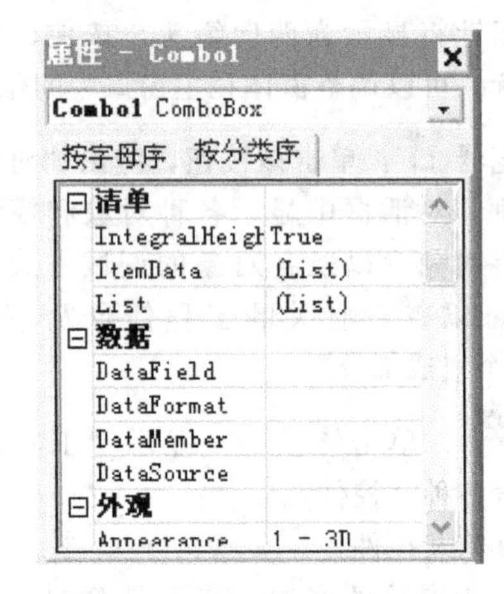

(b) 按分类序

附图 1-5　属性窗口

2. Visual Basic 6.0 的退出

单击菜单栏中的“文件”菜单，并在其下拉菜单中选择“退出”命令，则可退出 Visual Basic 6.0，返回 Windows 桌面。

二、Visual Basic 6.0 程序设计

Visual Basic 6.0 程序设计包括两大部分：界面设计和程序代码的编写。界面是程序运行时所看到的画面，包括窗体和控件设计；程序代码是由 Visual Basic 6.0 语句所构成的，用于完成各种任务的字符集合。

（一）界面设计

1. 窗体的设计

（1）窗体的建立、添加和删除

① 建立：进入 Visual Basic 6.0 的“标准 EXE”工程后，就可以看到窗口中央显示一个标题为“Form1”的空白窗体。其中的“Form1”是缺省的标题名，用户可以对它进行修改。

② 添加：一个工程可能会含有多个窗体。若想向已经建立的工程中添加窗体，可单击“工程”菜单，在其下拉菜单中选择“添加窗体”命令选项。

③ 删除：如果发现有多余的窗体，可用鼠标单击工程窗口，选择工程中多余的窗体名

称，然后在“工程”菜单中选择“删除”命令。

(2) 窗体的属性

窗体包含很多属性，下面就其主要属性作一一介绍。

① Appearance：用于设置窗体显示的视图方式。它有两种选择：0 代表平面（Flat）；1 代表三维（3D）。

② BackColor，ForeColor：用于设定窗体的背景色和前景色。可单击其后的小三角形按钮，然后在“调色板”选项卡中选择所要的颜色。

③ BorderStyle：用于设置窗体的边框类型，有 None（无边框）、Fixed Single（固定单框）、Sizable（大小可调框）、Fixed Dialog（固定对话框）、Fixed ToolWindow（固定工具窗口）、Sizable ToolWindow（大小可调工具窗口）六种选择。

④ Caption：用于设置窗体的标题名称。其缺省设置为“Form1”“Form2”等。

⑤ ControlBox：用于设置标题栏左边的控制命令菜单，若取值为“True”，则有控制命令菜单；若取值为“False”，则没有控制命令菜单。

⑥ DrawStyle：用于设置图形线型的样式，共有 7 个选项（0～6），其中 0 为缺省设置，其线型为实线。

⑦ DrawWidth：用于设置图形线条的宽度。其缺省设置为 1。

⑧ FillStyle：用于设置形状的填充图案，共有 8 个选项（0～7），其中 1（透明）为缺省设置。

⑨ Font：用于设置窗体对象的字体类型。单击它之后，选择省略号按钮，将显示字体对话框，如附图 1-6 所示。在对话框中选择相应的内容并点击“确定”按钮即可完成设置。

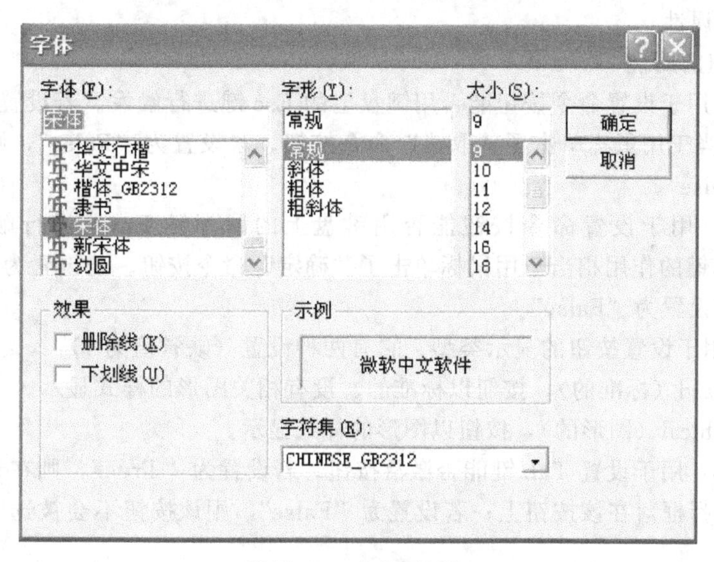

附图 1-6　字体对话框

⑩ Height，Width：用于设置整个窗体的高度和宽度，包括窗体的边界和标题栏。

⑪ Left，Top：用于设置运行时窗体相对于屏幕左上角的位置。可以单击属性，并改变其后的属性值，也可以在“窗体布局”窗口中直接拖动窗体进行设置。

⑫ Maxbutton，Minbutton：用于设置标题栏右边的“最大化”和“最小化”按钮。

⑬ MousePointer：用于设置运行时鼠标指针的类型。

⑭ Moveable：用于设定程序运行时窗体是否可以移动。若取值为“True”，则窗体可移

动；若取值为“False”，则窗体不可移动。

⑮ Picture：利用该属性可以在窗体中添加图形。单击该属性后，选择省略号按钮，屏幕上将显示“加载图片”对话框，在对话框中找到所要的图片后单击“打开”按钮，所选的图片便显示在窗体上。

⑯ WindowsState：用于设置程序运行时的窗口状态，共有 Normal（正常方式显示）、Minimized（图标方式显示）、Maximized（整个屏幕显示）3 种设置。

2. 控件的设计

(1) 控件的添加

向窗体添加控件有两种方法：

① 在选定的控件上双击鼠标，则控件出现在窗体的中央位置。

② 在选定的控件上单击鼠标，鼠标指针此时在窗体上显示为十字形。在要放置控件的地方按住鼠标并拖出一个矩形虚框，该虚框即为控件的大小和形状。

(2) 控件的编辑

① 选择控件：单击控件，则在控件四周出现 8 个控制点，表明该控件被选中。

② 改变控件大小：将鼠标指向某一控制点，按住鼠标并拖动，可以改变控件的大小。

③ 移动控件：选中控件后，按住鼠标左键并拖动，可以将控件移至窗体上的另一位置。

④ 删除控件：选择控件后，单击鼠标右键，在弹出的快捷菜单中选择“删除”命令选项。

⑤ 剪切、复制和粘贴控件：选择控件后，单击工具栏上的相应工具按钮或“编辑”菜单中的相应命令选项，即可完成控件的剪切、复制和粘贴操作。

(3) 控件的属性

① 命令按钮的属性

a. Cancel：用于设置命令按钮能否用键盘上的 Esc 键进行触发。若设置为“True”，按 Esc 键的作用相当于用鼠标单击了“取消”命令按钮。若设置为“False”，则无此功能。其缺省设置为“False”。

b. Default：用于设置命令按钮能否用键盘上的回车键 Enter 进行触发。若设置为“True”，按回车键的作用相当于用鼠标单击了“确定”命令按钮。若设置为“False”，则无此功能。其缺省设置为“False”。

c. Style：用于设置按钮的显示类型。它有两种设置（缺省值为 1)：

1——Standard（标准的），按钮以标准的、没有相关图形的样式显示。

2—— Graphical（图形的），按钮以图形的样式显示。

d. TabStop：用于设置 Tab 键能否激活按钮。若设置为“True”，则在运行程序时，按 Tab 键可以使选择框落在该按钮上；若设置为“False”，则该按钮不会被选中。其缺省设置为“True”。

e. ToolTipText：设置当鼠标在控件上暂停时显示的文本。

② 标签的属性

标签通常用来表示窗口上某个可见对象的意义。它一般没有边框，就像印在窗口上面一样。在程序设计中，常常用属性窗口来改变它的属性。其中最重要的属性是 Caption，它对应文字描述信息。

③ 文本框的属性

a. MultiLine：用于设置文本框是否可以接受或显示多行文本。若设置为“True”，则允许在文本框中显示多行文本；若设置为“False”，则忽略回车符并将文本限制在一行内。其缺省设置为“False”。

b. PasswordChar：用于设置文本框中所输入的字符的显示情况（直接显示字符或以某个特殊的字符代替显示）。若要直接显示输入的字符，则将该项属性的值置空；若要将输入的内容显示为某个特殊的字符（如“*”），则需在PasswordChar属性后输入指定的特殊字符（如“*”）。该属性可使创建的文本框用作密码域。

c. ScrollBars：用于设置文本框是否有垂直或水平的滚动条。有4种设置：

0 —— None（无），文本框没有滚动条。

1 —— Horizontal（水平），文本框有水平滚动条，但没有垂直滚动条。

2 —— Vertical（垂直），文本框有垂直滚动条，但没有水平滚动条。

3 —— Both（两者），文本框有水平和垂直滚动条。

该属性只有在MultiLine属性设置为“True”时才起作用。其缺省设置为0。

d. Text：用于设置文本框中显示的文字。选择该属性，将其属性改为要显示的内容，即完成了设置。

④ 框架的属性

框架可以在一组控件周围画一个边框，将其内部的各个控件组合成一个组，从而实现对它们的总体安排。需要注意的是，要在框架中放入其它控件，必须在工具箱中先选择相应的控件，然后在框架中拖出该控件，而不能在工具箱中双击控件，因为通过双击所添加的控件，虽然可以移动到框架中，但不能成为框架中的一员。

⑤ 复选框的属性

在运行程序时，复选框提供一些项目让用户进行选择。它有两种状态：选中（选项前面的小四方框有“√”）与不选（选项前面的小四方框无“√”）。每单击一次选择框，其状态在“选中”与“不选”之间来回切换。

⑥ 单选框的属性

单选框控件用来让用户在一组相关的选项中选择一项，因此单选框控件总是成组出现。通常使用框架控件对单选框控件进行分组。当一组中某个单选框控件被选中时，该组中其它的单选框控件将自动处于不选中状态。

⑦ 组合框的属性

在组合框中，提供一组预置的选项供用户选择，用户可以从下拉式列表框中直接选择某项内容，也可以在组合框中输入列表项中没有的内容（取决于Style属性的设置）。

a. IntegralHeight：用于设置列表中项目的显示情况。若取值为“True”，则列表自动调整自身的大小来显示完整的项目；若取值为“False”，列表不会自动调整自身的大小来显示完整的项目（可能出现某一项目无法完整显示的情况）。其缺省设置为“True”。

b. List：用于设置或读取列表部分的项目。设置的方法是：单击List属性，再单击其右边的小箭头，此时，其下边将弹出一个列表框，在列表框中输入项目（每一行为一列表项，换行时要用组合键“Ctrl＋Enter”），即可完成设置。读取时的语法为：

Str＝Combo1. List（Index）

其中，Str表示读取的字符串；Combo1为组合框控件的名字；Index为列表中的项目序号（取值为0，1，2，…）。

c. Sorted：用于设置列表项是否按字母表顺序自动排列。若取值为“True”，则列表中的项目按字母表顺序排列；若取值为“False”，则不按字母表顺序排列。其缺省设置为

"False"。

d. Style：用于设置组合框控件的风格。其选择有以下 3 种（缺省设置为 0)。

0——Dropdown Combo（下拉式组合框），包含一个文本框和一个下拉式列表，用户可以从下拉列表中选择项目，也可以在文本框中输入。

1——Simple Combo（简单组合框），包含一个文本框和一个不可下拉的列表，用户可以从下拉列表中选择，也可以在文本框中输入。

2——Dropdown List（下拉式列表），用户只能从列表中选择，不能在文本框中输入。此时，Text 属性将变为只读。

e. Text：设置或读取组合框中显示的内容。Style 属性取值为 0、1 时，可直接单击 Text 属性，再在其后输入内容。当 Style 属性取值为 2 时，不能设置。

⑧ 滚动条的属性

滚动条控件分为水平滚动条控件（HScrollBar）和垂直滚动条控件（VScrollBar）两种。可以用滚动条控件来滚动图片、文本或调整某个数值的大小。

a. LargeChange：用于设置滚动条控件的粗调改变值，即用户单击滚动条控件内部空白处时的改变值。

b. SmallChange：用于设置滚动条控件的微调改变值，也就是用户单击滚动条控件两端箭头时的改变值。

c. Max：用于设置滚动条控件的最大值，缺省设置为 32767（最大设置）。

d. Min：用于设置滚动条控件的最小值，缺省设置为 0（最小设置）。

⑨ 计时器的属性

计时器控件如附图 1-7 所示，它在程序运行时是不可见的。其最主要的属性是 Interval。在程序运行时，计时器每隔一段时间引发一次 Timer 事件。Timer 事件的间隔时间长短，就是由 Interval 属性来设定的，其单位以毫秒计算。如果将计时器属性设置为 0，则计时器失效。

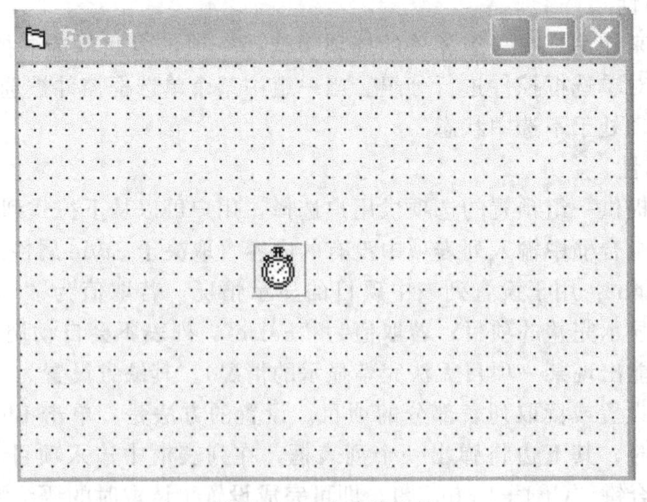

附图 1-7　计时器控件

⑩ 文件系统控件的属性

文件系统控件共包括三种，即磁盘驱动器列表框控件（DriveListBox）、目录（或称文件夹）列表框控件（DirListBox）和文件列表框控件（FileListBox）。其中，磁盘驱动器列表框显示系统中的驱动器列表，用于让用户选择一个驱动器；目录列表框显示指定驱动器上的目录列表，用于让用户从列表中选择一个目录；文件列表框显示指定文件夹中指定类型的文件，用于让用户从列表中选择一个文件。这三个控件通常一起使用，为用户提供一个选择文件的系统，如附图 1-8 所示。

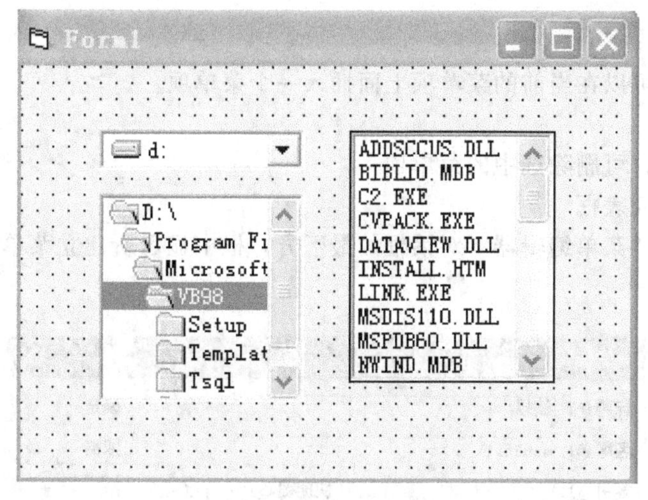

附图 1-8　文件系统控件

3. 菜单的添加

控件是窗体中不可缺少的内容，但单靠对这些控件的操作往往满足不了一个软件所要完成的功能，有时需要在窗体上添加菜单。利用菜单编辑器，可以非常方便地在窗体上建立一个完整的菜单。

单击“菜单编辑器”工具按钮，屏幕上将弹出菜单编辑器对话框，如附图 1-2 所示。该对话框窗口主要包含以下内容：

(1) 标题文本框

在标题文本框中输入的文本（中文或字符串）就是用户所看到的菜单名。文本框中的文本同时显示在“菜单控件列表框”中。若要将菜单项的某个字符设置为助记访问符，只需在该字符的前边加上标记字符“&”即可。助记访问符的作用：

① 菜单标题的助记访问符：使用组合键“Alt＋助记访问符”可弹出下拉菜单。

② 下拉菜单或级联菜单中的菜单项助记访问符：在键盘上单击助记访问符可执行相应命令。

(2) 名称文本框

菜单项也是一个控件，都必须有名称。建议给菜单项取有意义的名称，并用“mnu”作为前缀，名字中不能有空格。

(3) 索引框

若几个菜单项组成一个控件数组，则必须在该框中输入索引号。索引号的取值是 0 或大于 0 的整数，且必须是升序。

(4) 快捷键框

建立菜单项的快捷键。单击该框右边的小三角按钮，从下拉列表框中选择所需的快捷键即可。

(5) 箭头按钮

共有 4 个箭头按钮。左右箭头用于调整菜单项的层次，左箭头升高菜单项的层次，右箭头降低菜单项的层次。向上箭头将所选菜单项向上移动，向下箭头的作用相反。

(6) 下一个按钮

单击该按钮，光标移动到下面的菜单项上。若光标在菜单末尾，则插入新的菜单项，级别与上面的相同。

(7) 插入按钮

单击该按钮，可以在当前的菜单项上面插入一个菜单项。

(8) 删除按钮

单击删除按钮，可删除选中的菜单项。

(9) 菜单控件列表框

该列表框位于“菜单编辑器”对话框的最下方，框中显示所建立菜单的所有项目，如附图 1-9 所示。

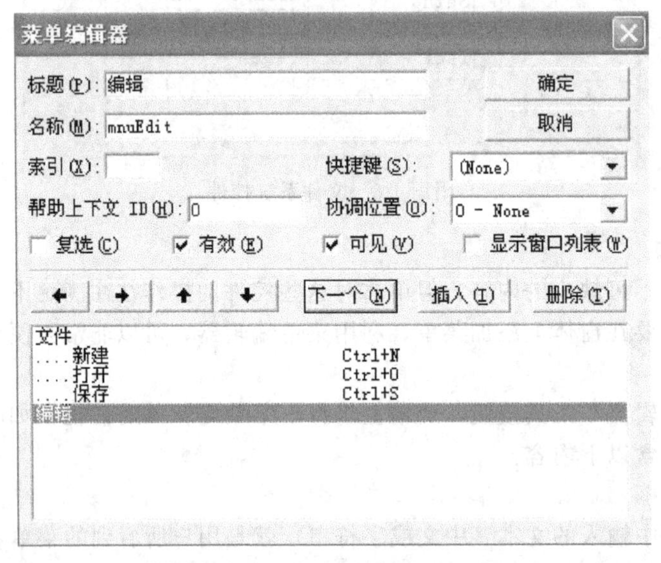

附图 1-9 输入了菜单控件的菜单编辑器

进行完界面设计后，要想让窗体、控件等能够响应用户的某些操作，则还需进行另一项工作，这就是程序代码的编写。

(二) 编写程序代码

1. 概念

(1) 事件 (Event) 和事件驱动 (Event Driven) 的程序设计

事件是窗体或控件识别的动作，如用户在命令按钮上单击鼠标左键，就产生了命令按钮等控件对象能够识别的“Click”事件。如果有一个事件发生，程序将作出响应，其响应的方式是让程序执行代码。Visual Basic 与早期的一些编程语言如 Turbo C 、Quick Basic 等不同，它不是从程序的第一句代码开始，并逐句执行，而是当特定的事件发生在程序中特定的对象上时，才执行相应事件过程中的代码；当没有事件发生时，什么代码也不执行。这就是事件驱动的程序设计思想，Visual Basic 是事件驱动的程序设计语言。

(2) 方法 (Method)

方法是 Visual Basic 提供的一种专门的子程序，通过对它的引用来完成一定的操作。引用方法的形式是对象名.方法名，例如 Form1. show。

(3) 模块 (Module)

模块是 Visual Basic 中用来存储程序代码的单元。每个模块由两部分组成：声明 (Declarations) 和过程 (Procedures)。

① 声明：当在“程序代码编辑器”窗口的对象栏中选择“通用 (General)”时，事件栏中将显示为“声明 (Declarations)”，此时光标所在位置即为声明区。在该区域内，可以声明变量、常量以及自定义数据的类型等。每个模块只有一个声明。

② 过程：每个模块可以有多个过程。过程是划分 Visual Basic 代码的最小单元，每个过程就是一个可执行的代码片段。通过过程，可以将整个程序按功能分块，利用每个块（过程）来完成一项特定的功能。在 Visual Basic 中，共有三种过程，分别是子过程、属性过程和函数过程。

在 Visual Basic 中有三种类型的模块，分别是窗体模块、标准模块和类模块。

① 窗体模块：在窗体模块中，包含了窗体以及窗体中所有控件的事件过程。要在窗体模块中编写程序代码，首先要打开“程序代码编辑器”窗口。打开“程序代码编辑器”窗口的方法有多种：

a. 单击要打开“程序代码编辑器”窗口的窗体，再单击工程窗口中的“查看代码”按钮，或在“视图”菜单的下拉菜单中单击“代码窗口”命令选项。

b. 直接双击要打开“程序代码编辑器”窗口的窗体。

c. 右单击要打开“程序代码编辑器”窗口的窗体，在弹出的快捷菜单中选择“代码窗口”命令选项。

打开的代码窗口由标题栏、对象栏、事件栏和代码编写区四部分组成。当用户在相应对象上单击选定后，单击事件栏右边的向下小箭头，在弹出的事件列表框中将列出该对象对应的所有事件。单击某一事件，即可开始程序代码的编辑。

② 标准模块：只包含子过程、函数、属性过程以及数据的声明和定义的模块称为标准模块。通常情况下，将一个工程中要被多个窗体或控件共同使用的代码放在标准模块中。

③ 类模块：用于用户自己创建对象，包含了自定义的属性、方法和事件的定义以及它们的实现。

2. 编程基础

(1) 变量和常量

变量和常量用来存储数据。变量的值在程序运行时可以改变，常量的值在程序运行时不可改变。当程序运行时，Visual Basic 将为程序中所用到的变量和常量分配内存空间。变量和常量有名字和数据类型，通过名字可引用变量或常量所包含的值，通过数据类型可以确定变量或常量能够存储的数据种类。在 Visual Basic 中，提供了如下数据类型：数值数据类型、字节数据类型、字符串数据类型、布尔数据类型、日期数据类型、对象数据类型及变体数据类型。其中数值数据类型又包括 Integer（整型）、Long（长整型）、Single（单精度浮点型）、Double（双精度浮点型）、Currency（货币型）五种。

变量和常量都有一定的作用范围，确定它们的作用范围就是声明。

变量的声明语法格式为：Public/Private/Static/Dim　VariableName　[As type]
其中，VariableName 为变量的名字，As 是关键字，type 为数据类型。下面介绍 Public、Private、Static 以及 Dim 的作用和用法。

① 过程级变量　过程级变量是指只能在过程内部被识别和使用的变量，也称为局部变量。局部变量的声明是在相应的过程内用 Dim 或者 Static 关键字来完成的。如：

Dim X As Single　或　Static X As Single

在整个应用程序运行时，用Static声明的局部变量中的值一直存在，即在过程结束后再进入该过程，变量仍取过程结束时的值。而用Dim声明的变量只在过程执行期间才存在，过程结束后，变量的值消失，再进入该过程时，变量将被重新赋值。

② 模块级变量　模块级变量是指那些在同一模块的所有过程中都可用，但对其它模块不可用的变量。声明模块级变量，可以在模块顶部的声明部分用Private关键字来完成。如：

Private Y As Integer

声明模块级变量，也可用Dim关键字，但Private更好，因为很容易把它和Public区别开来，使代码更容易理解。

③ 应用程序级变量　应用程序级变量是指在应用程序的所有模块和过程中都能被识别和使用的变量。要声明应用程序级变量，必须在标准模块的声明部分用Public关键字来完成。

在进行变量声明时，应注意以下两个问题：

a. 可以将多个变量的声明写在一行中。如：

Dim X1 As Single，X2 As Integer

b. 变量可以不经过声明而直接使用，即隐式声明，但隐式声明容易产生难以发现的错误，所以最好采用显式声明。在Visual Basic中，可以让程序在编译时对模块中未声明的变量发出警告，方法是在模块的声明部分添加如下代码：

Option Explicit

常量的声明语法格式为：[Public/Private] Const constantname [As type]＝expression

与变量声明一样，不同作用域的常量声明应用不同的关键字并放于不同的位置。Const关键字说明该语句为常量声明语句。由于在程序中常量的值是不可改变的，因此在声明中要指定常量的值。赋值号（＝）的右边是不包含函数调用的表达式，其中可以包含已经声明过的其它常量。

（2）数组

与变量一样，数组也有数据类型特性。对于一般的数据类型的数组，每个数组元素的数据类型都是相同的，但对于变体数据类型的数组来说，数组中的每一个元素的数据类型就不一定相同。

在Visual Basic中，数组有两种类型：静态数组和动态数组。

静态数组是指大小固定（数组内元素个数确定）的数组。声明一个静态数组的语法格式如下：

Public/Private/Static/Dim　ArrayName(Item1,…ItemN) [As type]

动态数组是指大小可变（数组内元素个数不确定）的数组。它比静态数组灵活，但较复杂，分为声明和使用两部分。其声明格式同静态数组，但在使用时，需要先给数组分配实际的元素个数，此时要用ReDim语句，如：ReDim　ArrayName（10，10）。这里的ReDim语句给数组ArrayName分配了一个（11×11）数组元素。

在使用动态数组时，应注意以下几点：

① ReDim语句只能放在过程中，而不能放在模块的声明部分。

② 不能用ReDim语句改变动态数组的数据类型。

③ 每次执行ReDim语句时，当前存储在数组中的值都会全部丢失。若要改变数组而不丢失数组中的数据，可以使用具有Preserve关键字的ReDim语句。如：

ReDim Preserve A(1 To 9)

(3) 运算符与表达式

运算符是用来对运算对象进行各种运算的操作符号，而表达式是由多个运算对象和运算符组合在一起的合法算式。在 Visual Basic 中，运算符可分为四类：算术运算符、比较运算符、连接运算符和逻辑运算符。根据表达式中运算符和表达式运算结果的不同类型，可以将表达式分为数值型表达式、字符串型表达式、布尔型（逻辑型）表达式等。

① 算术运算符　算术运算符是用来进行数学计算的运算符，有：＋（加）、－（减）、*（乘）、/（除）、\（整除）、Mod（模运算）、^（乘方）。运算顺序为：乘幂、乘或除、整除、模运算、加或减。

② 比较运算符　比较运算符是用来比较两个数的运算符，有：＝（等于）、＜（小于）、＜＝（小于等于）、＞（大于）、＞＝（大于等于）、＜＞（不等于）。比较运算符所连接的两个表达式的值的数据类型必须一致。其运算结果不是“真（True）”，就是“假（False）”。

③ 连接运算符　连接运算符是用来连接字符串的运算符，它只有一个，即“&”。

④ 逻辑运算符　逻辑运算符是用来进行逻辑运算的运算符，有：Not（逻辑非）、And（逻辑与）、Or（逻辑或）、Xor（逻辑异或）、Eqv（逻辑等价）、Imp（逻辑蕴涵）。

(4) 语句

① 赋值语句（Let 和 Set 语句）　赋值语句包括两种：一种是用来对一般的变量或属性进行赋值的赋值语句，即 Let 语句；另一种是用来对对象型的变量进行赋值的赋值语句，即 Set 语句。

② 条件判断语句　条件判断语句共有两种，一种是 If…Then…Else 语句，另一种是 Select Case 语句。前者根据给定条件的真假，决定要执行的语句；后者根据一个表达式实现多路分支，执行满足条件的语句块。

③ 循环语句　循环语句共有四种，分别是 While…Wend、For…Next、For Each…Next 和 Do…Loop 语句。

a. While…Wend 语句：根据给定的条件，决定是否执行循环体中的语句。

b. For…Next 语句：按指定的次数执行循环体。

c. For Each…Next 语句：针对一个数组或集合中的每个元素，重复执行一组语句。

d. Do…Loop 语句：重复执行 Do 之后 Loop 之前的一组语句。

④ Exit 语句　该语句功能为退出 Do…Loop 语句、For…Next 语句、Function 过程或 Sub 过程。

⑤ End 语句　该语句功能为结束程序的运行。

⑥ Rem 语句　该语句功能为在程序中插入注释语句。

(5) 编写机制

① 代码行的分段　在编写程序代码时，如果代码的长度过长，则应该将过长的代码分成两行或多行。分行的方法是在行末使用续行符（“空格”＋“下划线”），即“ _”。

② 代码行的合并　在编写程序代码时，有时语句很短，此时可将两个或多个语句放在同一行，同一行上的各个语句之间要用冒号分开。如：x=2：y=3：z=5。

③ 注释　注释，就是对所编写的程序代码的标注和解释。在程序代码中使用注释，是一个好的习惯，它给程序的维护和修改带来很多方便。使用注释有两种方法：使用前面所述的 Rem 语句或注释行前面加个注释符号——撇号（'）。注释可以和语句写在同一行并放在语句的后面，也可占据一整行。

Visual Basic 6.0 语句丰富、功能强大，详细内容可查阅相关书籍。了解了上述程序代码编写的基础知识后，就可以利用这些知识给程序编写相应的代码了。

附录Ⅱ MATLAB 简介

一、MATLAB 的特点与功能

美国 Mathwork 公司推出的 MATLAB 软件是当今世界上最优秀的科学计算工具之一。它以超群的风格与性能风靡全世界，成功应用于各工程学科的研究领域。它具有强大的数值计算、图形绘制和符号运算功能，包含丰富的指令集，语言表述形式极其简洁，大大降低了对使用者的数学基础和计算机语言的要求，便于实现高效编程，是广大科技工作者的得力助手。

MATLAB 软件是美国 New Mexico 大学的 Cleve Moler 博士首创的，全名为 MATrix LABoratory（矩阵实验室）。它建立在二十世纪七八十年代流行的 LINPACK（线性代数计算）和 ESPACK（特征值计算）软件包的基础上。LINPACK 和 ESPACK 软件包是从 Fortran 语言开始编写的，后来改为 C 语言，改造过程较为复杂，使用不便。MATLAB 是随着 Windows 环境的发展而迅速发展起来的。它充分利用了 Windows 环境的交互性、多任务功能和图形功能，开发了矩阵的智能表示方式，创建了一种建立在 C 语言基础上的 MATLAB 专用语言，使得矩阵运算、数值计算变得极为简单。MATLAB 语言是一种更为抽象的高级计算机语言，既有与 C 语言等同的一面，又更为接近人的抽象思维，便于学习和编程。同时，它具有很好的开放性，用户可以根据自己的需求，利用 MATLAB 提供的基本工具，灵活地编制和开发自己的程序，开创新的应用。

MATLAB 语言的特点为：

①语言简洁紧凑，语法限制不严，程序设计自由度大，可移植性好；②运算符、库函数极其丰富；③图形功能强大；④界面友好，编程效率高；⑤扩展性强。

MATLAB 语言的功能有：

①强大的数值计算和矩阵运算功能；②广泛的符号运算功能；③高级与低级兼备的图形功能（计算结果的可视化功能）；④可靠的容错功能；⑤应用灵活的兼容与接口功能；⑥信息量丰富的联机检索功能。

下面以 MATLAB 6.5 为例介绍其基本用法。

二、MATLAB 的用户界面

1. MATLAB 6.5 的启动与用户界面

在正确完成安装并重新启动计算机之后，选择 Windows 桌面上的“开始/程序/MATLAB 6.5”命令，或者直接双击系统桌面的 MATLAB 6.5 快捷图标，启动 MATLAB 6.5。

在默认设置下，MATLAB 6.5 的用户界面通常包括 4 个主要窗口，它们分别是命令窗口、命令历史窗口、工作间管理窗口和当前目录窗口（附图 2-1）。

（1）命令窗口

在默认设置下，命令窗口（Command Window）自动显示于 MATLAB 界面的右侧。命令窗口是和 MATLAB 编译器连接的主要窗口。“≫”为运算提示符，表示 MATLAB 处于准备状态，早期版本的 MATLAB 提示符为“?”。MATLAB 具有良好的交互性，当在提

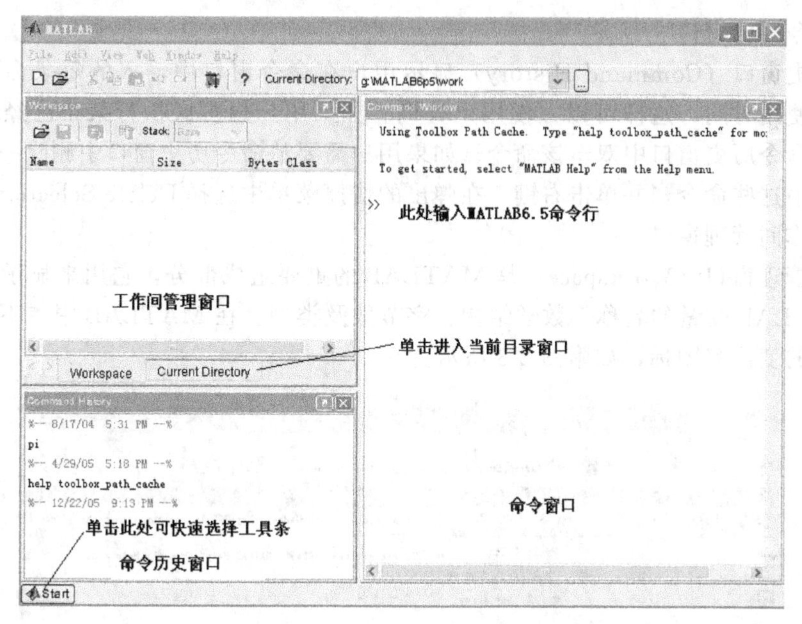

附图 2-1　MATLAB 6.5 用户界面

示符后输入一段正确的运算式时，只需按 Enter 键，命令窗口中就会直接显示运算结果。例如，计算一个圆的面积，假设圆的半径为 8，那么只需在命令窗口中输入如下数据：

```
≫ area=pi * 8^2
```

按 Enter 键确认输入如附图 2-2 所示，即可得出结果如下：

```
area=
  201.0619
≫
```

同时 MATLAB 的提示符“≫”不会消失，这表明 MATLAB 继续处于准备状态。

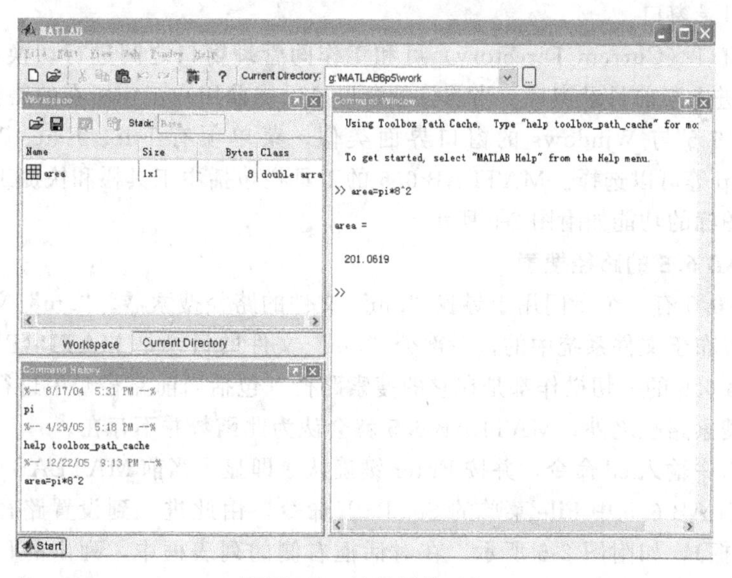

附图 2-2　计算圆的面积

（2）命令历史窗口

命令历史窗口（Command History）显示用户在命令窗口中输入的每条命令的历史记录，并标明使用时间，这样可以方便用户查询。如果用户想再次执行某条已经执行过的命令，只需在命令历史窗口中双击该命令；如果用户需要从命令历史窗口中删除一条或多条命令，只需选中这些命令，并单击右键，在弹出的快捷菜单中选择 Delete Selection 命令即可。

（3）工作间管理窗口

工作间管理窗口（Workspace）是 MATLAB 的重要组成部分，它用来显示当前计算机内存中 MATLAB 变量的名称、数学结构、字节数及类型。在 MATLAB 中，不同的变量类型对应不同的变量名图标，如附图 2-3 所示。

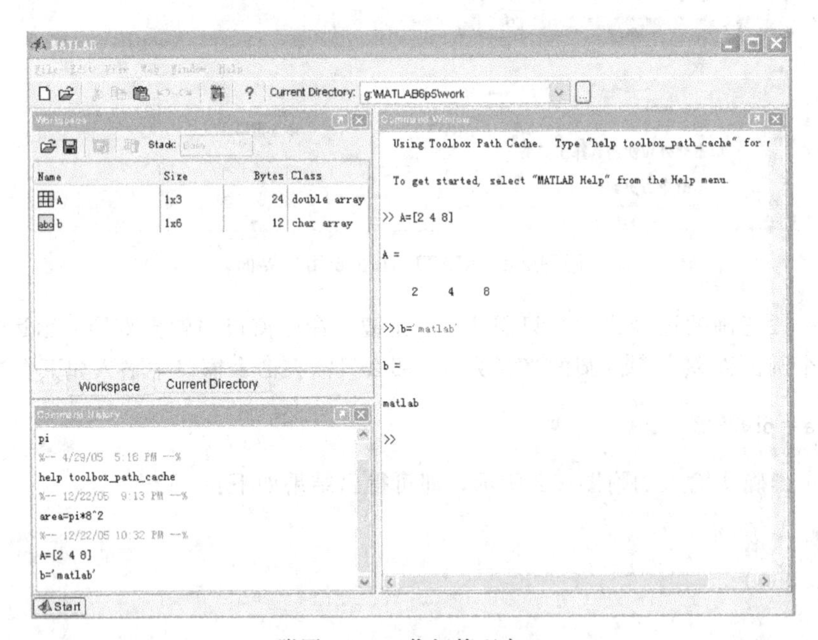

附图 2-3　工作间管理窗口

（4）当前目录窗口

当前目录窗口（Current Directory）可和工作间管理窗口之间进行切换，单击 Current Directory 按钮进入当前目录窗口。当前目录窗口显示当前用户工作所在的路径（附图 2-4）。

MATLAB 6.5 与 Windows 的窗口界面类似，菜单项有 File、Edit、View、Option、Windows、Help 等可以选择。MATLAB 6.5 的工具栏包括主工具栏和快捷工具栏，其中主工具栏中各个图标的功能如附图 2-5 所示。

2. MATLAB 6.5 的路径搜索

MATLAB 6.5 有一个专门用于寻找“.m”文件的路径搜索器。“.m”文件是以目录和文件夹的方式分布于文件系统中的，一部分“.m”文件的目录是 MATLAB 6.5 的子目录。由于 MATLAB 6.5 的一切操作都是在它的搜索路径（包括当前路径）中进行的，所以如果调用的函数在搜索路径之外，MATLAB 6.5 就会认为此函数并不存在。

在命令窗口中输入 cd 命令，并按 Enter 键确认，即显示当前 MATLAB 6.5 工作所在目录。选择 MATLAB 6.5 中 File 菜单的 Set Path 命令，由此进入到设置路径搜索的对话框（Set Path 对话框），如附图 2-6 所示。在对话框右侧的列表框中，列出的目录就是 MATLAB 6.5 的所有搜索路径。

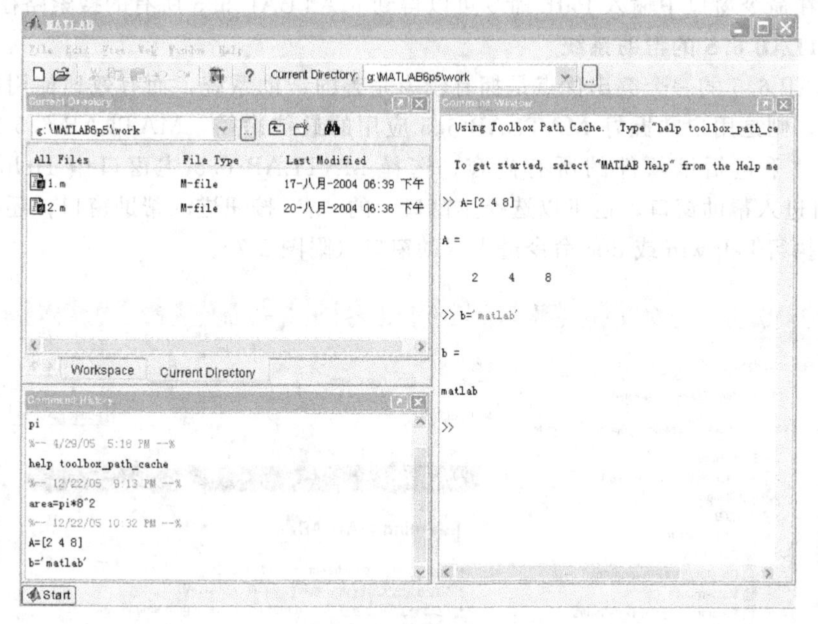

附图 2-4　当前目录窗口

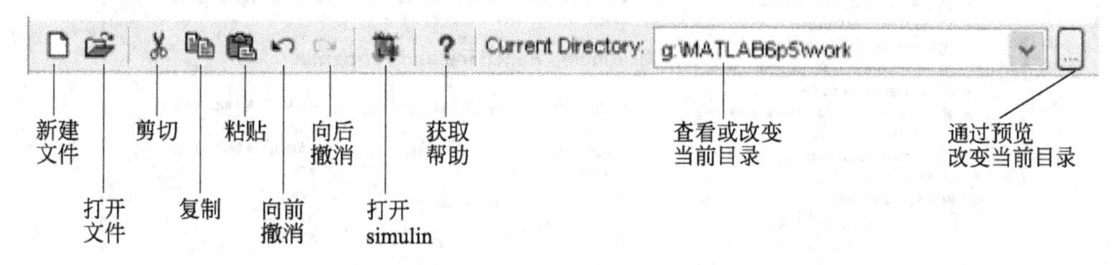

附图 2-5　MATLAB 6.5 主工具栏

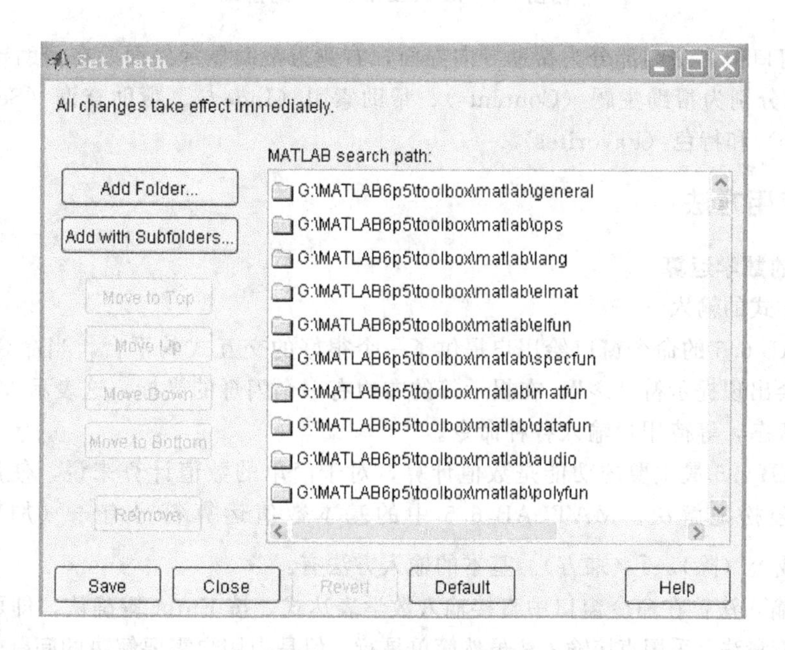

附图 2-6　Set Path 对话框

另外，在命令窗口中输入 Path 命令可以得到 MATLAB 6.5 所有的搜索路径。

3. MATLAB 6.5 的帮助系统

MATLAB 6.5 的一个突出优点是拥有较为完善的帮助系统，而有效地使用帮助系统所提供的信息，则是用户掌握好 MATLAB 6.5 应用的最佳途径。MATLAB 6.5 的帮助窗口非常全面，几乎包括该软件的所有内容。选择 MATLAB 6.5 主窗口中 Help/MATLAB Help 命令可进入帮助窗口；也可以选择主窗口中的“?”按钮进入帮助窗口；还可以在命令窗口中直接执行 helpwin 或 doc 命令进入帮助窗口（附图 2-7）。

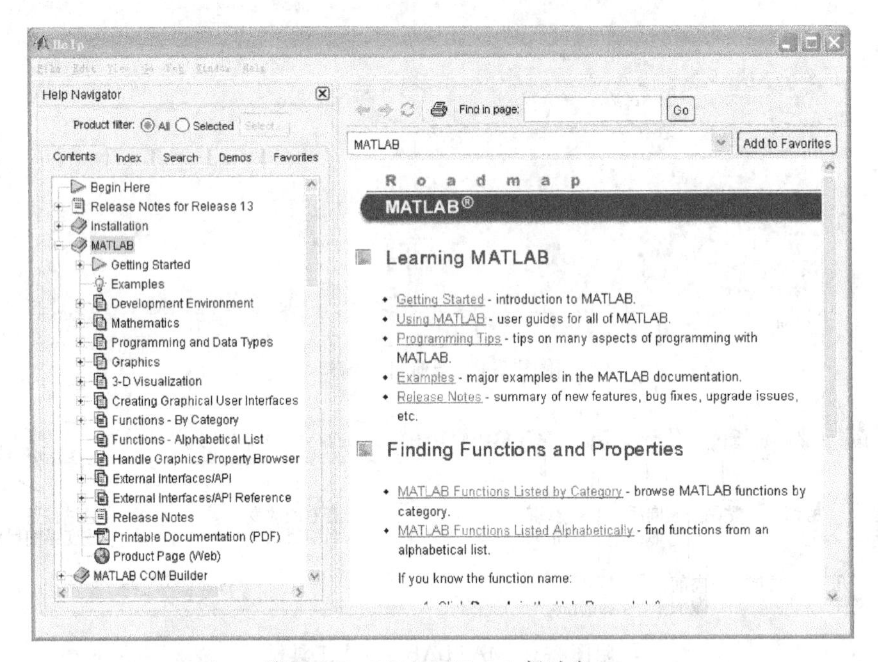

附图 2-7　MATLAB 6.5 帮助窗口

在帮助窗口中，左侧部分为帮助导向界面，右侧为帮助显示界面。在帮助导向界面中的 5 个标签按钮分别为帮助主题（Contents）、帮助索引（Index）、帮助查询（Search）、联机演示（Demos）和特色（Favorites）。

三、基本使用方法

1. 简单的数学运算

（1）数学式的输入

MATLAB 6.5 的命令窗口给用户提供了一个很好的交互式的平台，当命令窗口处于激活状态时，会出现提示符“≫”，在提示符的右边有一个闪烁的光标，这表示 MATLAB 6.5 正处于准备状态，等待用户输入各种命令。

MATLAB 6.5 最主要的功能是数值计算，对于简单的数值计算来说，使用 MATLAB 6.5 可以很轻松地解决。MATLAB 6.5 中的基本数值运算符号有＋（加）、－（减）、*（乘）、/或\（除）、^（乘方）。基本的输入方法有：

a. 直接输入法：在命令窗口中直接输入数学表达式，按 Enter 键确认，即可得到结果。

b. 存储变量法：采用直接输入法虽然简单易行，但是当用户需要解决的问题较复杂时，采用直接输入法有时将变得比较困难，此时，可以通过采用给变量赋予变量名的方法来进行操作。

附例 2-1 某厂有 2 个车间，一车间有 30 人，人均创造产值 5 万元/月；二车间 58 人，人均创造产值 7 万元/月。求工厂每月共创造产值多少万元？

解：可以将一车间每月创造的产值命名为 M1，二车间每月创造的产值命名为 M2，工厂每月创造的总产值命名为 total。在 MATLAB 6.5 命令窗口中输入如下命令，并按 Enter 键确认，得结果为 556 万元。

```
≫ M1=30*5
M1=
    150
≫ M2=58*7
M2=
    406
≫ total=M1+M2
total=
    556
≫
```

通常情况下，MATLAB 6.5 语言对空格不予处理。此外，在 MATLAB 6.5 的表达式中，遵守四则运算法则，其中圆括号代表着运算级别，在有多层括号存在的情况下，从括号的最里边向最外边逐渐扩展，而方括号则一般用于生成矩阵。

(2) 标点符号的使用

在 MATLAB 6.5 语言中，标点符号的使用相对比较灵活，不同的标点符号代表不同的运算，或是被赋予了特定的含义。

① [ ] （方括号）：用于构成向量和矩阵。行向量的两个相邻元素间用空格或逗号（“,”）隔开，例如每个元素都为 8 的三维行向量可表示为 [8 8 8] 或 [8，8，8]。矩阵中各行向量之间则用分号分隔，如 [1 2 3；11 12 13] 表示一个二行三列矩阵，[1；1；1] 则表示每个元素都为 1 的三维列向量。

② ( )（圆括号）：可用于算术表达式，指定运算优先级；也可用于表示数组的下标，例如 $X(3)$ 表示一维数组 X 的第三个元素，$Y(2,3)$ 表示二维数组 Y 第二行的第三个元素。

③ ；（分号）：除用于分隔矩阵中的行向量外，还可用于语句或表达式的后面，此时该语句或表达式的运算结果不在计算机屏幕上显示。

④ ：（冒号）：用于表示下标。如 $J:K$ 等同于 $[J,J+1,\cdots,K]$，$J:I:K$ 等同于 $[J,J+I,J+2I,\cdots,K]$（其中 I 表示步长）。$\boldsymbol{A}(:)$ 表示矩阵 $\boldsymbol{A}$ 的所有元素，$\boldsymbol{B}(:,J)$ 表示矩阵 $\boldsymbol{B}$ 第 J 列的所有元素，$\boldsymbol{B}(J,:)$ 表示矩阵 $\boldsymbol{B}$ 第 J 行的所有元素。

⑤ .（点号）：除用作小数点外，还可与 *（乘）、/或\（除）、^（乘方）结合使用，表示执行矩阵中元素对元素的运算，例如 $\boldsymbol{A}.*\boldsymbol{B}$ 表示两个同阶矩阵 $\boldsymbol{A}$ 和 $\boldsymbol{B}$ 的所有对应元素分别相乘，即 $\boldsymbol{A}(i,j)*\boldsymbol{B}(i,j)$，$1./\boldsymbol{C}$ 表示用向量 $\boldsymbol{C}$ 的每个元素去除 1，即 $1/\boldsymbol{C}(i)$。

⑥ %（百分号）：此符号后表示注释，注释不被计算机执行，仅为增加程序的可读性，注释可跟在执行语句的后面，也可单独成行，注释可用英文，也可用中文。

⑦ ，（逗号）：MATLAB 6.5 允许用户在一行中输入多个命令语句，这些语句使用逗号或分号隔开。它们的区别在于：使用逗号时，命令语句的运行结果将予以显示；而使用分号时，运行结果将予以隐藏。

⑧ …（续行号）：在编写程序时，往往会遇到命令行很长的情况，此时，为了使程序阅读方便，可以将程序分成多行分别书写。在 MATLAB 6.5 中，使用续行号“…”来实现此项功能。

2. 数据类型

（1）常量

在 MATLAB 中有一些特定的变量，它们已经被预定义了某个特定的值，因此这些变量被称为常量。MATLAB 6.5 中的常量主要有 pi、inf 和 eps 等。

① pi：用来表示圆周率的数值。在命令窗口中输入 pi，可以得到如下结果。

```
≫ pi
ans=
   3.1416
≫
```

② inf：在 MATLAB 6.5 中，inf 表示无穷大。MATLAB 6.5 允许的最大数是 2^{1024}，超过该数时，系统将会视为无穷大。其它软件在数据无穷大时可能会出现死机的情形，而 MATLAB 6.5 则会给出用户警告信息，同时用 inf 代替无穷大，这也是 MATLAB 6.5 的一个重要优点。

③ eps：表示浮点数的相对误差。一般情况下，MATLAB 6.5 函数用到的误差限默认为 eps，它的值大约为 2.2204×10^{-16}。

（2）变量

变量是 MATLAB 6.5 的基本元素之一。与其它常规程序设计语言不同的是，MATLAB 6.5 语言不要求对使用的变量进行事先说明，而且它也不需要指定变量的类型，系统会根据该变量被赋予的值或对该变量所进行的操作来自动确定变量的类型。

在 MATLAB 6.5 语言中，变量的命名有如下规则：

① 变量名长度不超过 31 位，超过 31 位的字符系统将忽略不计；

② 变量名区分大小写；

③ 变量名必须以字母开头，变量名中可以包含字母、数字或下划线，但不允许出现标点符号。

需要注意的是，用户如果在对某个变量赋值时，该变量已经存在，系统会自动使用新值代替旧值。

（3）函数

MATLAB 6.5 中提供了丰富的运算函数，用户只需正确调用其形式就可以得到满意的结果。常见的运算函数如附表 2-1 所示。

附表 2-1 MATLAB 6.5 常见函数表

函数名	函数功能	函数名	函数功能
abs	绝对值	fix	向零方向取整数
acos	反余弦	gcd	取整数的最大公约数
acosh	反双曲余弦	lcm	取整数的最小公倍数
angle	四象限内取复数相角	log	自然对数
asin	反正弦	log10	常用对数
asinh	反双曲正弦	rem	无符号求余
atan	反正切	round	四舍五入
atanh	反双曲正切	sign	符号函数
conj	复数共轭	sin	正弦
cos	余弦	sinh	双曲正弦
cosh	双曲余弦	sqrt	平方根
exp	指数函数	tan	正切

四、数值计算功能

1. 向量及其运算

（1）向量的生成

① 在命令窗口中直接输入向量：在 MATLAB 6.5 中，生成向量最简单的方法就是在命令窗口中按一定格式直接输入。输入的格式要求是，向量元素用“[ ]”括起来，元素之间用空格、逗号或分号相隔。需要注意的是，用空格或逗号相隔生成行向量，用分号生成列向量。

② 等差元素向量的生成：当向量的元素过多，同时向量各元素有等差规律时，采用直接输入法将过于繁琐。此时，可采用冒号（：）生成法。其基本格式为向量 vec＝vec0：*n*：vecn，其中 vec 表示生成的向量，vec0 表示第一个元素，*n* 表示步长，vec*n* 表示最后一个元素。

（2）向量的基本运算

向量的基本运算包括向量与数的四则运算、向量与向量之间的加减运算、向量之间的点积、向量之间的叉积等。

① 向量与数的四则运算：向量中的每个元素与数做加法、减法、乘法或除法运算。需要注意的是，当进行除法运算时，向量只能作为被除数，数只能作为除数。

② 向量与向量之间的加减运算：向量中的每个元素与另一个向量中相对应的元素之间的加法或减法运算。

附例 2-2 求如下向量 vec1 和向量 vec2 之和 vec3。

解：在命令窗口中输入如下命令，并按 Enter 键确认。

```
≫ vec1=linspace(10,50,6)
vec1=
   10     18     26     34     42     50
≫ vec2=logspace(0,2,6)      %对数等分向量
vec2=
   1.0000    2.5119    6.3096    15.8489    39.8107    100.0000
≫ vec3=vec1+vec2
vec3=
   11.0000     20.5119     32.3096     49.8489     81.8107     150.0000
≫
```

③ 向量的点积：两个向量的点积等于其中一个向量的模与另一个向量在这个向量的方向上的投影的乘积。在 MATLAB 6.5 中，提供有专门计算向量点积的函数 dot。需要注意的是，点积生成的是一个数。另外，在 MATLAB 6.5 中计算向量的点积还要注意各向量维数的一致性，以保证点积的操作合法。

附例 2-3 计算向量 $\boldsymbol{x}_1=(11,22,33,44)$ 与向量 $\boldsymbol{x}_2=(1,2,3,4)$ 的点积。

解：在命令窗口中输入如下命令，并按 Enter 键确认。

```
≫ x1=[11 22 33 44]
```

```
x1=
    11    22    33    44
≫ x2= [1, 2, 3, 4]
x2=
    1    2    3    4
≫ a=dot (x1, x2)
a=
   330
≫
```

④ 向量的叉积：叉积的几何意义是指过两个相交向量的交点，并与此两向量所在平面垂直的向量。在 MATLAB 6.5 中，同样提供有专门计算向量叉积的函数 cross。

附例 2-4 计算向量 $\boldsymbol{x}_1=(11,22,33)$ 与向量 $\boldsymbol{x}_2=(1,2,3)$ 的叉积。

解：在命令窗口中输入如下命令，并按 Enter 键确认。

```
≫ x1=[11 22 33]
x1=
    11    22    33
≫ x2=[1 2 3]
x2=
    1    2    3
≫ x3=cross(x1,x2)
x3=
    0    0    0
≫
```

2. 矩阵及其运算

MATLAB 语言是早期专门用于矩阵运算的计算机语言发展而来的，其名称就是矩阵实验室（Matrix Laboratory）的缩写。MATLAB 语言最基本、最重要的功能就是进行实数或复数矩阵的运算，其所有的数值功能都以矩阵为基本单元来实现。

（1）矩阵的生成

矩阵的生成通常有 4 种方法：在命令窗口中直接输入矩阵、通过语句和函数产生矩阵、在 M 文件中建立矩阵、从外部的数据文件中导入矩阵。

其中在命令窗口中直接输入矩阵是最简单、最常用的创建数值矩阵的方法，比较适合于创建较小的简单矩阵。输入的方式是：把矩阵的元素直接排列到方括号中，每行内的元素用空格或逗号相隔，行与行之间的内容用分号相隔。

附例 2-5 在命令窗口中直接输入矩阵。

解：在命令窗口中输入如下命令，并按 Enter 键确认。

```
≫ matrix=[1 1 1;2 2 2;3 3 3]
matrix=
```

```
     1    1    1
     2    2    2
     3    3    3
>>
```

（2）矩阵的基本数值运算

矩阵的基本数值运算通常包含矩阵与常数的四则运算、矩阵与矩阵之间的四则运算以及矩阵的逆运算等。

① 矩阵与常数的四则运算：是指矩阵各元素与常数之间的四则运算。在矩阵与常数进行除法运算时，常数通常只能作为除数。

② 矩阵与矩阵之间的四则运算：矩阵与矩阵的加法（减法）运算是指矩阵各对应元素之间的加法（减法）运算。矩阵必须具有相同的阶数时，才可以进行加法（减法）运算。

在 MATLAB 6.5 中，矩阵的乘法使用运算符“*”。如果 **A** 是一个 $m\times s$ 阶矩阵，**B** 是一个 $s\times n$ 阶矩阵，那么规定矩阵 **A** 与矩阵 **B** 的乘积是一个 $m\times n$ 阶矩阵。必须注意的是，只有当第一个矩阵（左矩阵）的列数等于第二个矩阵（右矩阵）的行数时，两个矩阵的乘积才有意义。

附例 2-6 矩阵的乘法运算。

解：在命令窗口中输入如下命令，并按 Enter 键确认。

```
>> A=[1 1 1 1;2 2 2 2;3 3 3 3]
A=
     1    1    1    1
     2    2    2    2
     3    3    3    3
>> B=[2 2 2;3 3 3;4 4 4;5 5 5]
B=
     2    2    2
     3    3    3
     4    4    4
     5    5    5
>> C=A*B
C=
    14   14   14
    28   28   28
    42   42   42
>>
```

在 MATLAB 6.5 中，矩阵的除法有左除和右除两种，分别以符号“\”和“/”表示。通常矩阵除法可以用来求解方程组的解，因此在使用 MATLAB 6.5 进行矩阵除法运算时，也必须保证各矩阵的数学合理性，否则 MATLAB 6.5 将无法进行运算。一般情况下，$\boldsymbol{X}=\boldsymbol{A}\backslash\boldsymbol{B}$ 表示 $\boldsymbol{A}*\boldsymbol{X}=\boldsymbol{B}$ 的解，而 $\boldsymbol{X}=\boldsymbol{A}/\boldsymbol{B}$ 表示 $\boldsymbol{X}*\boldsymbol{A}=\boldsymbol{B}$ 的解。

❖ **附例 2-7** 矩阵的除法运算：求解方程组 $A*X=B$ 的解。

解：在命令窗口中输入如下命令，并按 Enter 键确认。

```
>> A=[1 2;3 4]
A=
     1     2
     3     4
>> B=[1 3 5;2 4 6]
B=
     1     3     5
     2     4     6
>> C=A\B
C=
        0   -2.0000   -4.0000
   0.5000    2.5000    4.5000
>>
```

（3）矩阵函数运算

在进行科学计算时，要对矩阵进行大量的函数运算，如矩阵的特征值运算、行列式运算、范数运算等。掌握这些常用的矩阵函数运算，是进行科学计算的基础。常见的矩阵函数如附表 2-2 所示。

附表 2-2 矩阵函数

函数名	函数功能	函数名	函数功能
^	矩阵的乘方运算	gsvd	广义奇异值
sqrtm	矩阵的开方运算	inv	矩阵求逆
expm	矩阵的指数运算	norm	求矩阵和向量的范数
logm	矩阵的对数运算	null	右 0 空间
cond	求矩阵的条件数	poly	求矩阵的特征多项式
det	求矩阵的行列式	polyvalm	求矩阵多项式的值
eig 或 eigs	求矩阵的特征值和特征向量	rank	求矩阵的秩
funm	矩阵的任意函数	trace	求矩阵的迹

❖ **附例 2-8** 求矩阵 A 的逆矩阵及其行列式的值，A 的定义如下边程序所示。

解：在命令窗口中输入如下命令，并按 Enter 键确认。

```
>> A=[1 0 0 0;1 2 0 0;2 1 3 0;1 2 1 4]
A=
     1     0     0     0
     1     2     0     0
     2     1     3     0
     1     2     1     4
>> B=inv(A)
```

```
B=
   1.0000        0         0         0
  -0.5000   0.5000         0         0
  -0.5000  -0.1667    0.3333         0
   0.1250  -0.2083   -0.0833    0.2500
>> x=det (A)
x=
   24
>> y=det (B)
y=
   0.0417
>>
```

附例 2-9 求矩阵 ***T*** 的秩及其特征值，***T*** 的定义如下边程序所示。

解：在命令窗口中输入如下命令，并按 Enter 键确认。

```
>> T=[8 1 6;3 5 7;4 9 2]
T=
   8   1   6
   3   5   7
   4   9   2
>> r=rank(T)
r=
   3
>> E=eig(T)
E=
  15.0000
   4.8990
  -4.8990
>>
```

（4）特殊矩阵的生成

一些特殊矩阵的生成函数如附表 2-3 所示。

附表 2-3 特殊矩阵的生成函数

函数名	函数功能	函数名	函数功能
[ ]	生成空矩阵	invhilb	生成反 Hilbert 矩阵
zeros	生成 0 矩阵	magic	生成魔术矩阵
eye	生成单位矩阵	pascal	生成 n 阶 Pascal 矩阵
ones	生成全 1 矩阵	rand	生成服从 0～1 分布的随机矩阵
tril 和 triu	生成上下三角矩阵	randn	生成服从正态分布的随机矩阵
diag	生成对角矩阵	toeplitz	生成 Toeplitz 矩阵
gallery	生成小的测试矩阵	vander	生成范德蒙矩阵
hadamard	生成 Hadamard 矩阵	wilkinson	生成 Wilkinson 矩阵
hankel	生成 Hankel 矩阵	compan	生成多项式的伴随矩阵
hilb	生成 Hilbert 矩阵		

附例 2-10 生成一个 5×5 阶的随机矩阵。

解：在命令窗口中输入如下命令，并按 Enter 键确认。

```
≫ rand(5)
ans=
      0.9501    0.7621    0.6154    0.4057    0.0579
      0.2311    0.4565    0.7919    0.9355    0.3529
      0.6068    0.0185    0.9218    0.9169    0.8132
      0.4860    0.8214    0.7382    0.4103    0.0099
      0.8913    0.4447    0.1763    0.8936    0.1389
≫
```

3. 数组及其运算

在 MATLAB 6.5 中，数组和矩阵在形式上有很多一致性，但是两者有着不同的概念，遵循不同的运算规则。

（1）数组排序

对一个任意给定的数组，其数组元素往往是没有规律性的，而在实际应用中，往往需要对数组元素进行排序。在 MATLAB 6.5 中，使用 sort 函数对数组进行排序，其使用格式如下：

① sort(*X*) 命令将数组 *X* 中的元素按升序排列。

② 当 *X* 是多维数组时，sort(*X*) 命令将数组 *X* 中的各列元素按升序排列。

③ Y=sort(*X*, DIM, MODE) 命令中增加了两个参数，DIM 选择用于排列的维，而 MODE 决定了排序的方式，选择“ascend”将按升序排列，选择“descend”将按降序排列。该命令生成的数组 *Y* 与 *X* 有相同的数组结构和型号。

（2）数组的基本数值计算

MATLAB 6.5 中数组的运算符是由矩阵运算符前面增加一点“.”来表示，例如“.*”“./”和“.^”等。

附例 2-11 数组 *X*=[1, 4, 7] 和 *Y*=[2, 5, 8] 的乘法、除法和乘方运算。

解：在命令窗口中输入如下命令，并按 Enter 键确认。

```
≫ X=[1 4 7]
X=
     1     4     7
≫ Y=[2 5 8]
Y=
     2     5     8
≫ Z1=X.*Y
Z1=
     2    20    56
≫ Z2=X./Y
Z2=
     0.5000    0.8000    0.8750
```

```
≫ Z3=X.^Y
Z3=
         1        1024     5764801
≫
```

（3）数组的逻辑运算

数组的逻辑运算包括：与（&）、或（|）、非（～）。“&”和“|”操作符号可以比较两个标量或者两个通解数组（或矩阵），“～”则是一个一元操作符。对于数组（矩阵），逻辑运算是针对于数组（矩阵）中的每一个元素，当逻辑为真时，返回值为1；当逻辑为假时，返回值为0。在MATLAB 6.5中，逻辑运算通常可以用来生成只含有元素0和1的矩阵。

五、MATLAB 6.5程序设计

通过前面的学习，用户可以体会到MATLAB 6.5语言与其它语言相比的巨大优势，那就是用户可以在命令窗口中直接输入命令行，从而以一种交互式的方式来编写程序。这种方式适用于命令行比较简单，处理的问题步骤较少的情况。当需要处理复杂且容易出错的问题时，单纯使用这种方式就会不方便。因此，作为一门高级语言，MATLAB 6.5和C语言等其它高级语言一样，可以进行控制流的程序设计，这就是M文件的编程工作方式。

1. M文件入门

（1）M文件的基本特点

M文件的语法类似于一般的高级语言，是一种程序化编程语言，但是它又有自己的特点。M文件只是一个简单的ASCⅡ型码文本文件，因此，它的语法比一般的高级语言要简单，程序也容易调试，并且有很好的交互性。

从语言特点上来说，MATLAB 6.5是一种解释性的语言，它本身不能做任何事情，而只是对用户发出的指令起解释执行的作用。因此，MATLAB 6.5在初次运行M文件时会将M文件编成代码并装入内存中，此过程会大大降低程序的运行速度。但是，用户再次运行该程序时，系统将直接从内存中取出代码运行，此时将极大加快程序的运行速度。

MATLAB语言提供了很多的工具箱，工具箱中的函数就是一个个的M文件。正是有了这些工具箱，MATLAB 6.5才可以广泛地应用到各个领域，如动态仿真、通信模块集、控制系统工具箱和数字信号工具箱等。根据需要，用户可以在这些工具箱中添加自己的M文件，但注意每个M文件都必须以m为扩展名。

由于MATLAB 6.5语言是由C语言编写的，因此，它的语法与C语言有很大的相似之处。对于熟悉C语言的用户来说，学习MATLAB 6.5将是一件十分简单的事情。

M文件有两种，一种为脚本式（Script），一种为函数式（Function），它们各有自己的特点。

（2）脚本式M文件

有时候用户需要输入较多的命令，而且经常要对这些命令进行重复输入。此时，直接在命令窗口输入显得比较麻烦，而利用命令文件就显得比较方便和简单。用户可以将需要重复输入的所有命令按顺序放到一个扩展名为m的文本文件下，每次运行时只要输入该M文件的文件名即可。需要注意的是，用户自己创建的M文件的文件名要避免与MATLAB 6.5

的内置函数和工具箱中的函数重名，以免发生内置函数被替换的情况。同时，当用户所创建的 M 文件不在当前搜索路径时，该函数将无法调用。

由于脚本式文件的运行相当于在命令窗口中按顺序输入运行命令，因此在编制这类文件时，只需将所要执行的语句逐行编辑到指定的文件中，且变量不需要预先定义。在命令文件中的变量都是全局变量，任何其它的命令文件和函数都可以访问这些变量，也不存在文件名对应的问题。

a. 在命令窗口中直接输入 edit 命令，或是单击常用工具栏上的“新建”图标，可以打开一个新的 M 文件编辑窗口。

b. 如果用户要编辑某个已经存在的 M 文件，可以使用 edit mfiles 命令的形式，其中 mfiles 为用户需要编辑的文件名。

c. 运行 M 文件时，一定要保证所调用的 M 文件在当前的路径下，否则 MATLAB 6.5 将无法找到需要调用的函数，从而给出错误信息。用户可以使用 which 函数来证实所调用函数是否在当前路径下。

例如，要查找 PK 函数是否在当前路径下，可以在命令窗口输入 which PK，并按 Enter 键确认。如果所用命令不在当前路径下，可以使用函数 addpath 来设置路径。

附例 2-12 编写一个命令文件，求 sin(1)、sin(2)…sin(8) 的值。

解：在编辑窗口中输入语句如下。

```
%该函数用于顺次求出从 sin(1)到 sin(8)的值。
for i=1:8
    a=sin(i);
    fprintf('sin(%d)=',i)
    fprintf('%12.8f\n',a)
end
```

将该 M 文件以文件名 sumsin.m 保存在 work 文件夹下面。在命令窗口中输入 sumsin，并按 Enter 键确认，得到以下输出结果。

```
>> sumsin
sin(1)=   0.84147098
sin(2)=   0.90929743
sin(3)=   0.14112001
sin(4)=  -0.75680250
sin(5)=  -0.95892427
sin(6)=  -0.27941550
sin(7)=   0.65698660
sin(8)=   0.98935825
>>
```

由此可见，使用脚本式 M 文件，可以使程序的输入变得简单、快速和方便。用户也可以查看 sumsin.m 文件的帮助信息，在命令窗口中输入 help sumsin，即可得到关于 sumsin 脚本式 M 文件的相关信息。

(3) 函数式 M 文件

函数式 M 文件比脚本式 M 文件相对要复杂一些。脚本式 M 文件只是将一些命令语句组织在一起，不需要自带参数，也不一定要返回结果；而函数式 M 文件一般都要自带参数，并且有返回结果，这样可以更好地把整个程序连为一段。

函数式 M 文件的第一行都是以 function 开始，说明此文件是一个函数。其实质就是用户往 MATLAB 6.5 函数库里添加的子函数。函数式 M 文件中的变量都不是全局变量，仅在函数运行期间有效，函数运行完毕之后，它定义的变量将从工作区间中清除。

❖ **附例 2-13** 判断某一年是否为闰年。

解：调出 Medit 窗口，输入如下内容。

```
%该函数用于判断某一年是否为闰年
function isleapyear(year)
sign=0;
if rem(year,4)==0
    sign=sign+1;
end
if rem(year,100)==0
    sign=sign-1;
end
if rem(year,400)==0
    sign=sign+1;
end
if sign==1
    fprintf('%4d year is a leap year.\n',year)
else
    fprintf('%4d year is not a leap year.\n',year)
end
```

将该文件以 isleapyear.m 为文件名保存在 work 文件夹中。用户可以使用如下方法调用 isleapyear 函数。

```
>> y1=2000;
>> y2=2005;
>> y3=2008;
>> isleapyear(y1)
2000 year is a leap year.
>> isleapyear(y2)
2005 year is not a leap year.
>> isleapyear(y3)
2008 year is a leap year.
>>
```

2. MATLAB 6.5 程序控制

在 MATLAB 6.5 语言中，程序的控制极其重要，用户只有熟练掌握了这方面的内容，才能编制出高质量的程序。最简单的程序控制就是顺序结构，用户依次输入命令语句即可。此外，MATLAB 6.5 语言还提供了 4 种高级控制结构：if-else-end 选择语句、switch-case-otherwise-end 分支语句、for 循环语句和 while 循环语句。由于这些结构经常包含大量的 MATLAB 6.5 命令，因此经常出现在 M 文件中，而不是直接加在 MATLAB 6.5 提示符下。

(1) 顺序结构

顺序结构是最简单的程序结构，用户在编写好程序之后，系统将按照程序的物理位置顺次执行。

(2) if-else-end 选择语句

在编写程序时，往往需要根据一定的条件，进行一定的选择来执行不同的语句。此时，需要使用 if-else-end 选择语句来实现这种控制。

if-else-end 选择语句的使用形式有以下 3 种。

① 只有一种选择时的情况　此时的程序结构如下：

```
If 表达式
    执行语句
end
```

这是该结构最简单的一种应用形式。它只有一个判断语句，当表达式为真时，就执行 if 和 end 语言之间的执行语句，否则不予执行。

② 有两种选择时的情况　假如有两个选择，if-else-end 程序结构如下：

```
If 表达式
    执行语句 1
else
    执行语句 2
end
```

此时，如果表达式为真，则系统运行执行语句 1；如果表达式是假，系统将运行执行语句 2。

③ 有 3 种或 3 种以上选择时的情况　程序结构如下：

```
if 表达式 1
    表达式 1 为真时的执行语句 1
    elseif 表达式 2
        表达式 2 为真时的执行语句 2
    elseif 表达式 3
        表达式 3 为真时的执行语句 3
    elseif ……
        ……
        ……
else
    所有表达式都为假时的执行语句
end
```

(3) switch-case-otherwise-end 分支语句

switch-case-otherwise-end 分支语句是 MATLAB 6.0 以上版本新增加的功能，可以使熟悉 C 语言的用户更方便地使用 MATLAB 的分支功能。其使用格式如下：

```
Switch 开关语句
        case 条件语句，
          执行语句,……,执行语句
        case {条件语句 1,条件语句 2,……}
          执行语句,……,执行语句
        ……
       otherwise,
          执行语句,……,执行语句
end
```

在上面的分支结构中，当某个条件语句的内容与开关语句的内容相匹配时，系统将执行其后的语句，如果所有的条件语句与开关条件都不符合时，系统将执行 otherwise 后边的语句。

(4) for 循环语句

当用户遇到许多有规律的重复运算时，可以使用循环语句方便地实现循环操作。MATLAB 6.5 语言提供了两种循环方式，即 for 循环和 while 循环。

for 循环的最大特点是，它的循环判断条件通常就是对循环次数的判断，即循环语句的循环次数是预先设定好的。其使用格式如下：

```
for i=表达式，
      执行语句,……,执行语句
end
```

for 循环的另外一个特点是嵌套使用，它可以多次嵌套 for 循环或是和其他的结构形式嵌套使用，这样用户就可以利用它实现更为复杂的功能。

附例 2-14 使用 for 循环求 $\sum_{i=1}^{8} i!$ 以及 $i!$ ($i=1:8$) 的值。

解：打开 M 文件编辑窗口，输入程序如下，并将函数命名为 forsum。

```
sum=0;
for i=1:8,
    part=1;
    for j=1:i,
        part=part*j;
    end
    fprintf('part(%d)=%d.\n',i,part);
    sum=sum+part;
end
fprintf('The total sum is %d.\n',sum);
```

在命令窗口中输入 forsum，即可得到如下结果。

```
≫ forsum
part(1)=1.
part(2)=2.
part(3)=6.
part(4)=24.
part(5)=120.
part(6)=720.
part(7)=5040.
part(8)=40320.
The total sum is 46233.
≫
```

（5）while 循环语句

与 for 循环不同，while 循环的判断控制可以是逻辑判断语句。因此，它的循环次数可以是一个不定数。这样就赋予了它比 for 循环更广泛的用途。其使用格式如下：

```
while 表达式
    执行语句
end
```

在这个循环中，只要表达式的值不为 false，程序就会一直运行下去。用户必须注意的是，当程序设计出了问题，比如表达式的值总是 true 时，程序容易陷入死循环。因此，在使用 while 循环时一定要在执行语句中设置使表达式的值为 false 的情况。

附录Ⅲ　VB 程序界面及代码

附Ⅲ-2-1

（1）VB 界面设计

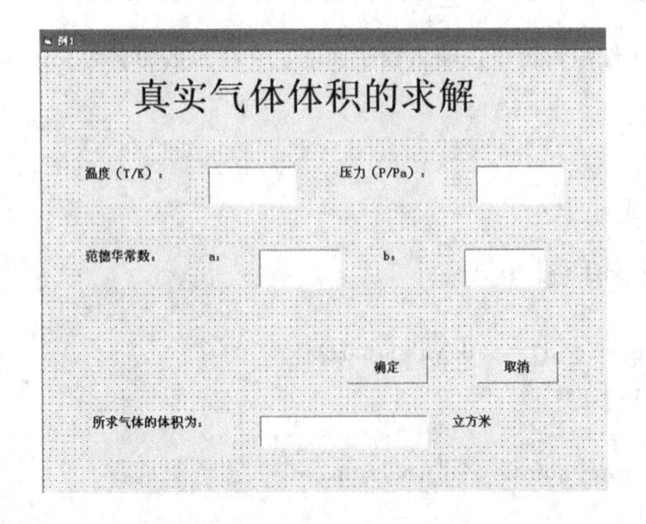

（2）VB 程序代码

```
Dim x1,x2,v,y As Single
Private Sub Command1_Click()
t=CSng(Text1. Text) '将文本框中的数值转换为单精度数后赋值给温度 t
p=CSng(Text2. Text)
a=CSng(Text3. Text)
b=CSng(Text4. Text)
r=8. 31
x1=0
x2=2 * r * t / p
While Abs(x2 - x1) > 0. 000001
v=(x1 + x2) / 2
y=v ^ 3 - (b + r * t / p) * v ^ 2 + a / p * v - a * b / p
If Abs(y)=y Then
x2=v '当 y 为正数时,x2 取 v 值
Else
x1=v
End If
Wend
Text5. Text=v
End Sub
Private Sub Command2_Click()
Text1. Text=""
Text2. Text=""
Text3. Text=""
Text4. Text=""
Text5. Text=""
End Sub
```

附Ⅲ-2-2

（1）VB 界面设计

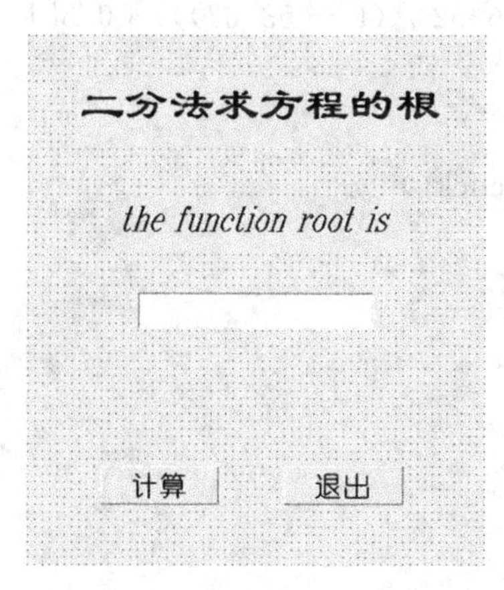

（2）VB 程序代码

```
Private Sub Command1_click()
Dim t1,t2 As Single
Dim t
Dim y1,y2,y
t1=InputBox("t1")
t2=InputBox("t2")
y1=f(t1)
y2=f(t2)
If y1 * y2 > 0 Then
Print "please repeat input t1 and t2"
Exit Sub
End If
While Abs(t2 - t1) > 0.000001
t=(t1 + t2) / 2
y=f(t)
If y1 * y < 0 Then
t2=t
y2=y
Else
t1=t
y1=y
End If
Wend
Text1.Text=Int(10000 * t + 0.5) / 10000 '四舍五入到小数点后第四位
End Sub
Public Function f(t)
Dim y
y=Exp(20.7936 - (2788.51 / (t - 52.36))) * 0.619 _
+ Exp(20.9065 - (3096.52 / (t - 53.67))) * 0.381 - 101325
f=y
End Function
Private Sub Command2_click()
End
End Sub
```

附Ⅲ-2-3

（1）VB 界面设计

醋酸溶液中氢离子浓度的计算

醋酸的浓度：

计算　　重置　　取消

氢离子浓度：　　mol/L

(2) VB 程序代码

```
Private Sub Command1_Click()
x0=0.0001
c=CSng(Text1.Text)
If c < x0 Then
Text1.Text="浓度太小,请单击"重置"!"
Exit Sub
End If
x=Sqr(1.752 * 0.00001 * (c - x0))
While Abs(x0 - x) > 0.00001
x0=x
x=Sqr(1.752 * 0.00001 * (c - x0))
Wend
Text2.Text=x
End Sub
Private Sub Command2_Click()
Text1.Text=""
End Sub
Private Sub Command3_Click()
End
End Sub
```

附Ⅲ-2-4

(1) VB 界面设计

一氧化碳和氢气平衡气中甲醇的摩尔分数计算

反应压力（P/Pa）：

平衡常数（Kp）：

平衡气中甲醇的摩尔分数：

计算　重算　退出

（2）VB程序代码

```
Dim x,x0,a,b As Single
Private Sub Command1_Click()
If Text1.Text="" Or Text2.Text="" Then
Text3.Text="请输入数据!"
Exit Sub
End If
p=CSng(Text1.Text)
k=CSng(Text2.Text)
x=0.5
Do Until Abs(x - x0) < 0.0001
x0=x
a=4*(k*p^2+1)*x0^3-12*(k*p^2+1)* _
x0^2+(12*k*p^2+9)*x0-4*k*p^2
b=12*(k*p^2+1)*x0^2-24*(k*p^2+1)*x0+(12*k*p^2+9)
x=x0-a/b
Loop
Text3.Text=x
End Sub
Private Sub Command2_Click()
Text1.Text=""
Text2.Text=""
Text3.Text=""
End Sub
Private Sub Command3_Click()
```

```
End
End Sub
```

附Ⅲ-2-5

（1）VB 界面设计

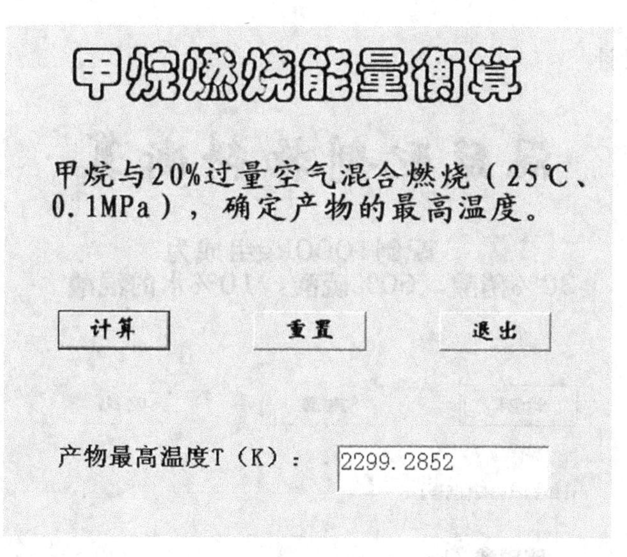

（2）VB 程序代码

```
Private Sub Command1_Click()
E=0.0001 : T=500 : DT=100 * E
A1=364.6589 : B1=0.02862282 / 2
C1=0.00005885998 / 3 : D1=0.00000002810158 / 4
E1=-3.39298E-11 / 5
Do While Abs(DT) > E
AF=A1 * (T - 298.15) : AD=A1
BF=B1 * (T ^ 2 - 298.15 ^ 2) : BD=B1 * 2 * T
CF=C1 * (T ^ 3 - 298.15 ^ 3) : CD=C1 * 3 * T ^ 2
DF=D1 * (T ^ 4 - 298.15 ^ 4) : DD=D1 * 4 * T ^ 3
EF=E1 * (T ^ 5 - 298.15 ^ 5) : ED=E1 * 5 * T ^ 4
FF=AF + BF + CF + DF + EF - 802320
FD=AD + BD + CD + DD + ED
DT=-FF / FD : T=T + DT
Loop
Text1.Text=Int(10000 * T + 0.5) / 10000
End Sub
Private Sub Command2_Click()
Text1.Text=""
```

```
End Sub
Private Sub Command3_Click()
End
End Sub
```

附Ⅲ-2-6

（1）VB界面设计

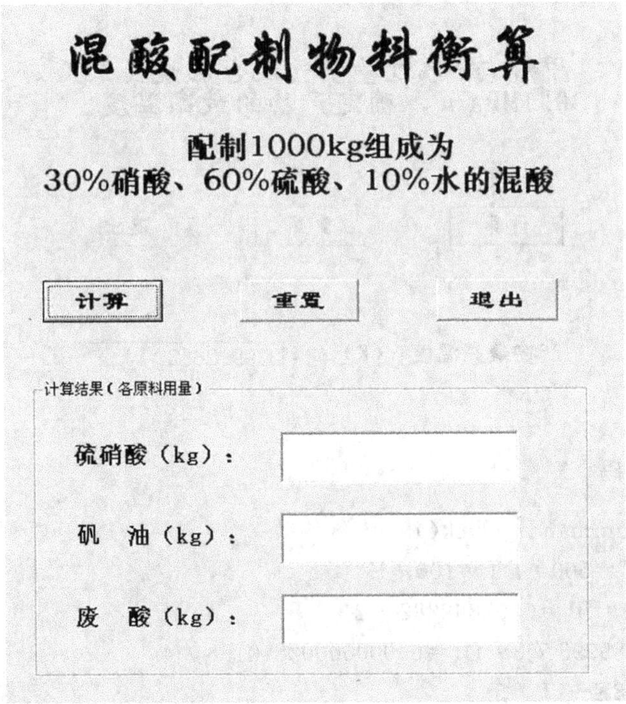

混酸配制物料衡算

配制1000kg组成为
30%硝酸、60%硫酸、10%水的混酸

计算　　重置　　退出

计算结果（各原料用量）

硫硝酸（kg）：

矾　油（kg）：

废　酸（kg）：

（2）VB程序代码

```
Private Sub Command1_Click()
Dim n,i,j As Integer
Dim a(100,100),b(100),x1(100),x2(100)
Dim c(100,100),d(100)
Dim s,eer
n=InputBox("方程维数")
For i=1 To n
x1(i)=1
x2(i)=0
Next i
For i=1 To n
For j=1 To n
a(i,j)=InputBox("a(i,j)")
```

```
Next j
b(i)=InputBox("b(i)")
Next i
For i=1 To n
d(i)=b(i) / a(i,i)
Next i
For i=1 To n
For j=1 To n
If j=i Then
c(i,j)=0
Else
c(i,j)=-a(i,j) / a(i,i)
End If
Next j
Next i
eer=0
For i=1 To n
eer=eer + Abs(x1(i) - x2(i))
Next i
Do Until eer < 0.000001
For i=1 To n
x1(i)=x2(i)
Next i
For i=1 To n
s=0
For j=1 To n
s=s + c(i,j) * x1(j)
Next j
x2(i)=s + d(i)
Next i
eer=0
For i=1 To n
eer=eer + Abs(x1(i) - x2(i))
Next i
Loop
Text1. Text=Int(10000 * x2(1)+0.5)/10000
Text2. Text=Int(10000 * x2(2)+0.5)/10000
Text3. Text=Int(10000 * x2(3)+0.5)/10000
End Sub
Private Sub Command2_Click()
```

```
Text1.Text=""
Text2.Text=""
Text3.Text=""
End Sub
Private Sub Command3_Click()
End
End Sub
```

附Ⅲ-2-7

（1）VB界面设计

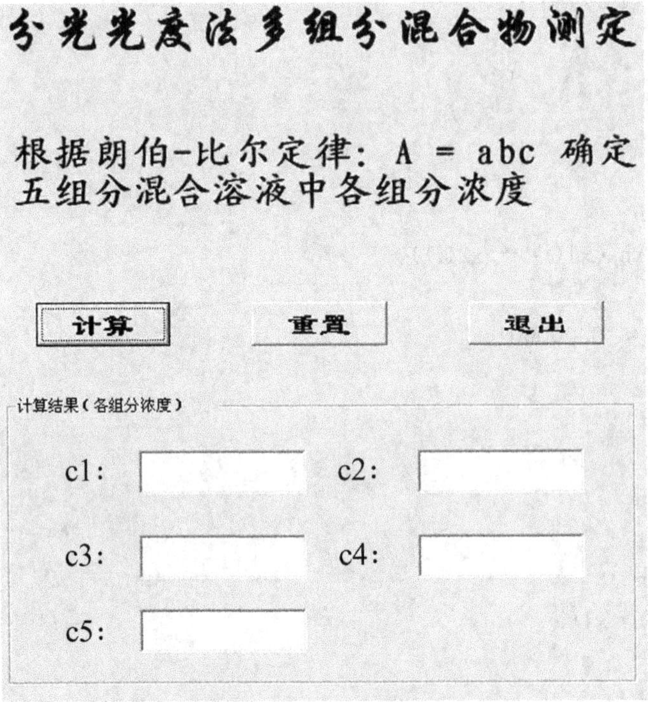

分光光度法多组分混合物测定

根据朗伯-比尔定律：A = abc 确定五组分混合溶液中各组分浓度

计算　　重置　　退出

计算结果（各组分浓度）

c1:　　c2:

c3:　　c4:

c5:

（2）VB程序代码

```
Private Sub Command1_Click()
Dim n,k,i,j As Integer
Dim a(100,100),b(100),x(100)
n=5
For i=1 To n
i=InputBox("i")
For j=1 To n
a(i,j)=InputBox("a(i,j)")
Next j
b(i)=InputBox("b(i)")
```

```
Next i
For k=1 To n - 1
Call XLZY(a(),b(),k,n)
For i=k + 1 To n
For j=k + 1 To n
a(i,j)=a(i,j) - a(k,j) * a(i,k) / a(k,k)
Next j
b(i)=b(i) - b(k) * a(i,k) / a(k,k)
Next i
Next k
x(n)=b(n) / a(n,n)
For k=n - 1 To 1 Step -1
s=0
For i=n To k + 1 Step -1
s=s + a(k,i) * x(i)
Next i
x(k)=(b(k) - s) / a(k,k)
Next k
Text1. Text=Int(100000000 * x(1)+0. 5)/100000000
Text2. Text=Int(100000000 * x(2)+0. 5)/100000000
Text3. Text=Int(100000000 * x(3)+0. 5)/100000000
Text4. Text=Int(100000000 * x(4)+0. 5)/100000000
Text5. Text=Int(100000000 * x(5)+0. 5)/100000000
End Sub
Private Sub XLZY(a(),b(),k,n)
am=Abs(a(k,k)) : mm=k
For i=k + 1 To n
If am < Abs(a(i,k)) Then
am=Abs(a(i,k)) : mm=i
End If
Next i
If mm <> k Then
For j=k To n
aa=a(k,j)
a(k,j)=a(mm,j)
a(mm,j)=aa
Next j
bb=b(k)
b(k)=b(mm)
b(mm)=bb
```

```
Else
If am=0 Then
Stop : End
End If
End If
End Sub
Private Sub Command2_Click()
Text1. Text=""
Text2. Text=""
Text3. Text=""
Text4. Text=""
Text5. Text=""
End Sub
Private Sub Command3_Click()
End
End Sub
```

附Ⅲ-2-8

（1）VB 界面设计

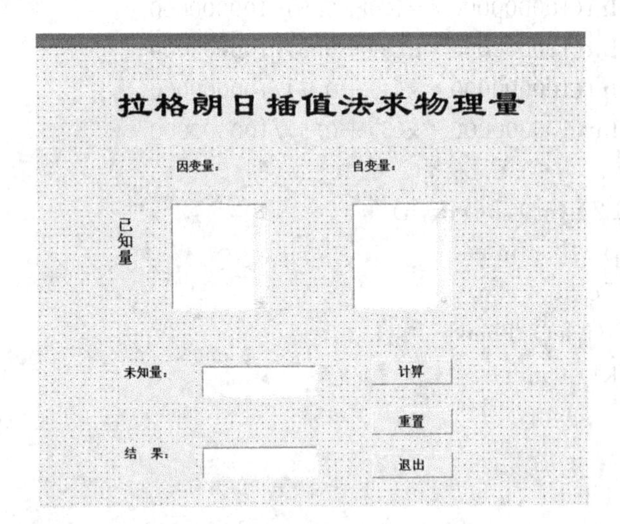

（2）VB 程序代码

```
Dim a() As String,b() As String,X1() As Single,Y1() As Single
Dim xx,yy,L,m,n,i,j As Single
Private Sub Command1_Click()
If Len(Text1)=0 Or Len(Text2)=0 Or Len(Text3)=0 Then
MsgBox "请输入参数!",vbExclamation
Exit Sub
End If
```

```
y=Text1. Text
b()=Split(y)
x=Text2. Text
a()=Split(x)
n=UBound(a)
m=UBound(b)
ReDim X1(n)
ReDim Y1(m)
For i=0 To n - 1
X1(i)=Val(a(i))
Next i
For j=0 To m - 1
Y1(j)=Val(b(j))
Next j
xx=CSng(Text3. Text)
yy=0
For i=0 To m - 1
L=1
For j=0 To n - 1
If j <> i Then
L=L * (xx - X1(j)) / (X1(i) - X1(j))
Else : L=L
End If
Next j
yy=yy + L * Y1(i)
Next i
Text4. Text=yy
End Sub
Private Sub Command2_Click()
Text1. Text=""
Text2. Text=""
Text3. Text=""
Text4. Text=""
End Sub
Private Sub Command3_Click()
End
End Sub
```

附Ⅲ-2-9

（1）VB界面设计

梯形法求定积分

梯形块数（n）：

积分下限：　　计算

积分上限：　　重置

运算结果：　　退出

（2）VB程序代码

```
Private Sub Command1_Click()
If Len(Text1.Text)=0 Or Len(Text2.Text)=0 Or _
Len(Text3.Text)=0 Then
MsgBox "请输入参数!",vbExclamation
Exit Sub
End If
n=Text1.Text
h=(Text3.Text - Text2.Text) / n
x0=Text2.Text
X1=Text3.Text
x=x0
f0=cp(x0)
f1=cp(X1)
q1=0
For i=1 To n - 1
x=x + h
q1=q1 + cp(x)
Next i
q=h*((f0 + f1) / 2 + q1)
Text4.Text=q
End Sub
Private Function cp(x)
cp=14.15+(0.075496)*x+(-0.00001799)*x^2
End Function
Private Sub Command2_Click()
Text1.Text=""
Text2.Text=""
```

```
Text3.Text=""
Text4.Text=""
End Sub
Private Sub Command3_Click()
End
End Sub
Private Sub Timer1_Timer()
Form1.Caption=Time$
End Sub
```

附Ⅲ-2-10

（1）VB界面设计

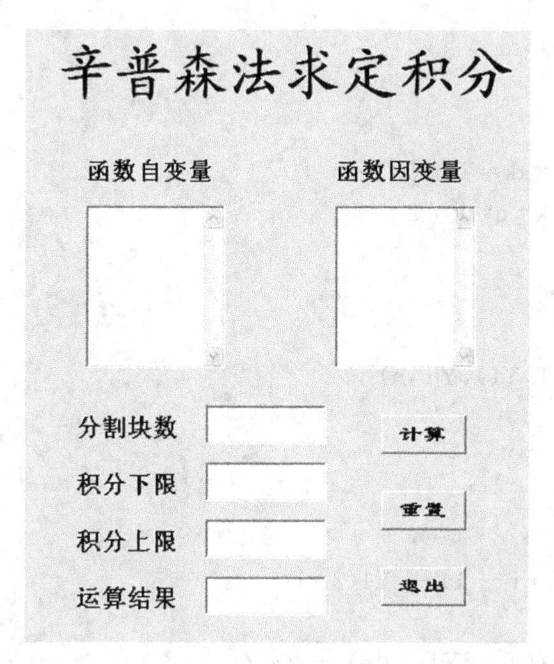

（2）VB程序代码

```
Dim a() As String,b() As String
Dim X(100),X1(100),Y(100),Y1(100) As Single
Dim XT,YT,x0,xk,yy,L As Single
Private Sub Command1_Click()
If Len(Text1)=0 Or Len(Text2)=0 Or Len(Text3)=0 _
Or Len(Text4)=0 Or Len(Text5)=0 Then
MsgBox "请输入参数!",vbExclamation
Exit Sub
End If
a1=Text1.Text
```

```
a()=Split(a1)
b1=Text2.Text
b()=Split(b1)
n=UBound(a)
m=UBound(b)
If n <> m Then
MsgBox "自变量与因变量的个数不等!",vbExclamation
Exit Sub
End If
For i=0 To n - 1
X(i)=Val(a(i))
Next i
For j=0 To m - 1
Y(j)=Val(b(j))
Next j
k=Text3.Text
x0=Text4.Text : xk=Text5.Text
h=(xk - x0) / k : q=k / 2
For i=0 To k
X1(i)=x0 + h*i
XT=X1(i)
Call LCZ(X(),XT,Y(),YT,n)
Y1(i)=YT
Next i
Z=0
For i=1 To q
Z=Z + 2*Y1(2*i - 1) + Y1(2*i)
Next i
S=(h / 3)*(Y1(0) - Y1(2*q) + 2*Z)
Text6.Text=Int(10000*S + 0.5) / 10000
End Sub
Public Sub LCZ(X(),XT,Y(),YT,n)
yy=0
For t=0 To n - 1
L=1
For d=0 To n - 1
If t <> d Then
L=L*(XT - X(d)) / (X(t) - X(d))
Else : L=L
End If
```

```
Next d
yy=yy + L * Y(t)
Next t
YT=yy
End Sub
Private Sub Command2_Click()
Text1. Text=""
Text2. Text=""
Text3. Text=""
Text4. Text=""
Text5. Text=""
Text6. Text=""
End Sub
Private Sub Command3_Click()
End
End Sub
```

附Ⅲ-2-11

（1）VB界面设计

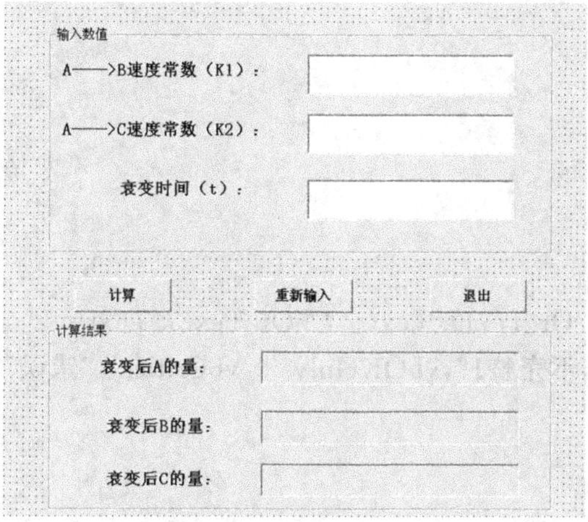

输入数值

A——>B速度常数（K1）：

A——>C速度常数（K2）：

衰变时间（t）：

计算　　重新输入　　退出

计算结果

衰变后A的量：

衰变后B的量：

衰变后C的量：

（2）VB程序代码

```
Option Explicit
Private Sub Euler(ByVal t As Single,ByRef y1 As Single,ByRef y2 As Single,_
ByRef y3 As Single,ByVal K1 As Single,ByVal K2 As Single)
Dim i As Single
Dim h As Single
h=0. 05
y1=1
i=h
```

```
If t=0 Or (K1=0 And K2=0) Then
y1=1
y2=0
y3=0
Else
Do While (i <=t)
y1=y1 - h * (K1 + K2) * y1
If y1 <=0 Then
y1=0
Exit Do
Else
i=i + h
End If
y2=y2 + h * K1 * y1
y3=y3 + h * K2 * y1
Loop
End If
End Sub
Private Sub Command1_Click()
Dim t As Single
Dim K1 As Single
Dim K2 As Single
Dim y1 As Single
Dim y2 As Single
Dim y3 As Single
On Error GoTo Err
If Text1. Text="" Or Text2. Text="" Or Text3. Text="" Then
MsgBox "输入数据不完整!",vbOKOnly + vbCritical,"错误"
Text1. Text=""
Text2. Text=""
Text3. Text=""
Exit Sub
End If
t=Text3. Text
K1=Text1. Text
K2=Text2. Text
If t < 0 Or K1 < 0 Or K2 < 0 Then
MsgBox "输入了负数!",vbOKOnly + vbCritical,"错误"
Text1. Text=""
Text2. Text=""
```

```
Text3. Text=""
End If
Call Euler(t,y1,y2,y3,K1,K2)
Label7. Caption=Int((y1 * 10000) + 0.5) / 10000
Label8. Caption=Int((y2 * 10000) + 0.5) / 10000
Label9. Caption=Int((y3 * 10000) + 0.5) / 10000
Exit Sub
Err:
MsgBox "输入了字符或数值溢出!",vbOKOnly + vbCritical,"错误"
Text1. Text=""
Text2. Text=""
Text3. Text=""
End Sub
Private Sub Command2_Click()
Text1. Text=""
Text2. Text=""
Text3. Text=""
End Sub
Private Sub Command3_Click()
End
End Sub
```

附Ⅲ-2-12

(1) VB界面设计

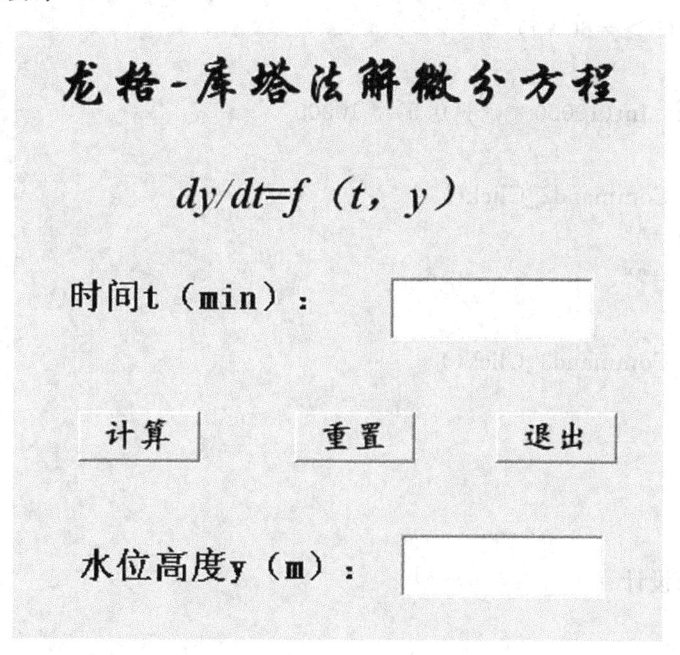

（2）VB程序代码

```
Private Sub Command1_Click()
Dim t,y,K1,K2,K3,K4,i,h As Single
If Text1. Text="" Then
MsgBox "请输入数据!",vbExclamation
Exit Sub
End If
t=Text1. Text
R=2：r1=0.02
v1=0.7：r2=0.076
y0=5
h=2
If t=0 Then
y=5
Else
i=0
Do
i=i + h
K1=(r1 * r1 * v1 - r2 * r2 * Sqr(2 * 9.81 * y0)) / R / R
K2=(r1 * r1 * v1 - r2 * r2 * Sqr(2 * 9.81 * (y0 + h / 2 * K1))) / R / R
K3=(r1 * r1 * v1 - r2 * r2 * Sqr(2 * 9.81 * (y0 + h / 2 * K2))) / R / R
K4=(r1 * r1 * v1 - r2 * r2 * Sqr(2 * 9.81 * (y0 + h * K3))) / R / R
y=y0 + h / 6 * (K1 + 2 * K2 + 2 * K3 + K4)
y0=y
Loop Until (i >=60 * t)
End If
Text2. Text=Int(10000 * y + 0.5) / 10000
End Sub
Private Sub Command2_Click()
Text1. Text=""
Text2. Text=""
End Sub
Private Sub Command3_Click()
End
End Sub
```

附Ⅲ-2-13

（1）VB界面设计

分光光度法测定样品含氮量

标准试样数据

标准试样含氮量	标准试样吸光度
10	0.082
20	0.170
30	0.249
40	0.330
50	0.420

计算　重置　退出

被测样品数据

被测样品吸光度 e（625nm）　0.406

被测样品含氮量 c（μg/100mL）　48.6364

（2）程序代码

```
Dim x() As String,y() As String,c1() As Single,e1() As Single
Dim a As Single,b As Single,R As Single
Dim SC As Single,SE As Single,C2 As Single,E2 As Single,S As Single
Private Sub Command1_Click()
If Len(Text1)=0 Or Len(Text2)=0 Or Len(Text3)=0 Then
MsgBox "请输入数据！",vbExclamation
Exit Sub
End If
ee=Text3.Text
c=Text1.Text
x()=Split(c)
e=Text2.Text
y()=Split(e)
n1=UBound(x)
m1=UBound(y)
If n1 <> m1 Then
MsgBox "自变量与因变量的个数不等！",vbExclamation
Exit Sub
```

```
End If
ReDim c1(n1)
ReDim e1(m1)
For i=0 To n1 - 1
c1(i)=Val(x(i))
Next i
For j=0 To m1 - 1
e1(j)=Val(y(j))
Next j
SC=0 : SE=0 : C2=0 : E2=0 : S=0
For i=0 To n1 - 1
SC=SC + c1(i) : SE=SE + e1(i) : C2=C2 + c1(i) * c1(i)
E2=E2 + e1(i) * e1(i) : S=S + c1(i) * e1(i)
Next i
a=(S - SC * SE / n1) / (C2 - SC * SC / n1)
b=(SE - a * SC) / n1
R=(S - SC * SE / n1) / Sqr((C2 - SC * SC / n1) * (E2 - SE * SE / n1))
If R < 0.95 Then
MsgBox "数据为非线性!",vbExclamation
Exit Sub
End If
cc=(ee - b) / a
cc=Int(cc * 10000 + 0.5) / 10000
Text4.Text=cc
End Sub
Private Sub Command2_Click()
Text1.Text=""
Text2.Text=""
Text3.Text=""
Text4.Text=""
End Sub
Private Sub Command3_Click()
End
End Sub
```

附Ⅲ-2-14

(1) VB 界面设计

(2) VB 程序代码

```
Private Sub Command1_Click()
Dim m As Integer
m=Text1. Text
Dim i,j,k As Integer
Dim a(100,100),y(100),y1(100),y2(100)
Dim s,s1,s2,s3,b(100,100)
Dim x1(100),x2(100)
'分别输入序号、雷诺准数、普朗特准数和努塞尔准数
For i=1 To m
i=InputBox("i")
x1(i)=InputBox("x1(i)")
x1(i)=Log(x1(i))
x2(i)=InputBox("x2(i)")
x2(i)=Log(x2(i))
y(i)=InputBox("y(i)")
y(i)=Log(y(i))
Next i
'求解法方程系数
```

```
a(1,1)=m
a(1,2)=0
For i=1 To m
a(1,2)=a(1,2) + x1(i)
Next i
a(2,1)=a(1,2)
a(1,3)=0
For i=1 To m
a(1,3)=a(1,3) + x2(i)
Next i
a(3,1)=a(1,3)
a(2,2)=0
For i=1 To m
a(2,2)=a(2,2) + x1(i) * x1(i)
Next i
a(3,3)=0
For i=1 To m
a(3,3)=a(3,3) + x2(i) * x2(i)
Next i
a(2,3)=0
For i=1 To m
a(2,3)=a(2,3) + x1(i) * x2(i)
Next i
a(3,2)=a(2,3)
y1(1)=0
For i=1 To m
y1(1)=y1(1) + y(i)
Next i
y1(2)=0
For i=1 To m
y1(2)=y1(2) + x1(i) * y(i)
Next i
y1(3)=0
For i=1 To m
y1(3)=y1(3) + x2(i) * y(i)
Next i
'利用克莱姆法则解法方程
s=a(1,1) * a(2,2) * a(3,3)+a(1,2) * a(2,3) * a(3,1)+a(1,3) * a(2,1) * a(3,2)
```

```
s=s-a(1,1) * a(2,3) * a(3,2)-a(1,2) * a(2,1) * a(3,3)-a(1,3) * a(2,2) * a(3,1)
For j=1 To 3
b(j,1)=a(j,1)
a(j,1)=y1(j)
Next j
s1=a(1,1) * a(2,2) * a(3,3)+a(1,2) * a(2,3) * a(3,1)+a(1,3) * a(2,1) * a(3,2)
s1=s1-a(1,1) * a(2,3) * a(3,2)-a(1,2) * a(2,1) * a(3,3)-a(1,3) * a(2,2) * a(3,1)
For j=1 To 3
a(j,1)=b(j,1)
Next j
For j=1 To 3
b(j,2)=a(j,2)
a(j,2)=y1(j)
Next j
s2=a(1,1) * a(2,2) * a(3,3)+a(1,2) * a(2,3) * a(3,1)+a(1,3) * a(2,1) * a(3,2)
s2=s2-a(1,1) * a(2,3) * a(3,2)-a(1,2) * a(2,1) * a(3,3)-a(1,3) * a(2,2) * a(3,1)
For j=1 To 3
a(j,2)=b(j,2)
Next j
For j=1 To 3
b(j,3)=a(j,3)
a(j,3)=y1(j)
Next j
s3=a(1,1) * a(2,2) * a(3,3)+a(1,2) * a(2,3) * a(3,1)+a(1,3) * a(2,1) * a(3,2)
s3=s3-a(1,1) * a(2,3) * a(3,2)-a(1,2) * a(2,1) * a(3,3)-a(1,3) * a(2,2) * a(3,1)
y2(1)=s1 / s
y2(2)=s2 / s
y2(3)=s3 / s
Text2. Text=Int(1000 * Exp(y2(1)) + 0.5) / 1000
Text3. Text=Int(1000 * y2(2) + 0.5) / 1000
Text4. Text=Int(1000 * y2(3) + 0.5) / 1000
End Sub
Private Sub Command2_Click()
Text1. Text=""
Text2. Text=""
Text3. Text=""
Text4. Text=""
End Sub
Private Sub Command3_Click()
```

```
End
End Sub
```

附Ⅲ-2-15

（1）VB界面设计

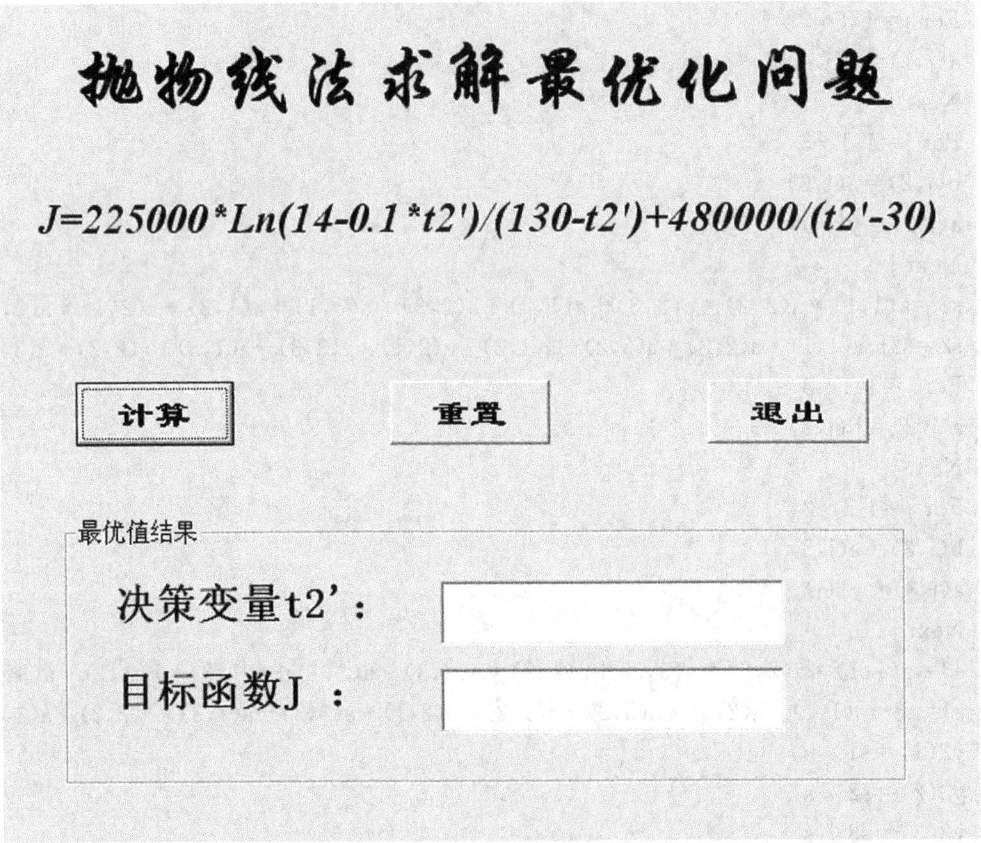

抛物线法求解最优化问题

J=225000*Ln(14-0.1*t2')/(130-t2')+480000/(t2'-30)

计算　　重置　　退出

最优值结果

决策变量t2'：

目标函数J ：

（2）VB程序代码

```
Private Sub Command1_Click()
Dim x1,x2,x3,xm,y1,y2,y3,ym As Single
x1=InputBox("x1")
x2=InputBox("x2")
x3=InputBox("x3")
y1=f(x1)
y2=f(x2)
y3=f(x3)
xm=0.5*(y1*(x2^2-x3^2)+y2*(x3^2-x1^2)+ _
```

```
y3 * (x1^2－x2 ^ 2)) / (y1 * (x2 － x3) ＋ y2 * (x3 － x1) ＋ y3 * (x1 － x2))
ym＝f(xm)
Do While (Abs((ym － y2) / ym) ＞ 0.0001 And Abs((xm － x2) / xm) ＞ 0.01)
If (xm － x1) * (xm － x2) ＜ 0 Then
If ym ＜ y2 Then
x3＝x2 : y3＝y2
x2＝xm : y2＝ym
Else
x1＝xm : y1＝ym
End If
Else
If ym ＜ y2 Then
x1＝x2 : y1＝y2
x2＝xm : y2＝ym
Else
x3＝xm : y3＝ym
End If
End If
xm＝0.5 * (y1 * (x2 ^ 2 － x3 ^ 2) ＋ y2 * (x3 ^ 2 － x1 ^ 2) ＋ _
y3 * (x1 ^ 2 － x2 ^ 2)) / (y1 * (x2 － x3) ＋ y2 * (x3 － x1) ＋ y3 * (x1 － x2))
ym＝f(xm)
Loop
Text1.Text＝Int(100 * xm ＋ 0.5) / 100
Text2.Text＝Int(100 * ym ＋ 0.5) / 100
End Sub
Public Function f(x)
Dim y
y＝225000 * Log(14 － 0.1 * x) / (130 － x) ＋ 480000 / (x － 30)
f＝y
End Function
Private Sub Command2_CLick()
Text1.Text＝""
Text2.Text＝""
End Sub
Private Sub Command3_CLick()
End
End Sub
```

附Ⅲ-4-1

（1）VB界面设计

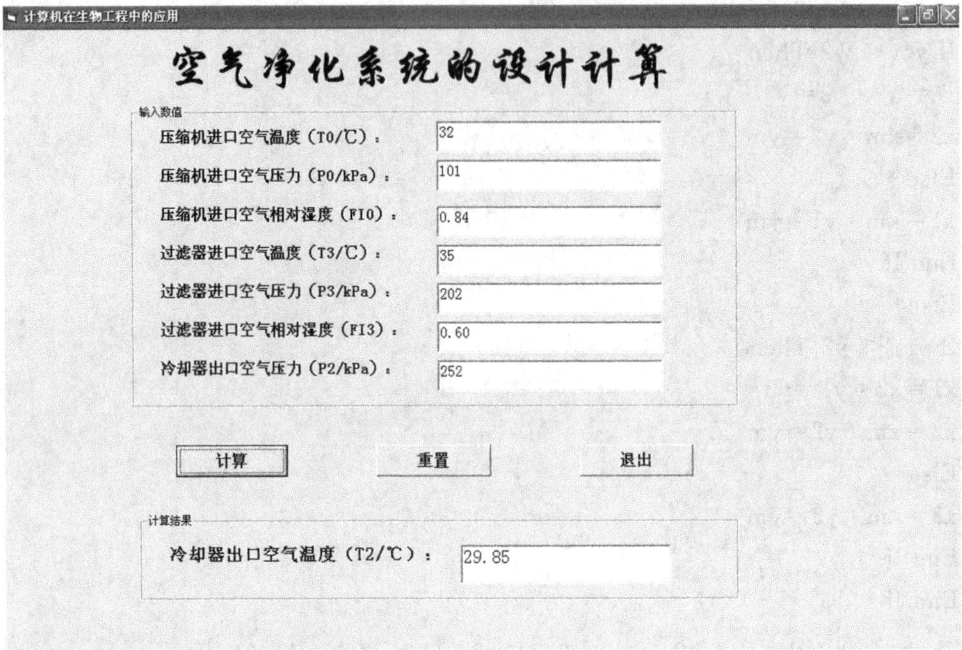

计算机在生物工程中的应用

空气净化系统的设计计算

输入数值

压缩机进口空气温度（T0/℃）：32

压缩机进口空气压力（P0/kPa）：101

压缩机进口空气相对湿度（FI0）：0.84

过滤器进口空气温度（T3/℃）：35

过滤器进口空气压力（P3/kPa）：202

过滤器进口空气相对湿度（FI3）：0.60

冷却器出口空气压力（P2/kPa）：252

计算　重置　退出

计算结果

冷却器出口空气温度（T2/℃）：29.85

（2）VB程序代码

```
Private Sub Command1_Click()
If Len(Text1.Text)=0 Or Len(Text2.Text)=0 Or Len(Text3.Text)=0 Or Len(Text4.Text)=0 _
Or Len(Text5.Text)=0 Or Len(Text6.Text)=0 Or Len(Text7.Text)=0 Then
MsgBox "请输入参数!",vbExclamation
Exit Sub
End If
T0=Text1.Text
P0=Text2.Text
FI0=Text3.Text
T3=Text4.Text
P3=Text5.Text
FI3=Text6.Text
P2=Text7.Text
PS3=10 ^ (8.07131 - 1730.63 / (T3 + 233.426)) * 0.13332
PS0=10 ^ (8.07131 - 1730.63 / (T0 + 233.426)) * 0.13332
FI=FI3 * PS3 * P0 / (PS0 * P3)
If FI > FI0 Then
MsgBox "空气不需冷却和加热",vbExclamation
```

```
Exit Sub
End If
PS2=PS3 * P2 * FI3 / P3
T2=(1730.63 / (8.07131 - 1 / 2.303 * Log(PS2 / 0.13332))) - 233.426
Text8.Text=Int(100 * T2 + 0.5) / 100
End Sub
Private Sub Command2_Click()
Text1.Text=""
Text2.Text=""
Text3.Text=""
Text4.Text=""
Text5.Text=""
Text6.Text=""
Text7.Text=""
End Sub
Private Sub Command3_Click()
End
End Sub
```

附Ⅲ-4-2

（1）VB界面设计

（2）VB程序代码

```
Private Sub Command1_Click()
If Len(Text1)=0 Or Len(Text2)=0 Or Len(Text3)=0 Or Len(Text4)=0 Or Len(Text5)=0 Or _
```

```
Len(Text6)=0 Or Len(Text7)=0 Or Len(Text8)=0 Or Len(Text9)=0 Or Len(Text10)=0 Or _
Len(Text11)=0 Or Len(Text12)=0 Or Len(Text13)=0 Or Len(Text14)=0 Or _
Len(Text15)=0 Or Len(Text16)=0 Or Len(Text17)=0 Or Len(Text18)=0 Or _
Len(Text19)=0 Or Len(Text20)=0 Or Len(Text21)=0 Or Len(Text25)=0 Then
MsgBox "请输入数据!",vbExclamation
Exit Sub
End If
F1=Text1.Text : RO1=Text2.Text : W1=Text3.Text : TF1=Text4.Text : W2=Text5.Text
CF=Text6.Text : RO2=Text7.Text : T0=Text8.Text : P=Text9.Text : RO3=Text10.Text
T1=Text11.Text : X1=Text12.Text : X2=Text13.Text : B=Text14.Text : A1=Text15.Text
A2=Text16.Text : DE=Text17.Text : UN=Text18.Text : VA=Text19.Text : RO4=Text20.Text
TY=Text21.Text : D1=Text25.Text
VL=(0.773 + 1.244 * X1) * (273.15 + T1) / 273.15
G=F1 * (W1 - W2) / (1 - W2) : L=G / (X2 - X1) : V=L * VL
K=(RO1 * (1 - W1) / RO2 / (1 - W2)) ^ (1 / 3)
WC=(RO1 * W1 - (1 - K ^ 3) * RO3) / (RO1 - (1 - K ^ 3) * RO3)
XC=X1 + F1 * (W1 - WC) / L / (1 - W2)
I1=(1.01 + 1.88 * X1) * T1 + 2492 * X1
T2=(I1 - X1 * 2492) / (1.01 + 1.88 * X2) : S=1.5 * G ^ (2 / 3)
Do
Do
TI=(T1 + T2) / 2 : TW=T0
TP=(TW + TI) / 2
A=(8 + 0.05 * TW) * 4.18
LM=A1 + A2 * TP
T=(LM * TI + B * A * T0) / (LM + B * A)
While Abs(T - TW) > 0.01
TW=T
TP=(TW + TI) / 2
A=(8 + 0.05 * TW) * 4.18
LM=A1 + A2 * TP
T=(LM * TI + B * A * T0) / (LM + B * A)
Wend
I2=(1.01 + 1.88 * X2) * T2 + 2492 * X2
TF2=T0 : EE=10
Do
PS=10 ^ (8.07131 - 1730.63 / (TF2 + 233.426)) * 0.1333
XS=0.622 * PS / (P - PS)
I=(1.01 + 1.88 * XS) * TF2 + 2492 * XS
```

```
If I > I2 Then
TF2=TF2 - EE : EE=EE / 10
ElseIf I < I2 Then
TF2=TF2 + EE
End If
Loop Until EE < 0.01
QF=(1 - W1) * CF * (TF2 - TF1) / (W1 - W2) : QL=S * (TW - T0) * A / G
I2=(-QL - QF + TF1) * (X2 - X1) + I1
T=(I2 - 2492 * X2) / (1.01 + 1.88 * X2)
TT=T2 : T2=T
Loop Until Abs(T2 - TT) < 0.01
IC=(-QL - QF + TF1) * (XC - X1) + I1
TC=(IC - 2492 * XC) / (1.01 + 1.88 * XC)
TFC=T0 : EE=10
Do
PS=10 ^ (8.07131 - 1730.63 / (TFC + 233.426)) * 0.1333
XS=0.622 * PS / (P - PS)
I=(1.01 + 1.88 * XS) * TFC + 2492 * XS
If I > IC Then
TFC=TFC - EE : EE=EE / 10
ElseIf I < IC Then
TFC=TFC + EE
End If
Loop Until EE < 0.01
TF=(TF1 + TFC) / 2 : R1=2538.809 - 2.90927 * TF
TF=(TF2 + TFC) / 2 : R2=2538.809 - 2.90927 * TF
G1=F1 * (W1 - WC) / (1 - WC) : G2=G - G1
T=(T1 + TC) / 2 : L1=0.08772 + 0.0002896 * T - 0.0000001254 * T * T
T=(T2 + TC) / 2 : L2=0.08772 + 0.0002896 * T - 0.0000001254 * T * T
If TY=1 Then
DA=(1 + 1 / K) * D1 / 2
DT=(T1 - TF1 - TC + TFC) / Log((T1 - TF1) / (TC - TFC))
TA=R1 * G1 / (2 * 3.1416 * DA * DT * L1)
DT=(TC - TFC - T2 + TF2) / Log((TC - TFC) / (T2 - TF2))
TB=R2 * (K * D1) ^ 2 * RO2 * G2 / (12 * L2 * DT * (F1 - G))
TD=(TA + TB) * 3.1416 * D1 ^ 3 * RO1 / 6 / F1
Else
CC=WC / (1 - WC) : C2=W2 / (1 - W2)
DT=(T1 - TF1 - TC + TFC) / Log((T1 - TF1) / (TC - TFC))
```

```
TA=R1 * RO3 * D1 * D1 * (1 - K * K) / 8 / L1 / DT
DT=(TC - TFC - T2 + TF2) / Log((TC - TFC) / (T2 - TF2))
TB=R2 * K * K * D1 * D1 * RO2 * (CC - C2) / 12 / L2 / DT
TD=TA + TB
End If
D=1.378 * UN * DE
H=8.4562 * TD ^ 3 / D / D * (3600 * VA * UN / RO4) ^ (3 / 2)
SS=3.1416 * (D * H + D * D / 2)
SSS=S : S=SS
Loop Until Abs((S - SSS) / S) < 0.01
D=Int((D * 10000) + 0.5) / 10000
H=Int((H * 10000) + 0.5) / 10000
L=Int((L * 10000) + 0.5) / 10000
Text22.Text=D
Text23.Text=H
Text24.Text=L
End Sub
Private Sub Command2_Click()
Text1.Text ="" : Text2.Text ="" : Text3.Text ="" : Text4.Text ="" : Text5.Text =""
Text6.Text ="" : Text7.Text ="" : Text8.Text ="" : Text9.Text ="" : Text10.Text =""
Text11.Text ="" : Text12.Text ="" : Text13.Text ="" : Text14.Text ="" : Text15.Text =""
Text16.Text ="" : Text17.Text ="" : Text18.Text ="" : Text19.Text ="" : Text20.Text =""
Text21.Text ="" : Text22.Text ="" : Text23.Text ="" : Text24.Text ="" : Text25.Text =""
End Sub
Private Sub Command3_Click()
End
End Sub
```

参考文献

[1] 方利国，陈砾．计算机在化学化工中的应用．北京：化学工业出版社，2000.

[2] 刘北平，高孔荣，陈启铎．食品与发酵工业中的计算机应用技术．广州：华南理工大学出版社，1999.

[3] 方奕文．计算机在化学中的应用．广州：华南理工大学出版社，2000.

[4] 吴若峰，乐之伟，陆文聪．计算机在化学化工中的应用．上海：上海大学出版社，2000.

[5] 钟秦，俞马宏．化工数值计算．北京：化学工业出版社，2003.

[6] 于寅．高等工程数学．2 版．武汉：华中理工大学出版社，1999.

[7] 沈剑华．数值计算基础．上海：同济大学出版社，1999.

[8] 朱开宏．化学反应工程分析例题与习题．上海：华东理工大学出版社，2005.

[9] 潘小轰．Visual Basic 6.0 应用开发技术．北京：中国石化出版社，1999.

[10] 龚沛曾，陆慰民，杨志强．Visual Basic 程序设计．北京：高等教育出版社，1999.

[11] 王沫然．MATLAB 6.0 与科学计算．北京：电子工业出版社，2001.

[12] 孙祥，徐流美，吴清．MATLAB 7.0 基础教程．北京：清华大学出版社，2005.

[13] 匡国柱，史启才．化工单元过程及设备课程设计．北京：化学工业出版社，2002.

[14] ChemWindow 6.0 帮助文件．

[15] Discovery Studio 2017 操作手册．

[16] Origin 7.0 帮助文件．

[17] SuperPro Designer 9.0 帮助文件．

[18] 杨刚，杨高文．Chem Window6.0 在化学化工及教学中的应用．化学教育，2003，(10)：43-46.

[19] 王志强，姜群英．用计算机整数规划法配平化学反应方程式．化学教育，2002，(2)：37－38.

[20] 张建华，苏育志，宋建华，等．Origin 6.0 在结构化学教学中的应用——函数立体图形可视化．广州化工，2002，30 (4)：149-151.

[21] 罗华军．Origin7.0 在化工数值计算中的应用．安徽理工大学学报，2005，25 (1)：66-70.

[22] 羰基化绿色合成布洛芬仿真实训操作手册．

[23] 硫酸新霉素喷雾干燥工艺 3D 仿真操作手册．

参考文献